普通高校本科计算机专业特色教材·数据库

MySQL 8.0数据库原理与应用

吕　凯主　编
曹冬雪　副主编

清華大學出版社
北　京

内 容 简 介

本书是面向 MySQL 数据库初学者的入门教材，以通俗易懂的语言、丰富实用的教学案例，详细讲解了 MySQL 数据库的使用。

全书讲述了数据库基础与 MySQL 的使用方法。首先介绍了数据库系统的基础知识和理论、关系数据库系统模型，然后以 MySQL 8.0 数据库管理系统为教学开发平台，详细地介绍了 MySQL 的安装和配置、数据库和表的操作、数据类型与表的约束、MySQL 编程基础、数据查询、视图和索引、存储过程和函数、触发器和事件、权限与安全管理、事务与锁机制、数据库的备份与还原及综合实验。

本书理论和实践相结合，内容循序渐进，深入浅出，条理清晰。每一章都通过大量例题来讲解 MySQL 的相关技术，使读者可以充分利用 MySQL 深刻理解数据库技术的原理。

本书既可以作为高等院校本、专科计算机相关专业的教材，也可以作为社会培训教材，是一本适合初学者学习和参考的读物。

图书在版编目(CIP)数据

MySQL 8.0 数据库原理与应用/吕凯主编. —北京：清华大学出版社，2023.4
普通高校本科计算机专业特色教材·数据库
ISBN 978-7-302-62952-8

Ⅰ. ①M… Ⅱ. ①吕… Ⅲ. ①SQL 语言－程序设计－高等学校－教材 Ⅳ. ①TP311.138

中国国家版本馆 CIP 数据核字(2023)第 038515 号

责任编辑：袁勤勇　杨　枫
封面设计：常雪影
责任校对：郝美丽
责任印制：沈　露

出版发行：清华大学出版社
　网　　址：http://www.tup.com.cn，http://www.wqbook.com
　地　　址：北京清华大学学研大厦 A 座　　**邮　　编**：100084
　社 总 机：010-83470000　　**邮　　购**：010-62786544
　投稿与读者服务：010-62776969，c-service@tup.tsinghua.edu.cn
　质量反馈：010-62772015，zhiliang@tup.tsinghua.edu.cn
　课件下载：http://www.tup.com.cn，010-83470236
印 装 者：三河市龙大印装有限公司
经　　销：全国新华书店
开　　本：185mm×260mm　　**印　　张**：19.5　　**字　　数**：478 千字
版　　次：2023 年 6 月第 1 版　　**印　　次**：2023 年 6 月第1 次印刷
定　　价：59.00 元

产品编号：097783-01

前言

FOREWORD

MySQL 数据库发展到今天已经具有了非常广泛的用户基础，因此 MySQL 已经成为全球最受欢迎的数据库管理系统之一，很多大型商务网站已经将部分业务数据迁移到 MySQL 数据库，MySQL 的应用前景非常可观。MySQL 具有开源、免费、体积小、容易安装、功能齐全等特点，因此 MySQL 非常适合于教学。

本书以关系数据库系统为核心，全面、系统地阐述了数据库系统的基本概念、基本原理和 MySQL 8.0 数据库管理系统的应用技术。本书分为 14 章。第 1、2 章，系统讲述数据库的基本理论知识，包括数据库系统概述、数据模型和关系数据库。第 3～13 章，详细地介绍了 MySQL 的安装和配置、数据库和表的操作、数据类型与表的约束、MySQL 编程基础、数据查询、视图和索引、存储过程和函数、触发器和事件、权限与安全管理、事务与锁机制以及数据库的备份与还原。第 14 章，综合实验，进一步补充了课后实践，能够很好地帮助读者巩固所学内容。本书内容全面，案例丰富，知识点由浅入深，涵盖了所有 MySQL 的实用知识点，由浅入深地讲解 MySQL 数据库管理技术。把知识点融于各个案例中，进而达到“知其然，并知其所以然”的效果。

无论您是否从事计算机相关行业以及数据库开发工作，都能从本书中找到最佳起点。本书在编排上紧密结合学习 MySQL 数据库技术的先后过程，从 MySQL 数据库的基本操作开始，逐步带领读者深入学习各种应用技巧。本书侧重实战技能，使用简单易懂的实际案例进行分析和操作指导，让读者读起来简明轻松，操作起来有章可循。

作者从事大学本科计算机专业教学多年，不仅具有丰富的教学经验，同时还具有多年的数据库开发经验。作者依据长期的教学经验，将数据库的主要知识点、重点与难点，以及读者对数据库应用中最感兴趣的方面有机结合，逐渐形成了本书严谨的、适合于学习的结构体系。本书内容丰富、结构新颖、系统性与实用性强，注重理论教学和实践教学相结合，叙述准确而精练，图文并茂，具体而直观，既可作为高等学校计算机专业、信息管理与信息系统专业及非计算机专业本科数据库应用课程的教学用书，也可以作为从事信息领域工作的科技人员的自学参考书。对于计算机应用人员和计算机爱好者，本书也是一本实用的工具书。

本书由吉林师范大学吕凯任主编，曹冬雪任副主编。

由于作者水平有限，书中存在错误在所难免，敬请广大读者批评指正，我们将不胜感激。

作　者

2023 年 4 月

目录

CONTENTS

第1章 数据库基础

CHAPTER

学习目标：

- 了解数据库的三个发展阶段；
- 掌握数据库的基本概念；
- 掌握概念模型的基本概念；
- 掌握E-R图；
- 掌握三级模式、两级映像。

数据库技术是计算机科学的重要分支，是信息系统的核心技术之一，是使用计算机对各种信息、数据进行收集、管理的必备知识。数据库技术所研究的问题就是如何科学地组织和存储数据，如何高效地获取和处理数据。

1.1 数据库入门

数据库技术是计算机应用领域中非常重要的技术，产生于20世纪60年代末，是数据库管理的主要技术。

1.1.1 数据库发展史

数据库技术已经发展了50多年。在这50多年的历程中，人们在数据库技术的理论研究和系统开发上取得了辉煌的成就，数据库系统已经成为现代计算机系统的重要组成部分。在计算机应用领域中，数据处理越来越占据主导地位，数据库技术的应用也越来越广泛。数据库是数据管理的产物，数据管理是数据库的核心任务，内容包含对数据的分类、组织、编码、存储、检索和维护。从数据管理的角度看，数据库技术到目前共经历了人工管理阶段、文件系统阶段和数据库系统阶段。

1. 人工管理阶段

在20世纪50年代中期以前，计算机主要用于科学计算，硬件方面没有磁盘等直接存取的存储设备，只有磁带、卡片和纸带；软件方面没有操作系统和管理数据的软件。数据的输入、存取等都需要人工操作。人工管理阶段处理数据非常麻烦和低效,该阶段具有如下特点。

(1) 数据不在计算机中长期保存。

(2) 没有专门的数据管理软件,数据需要应用程序自己管理。

(3) 数据是面向应用程序的,不同应用程序之间无法共享数据。

(4) 数据不具有独立性,完全依赖于应用程序。

2. 文件系统阶段

从20世纪50年代后期到20世纪60年代中期,硬件方面有了磁盘等直接存取的存储设备,软件方面有了操作系统,数据管理进入了文件系统阶段。这个阶段,数据以文件为单位保存在外存储器上,由操作系统管理,程序和数据分离,实现了以文件为单位的数据共享。文件系统阶段具有如下特点。

(1) 数据在计算机的外存设备上长期保存,可以对数据反复进行操作。

(2) 通过文件系统管理数据,文件系统提供了文件管理功能和存取方法。

(3) 虽然在一定程度上实现了数据独立性和共享性,但都非常薄弱。

3. 数据库系统阶段

数据库系统出现于20世纪60年代。当时的计算机开始广泛地应用于数据管理,对数据的共享提出了越来越高的要求。传统的文件系统已经不能满足人们的需要。能够统一管理和共享数据的数据库管理系统(DataBase Management System,DBMS)便应运而生。这个阶段中,数据库中的数据不再是面向某个应用或某个程序,而是面向整个企业或整个应用的,处理的数据量急剧增长。这时在硬件方面,磁盘容量越来越大,读写速度越来越快;在软件方面,软件编制越来越复杂,功能越来越强大。处理方式上,联机处理要求更多。数据库系统阶段具有如下特点。

(1) 数据结构化。数据库系统实现了整体数据的结构化,这是数据库主要的特征之一。这里所说的"整体"结构化,是指在数据库中的数据不只是针对某个应用程序,而是面向整体的。

(2) 数据共享。因为数据是面向整体的,所以数据可以被多个用户、多个应用程序共享使用,可以大幅度地减少数据冗余,节约存储空间,避免数据之间的不相容性和不一致性。

(3) 数据独立性。数据和程序彼此独立,数据存储结构的变化尽量不影响用户程序的使用。数据与程序的独立把数据的定义从程序中分离出去,加上数据由数据库管理系统管理,从而简化了应用程序的编制和程序员的负担。

(4) 数据控制功能。数据库系统具有数据的安全性,以防止数据的丢失和被非法使用;具有数据的完整性,以保护数据正确、有效和兼容;具有数据的并发控制,避免并发程序之间的相互干扰;具有数据的恢复功能,在数据库被破坏或数据不可靠时,系统有能力把数据库恢复到最近某个时刻的正确状态。

1.1.2 数据库概念

数据库(DataBase,DB)是按照数据结构来组织、存储和管理数据的仓库,其本身可被看作电子化的文件柜,用户可以对文件中的数据进行增加、删除、修改、查找等操作。需要注意的是,这里所说的数据不仅包含普通意义上的数字,还包括文字、图像、声音等。也就是说,凡是在计算机中用来描述事物的信息都可以称为数据。

大多数初学者认为数据库就是数据库系统(Database system,DBS)。其实数据库系统的范围比数据库大很多。数据库系统是指在计算机系统中引入数据库后的系统,除了数据,还包括数据库管理系统、数据库应用程序等。为了让读者更好地理解数据库系统,下面通过图 1-1 来描述。

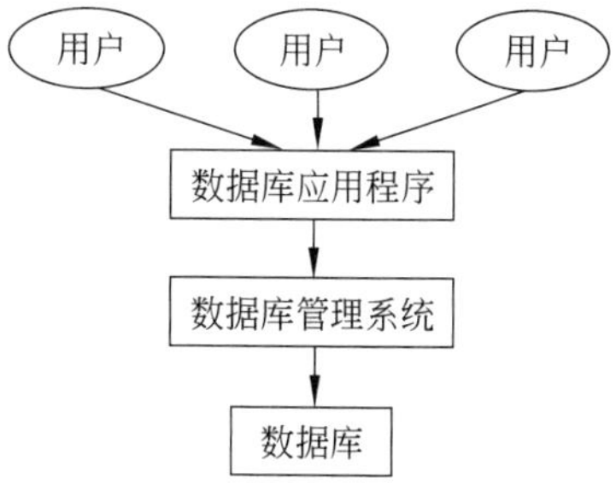

图 1-1 描述了数据库系统的几个重要部分,如数据库、数据库管理系统、数据库应用程序等。下面对一些重要概念进行解释。

图 1-1　数据库系统

1. 数据

数据(data)是数据库中存储的基本对象。大多数人对数据的第一个反应就是数字。其实数字只是最简单的一种数据,是对数据的一种传统和狭义的理解。广义的理解是,数据的种类很多,文字、图形、图像、声音等都是数据。

可以对数据做如下定义:描述事物的符号记录称为数据。描述事物的符号可以是数字,也可以是文字、图形、图像、声音、语言等。数据有多种表现形式,它们都可以经过数字化处理后存入计算机。例如,描述某个同学的信息,可以用一组数据“20154103101,王鹏,男,20,软件工程”表示。由于这些符号在此已被赋予了特定的语义,因此,它们就具有传递信息的功能。

2. 数据库

数据库就是存放数据的仓库,是将数据按一定的数据模型组织、描述和存储,能够自动进行查询和修改的数据集合。它不仅包括描述事物的数据本身,还包括相关事物之间的联系。数据库中的数据是以文件的形式存储在存储介质上的,是数据库系统操作的对象和结果。

数据库中的数据具有较小的冗余度、较高的数据独立性和易扩展性,并可以被各种用户共享,数据库中的数据由数据库管理系统进行统一管理和控制,用户对数据库进行的各种数据操作都是通过数据库管理系统实现的。

3. 数据库管理系统

数据库管理系统是数据库系统的核心,是为数据库的建立、使用和维护而配置的软件。它建立在操作系统的基础上,是位于用户与操作系统之间的一层数据管理软件,为用户或应用程序提供访问数据库的方法,包括数据库的创建、查询、更新及各种数据控制等。数据库中数据的插入、修改和检索均要通过数据库管理系统进行,用户发出的或应用程序中的各种操作数据库中数据的命令都要通过数据库管理系统来执行。数据库管理系统还承担着数据库的维护工作,能够按照数据库管理员所规定的要求,保证数据库的安全性和完整性。

4. 数据库应用程序

虽然已经有了数据库管理系统,但在很多情况下,数据库管理系统无法满足用户对数据库的管理。此时,就需要使用数据库应用程序(database application)与数据库管理系统进行通信,访问和管理数据库管理系统中存储的数据。

1.2 数据模型

数据库的类型通常按照数据模型来划分。数据模型是对客观事物及联系的数据描述，是概念模型的数据化，即数据模型提供表示和组织数据的方法。

1.2.1 数据建模

数据建模是对现实世界中的各类数据的抽象组织，以确定数据库的管辖范围、数据的组织形式等。数据建模大致分为 3 个阶段，分别是概念建模阶段、逻辑建模阶段、物理建模阶段，相应的产物分别是概念模型、逻辑模型和物理模型，如图 1-2 所示。

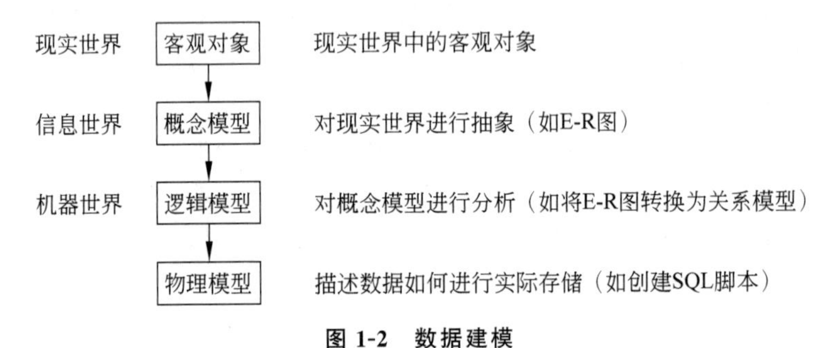

图 1-2 数据建模

在图 1-2 中，概念模型是现实世界到机器世界的中间层，将现实世界中的客观对象抽象成信息世界的数据。逻辑模型指数据的逻辑结构，可以选择层次模型、网状模型或关系模型。在完成逻辑模型后，最后使用物理模型描述数据如何进行实际存储，也就是将逻辑模型转换成计算机能够识别的模型。

1.2.2 概念模型

在把现实世界抽象为信息世界的过程中，实际上是抽象出现实系统中有应用价值的元素及其联系。这时所形成的信息结构就是概念模型。这种信息结构不依赖于具体的计算机系统。它是现实世界转换为数据世界的一个中间层。

概念模型中主要有以下基本概念。

1. 实体

客观存在并可以相互区分的“事物”叫作实体(entity)。实体可以是具体的人、事或物，如一名学生、一本书、一辆汽车、一种物质等；也可以是抽象的事件，如一堂课、一次比赛、学生选修课程等。

2. 属性

属性(attribute)是实体所具有的某些特性，通过属性对实体进行描述。实体是由属性组成的。一个实体可以由若干属性来共同描述，如学生实体由学号、姓名、性别、年龄等属性构成。属性有“型”和“值”的区分。“型”即属性名，如姓名、年龄、性别都是属性的型；“值”即属性的具体内容，如学生(90123、张博、20、男)，这些属性值的集合表示一个学生实体。

3. 码

一个实体往往有多个属性，这些属性之间是有关系的，它们构成该实体的属性集合。如果其中有一个属性或一组属性集能够唯一标识整个属性集合，则称该属性或属性集为该实体的码(key)。如学生的学号就是实体的码。需要注意的是，实体的属性集合可能有多个码，每一个码都称为候选码。但一个属性集只能确定其中一个候选码作为唯一标识。一旦选定，就称其为该实体的主码。

4. 实体型

具有相同属性的实体必然具有共同的特征和性质。用实体名及其属性名集合来抽象和刻画同类实体，称为实体型(entity type)。例如，学生(学号，姓名，性别，出生年份，系，入学时间)就是一个实体型。

5. 实体集

同型实体的集合称为实体集(entity set)。例如，全体学生就是一个实体集。

6. 联系

现实世界的事物之间是有联系(relationship)的，即各实体型之间是有联系的。联系的类型有一对一、一对多、多对多 3 种情况。例如每名学生只有一个学号，学生和学号之间是一对一的联系；一个班级有多名学生，班级和学生是一对多的联系；一名学生选修多门课程，一门课程又被多名学生选修，学生和课程之间是多对多的联系。

1.2.3　E-R 图

概念模型的表示方法很多，其中最著名和使用最广泛的是 E-R(Entity-Relationship)模型。E-R 模型是直接从现实世界中抽象出实体类型及实体间的联系，是对现实世界的一种抽象，它的主要成分是实体、联系和属性。E-R 模型的图形表示称为 E-R 图。

E-R 图通用的表示方式如下。

(1) 用矩形表示实体，在框内写上实体名。

(2) 用椭圆形表示实体的属性，在框内写上属性名，并用无向边把实体和属性连接起来。

(3) 用菱形表示实体间的联系，在菱形框内写上联系名，用无向边分别把菱形框与有关实体连接起来，在无向边旁注明联系的类型，即 1∶1、1∶M 或 M∶N。

【例 1-1】 有一个高等学校信息数据库系统，包含学生、教师、专业、教科书和课程 5 个实体。其中，一个专业可以有若干学生，一名学生只能属于一个专业；一个专业可以开多门课，一门课只能在一个专业开课；一个专业可以有若干教师，一位教师只能属于一个专业；一位教师可以讲授多门课，一门课也可以有多位教师讲授；一个专业可以订购若干教科书，一本教科书可以有多个专业订购；一名学生可以选修多门课，每一门课可以有多名学生选修，学生选课后有成绩。该数据库的 E-R 模型如图 1-3 所示。

1.2.4　数据模型的要素

数据模型是对客观事物及联系的数据描述，是概念模型的数据化，即数据模型提供表示和组织数据的方法。一般来讲，数据模型是严格定义的概念的集合，这些概念精确地描述系统的静态特征、动态特征和完整性约束条件。因此，数据模型通常由数据结构、数据操作和

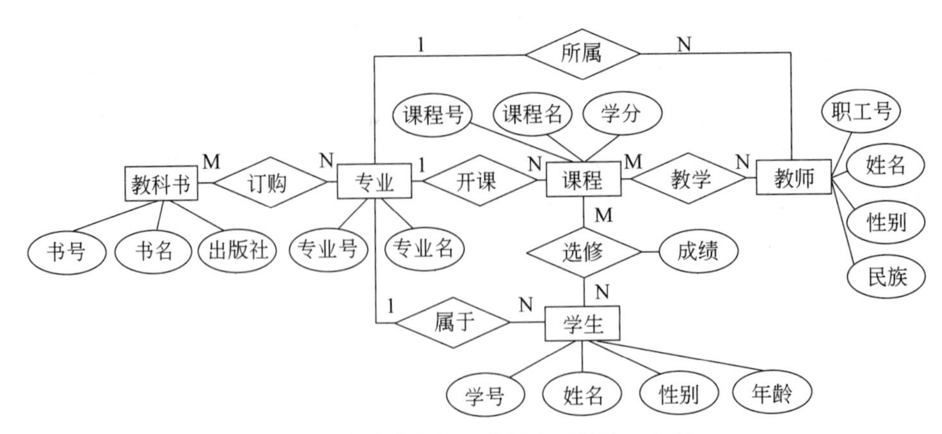

图 1-3　高等学校信息数据库系统的 E-R 图

数据的完整性约束条件三要素构成。

1. 数据结构

数据结构是对计算机的数据组织方式和数据之间联系进行框架性描述的集合，是对数据库静态特征的描述。它研究存储在数据库中的对象类型的集合，这些对象类型是数据库的组成部分。数据库系统是按数据结构的类型来组织数据的，因此，数据库系统通常按照数据结构的类型来命名数据模型。

2. 数据操作

数据操作是指数据库中各记录允许执行的操作的集合，包括操作方法及有关的操作规定，是对数据库动态特征的描述。如插入、删除、修改、检索、更新等操作，数据模型要定义这些操作的确切含义、操作符号、操作规则以及实现操作的语言等。

3. 数据的完整性约束条件

数据的完整性约束条件是关于数据状态和状态变化的一组完整性约束规则的集合，以保证数据的正确性、有效性和一致性。数据模型中的数据以及联系都要遵循完整性规则的约束。例如，数据库的主码不允许取空值，性别的取值范围为“男”或“女”等。此外，数据模型应该提供定义完整性约束条件的机制，以反映某一个应用所涉及的数据必须遵守的、特定的语义约束条件。

1.2.5　基本数据模型

在数据库的发展过程中，出现了 3 种基本数据模型，分别是层次模型、网状模型和关系模型。目前使用最多的数据模型是关系模型，建立在关系模型基础上的数据库称为关系数据库。MySQL 就是一个关系数据库管理系统。

1. 层次模型

层次模型用树状结构来表示各类实体以及实体间的联系。每个结点表示一个实体类型，结点之间的连线表示实体类型间的联系，这种联系只能是父子联系。

层次模型存在如下特点。

(1) 只有一个结点没有双亲结点，称为根结点。

(2) 根结点以外的其他结点有且只有一个双亲结点。

在这种模型中，数据被组织成由“根”开始的“树”，每个实体由根开始沿着不同的分支放在不同的层次上，如果不再向下分支，那么此分支序列中最后的结点称为“叶”，上级结点与下级结点之间为一对一或一对多的联系，层次模型不能直接表示多对多联系。

2. 网状模型

网状模型是一种比层次模型更具普遍性的结构，它去掉了层次模型的两个限制，允许多个结点没有双亲结点，也允许一个结点有多个双亲结点。因此，网状模型可以方便地表示各种类型的联系。网状模型是一种较为通用的模型，从图论的观点看，它是一个不加任何条件的无向图。一般来说，层次模型是网状模型的特殊形式，网状模型是层次模型的一般形式。

网状模型与层次模型相比，提供了更大的灵活性，能更直接地描述现实世界，性能和效率也比较好。网状模型的缺点是结构复杂，用户不易掌握，记录类型联系变动后涉及链接指针的调整，扩充和维护都比较复杂。

对于上述两种非关系模型，对数据的操作是过程化的，由于实体间的联系本质上是通过存取路径指示的，因此，应用程序在访问数据时要指定存取路径。

3. 关系模型

关系模型是目前最重要，也是应用最广的数据模型之一。用二维表结构表示实体以及实体之间的联系的数据模型称为关系模型。关系模型在用户看来是一个二维表，其概念单一，容易被初学者接受。关系模型以关系数学为理论基础。在关系模型中，操作的对象和操作结果都是二维表。

表 1-1 用关系模型表示学生信息。

表 1-1　学生信息表

学　号	姓　名	性　别	年　龄	班级号
201501	张鹏	男	20	01
201502	王宏	女	19	01
201503	赵飞	男	21	02
201504	黄明	男	19	02

1.3　数据库系统结构

从数据库管理系统的角度看，数据库系统通常采用三级模式和两级映像结构，这是数据库管理系统内部的体系结构。

1.3.1　三级模式

为了保障数据与程序之间的独立性，使用户能以简单的逻辑结构操作数据而无须考虑数据的物理结构，简化应用程序的编制和程序员的负担，增强系统的可靠性，通常 DBMS 将数据库的体系结构分为三级模式：外模式、模式和内模式。其结构如图 1-4 所示。

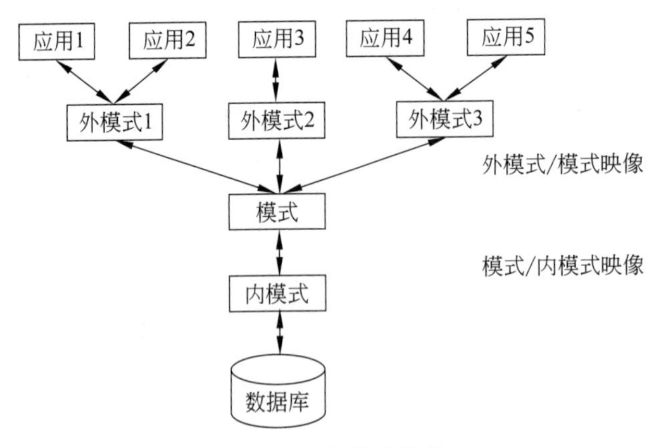

图 1-4　三级模式结构

1. 外模式

外模式也称为用户模式或子模式，它的内容来自模式。外模式是对现实系统中用户感兴趣的整体数据的局部描述，用于满足数据库不同用户对数据的需求。外模式是对数据库用户能够看见和使用的局部数据的逻辑结构和特征的描述，是数据库整体结构(即模式)的子集或局部重构。

外模式通常是模式的子集。一个数据库可以有多个外模式。由于它是各个用户的数据视图，如果不同的用户在应用需求、看待数据的方式、对数据保密要求等方面存在差异，则其外模式的描述就是不同的。即使对模式中同样的数据，在外模式中的结构、类型、长度等也可以不同。

2. 模式

模式也称为逻辑模式或概念模式，是对数据库中全体数据的逻辑结构和特征的描述，是所有用户的公共数据视图。模式表示数据库中的全部信息，其形成要比数据的物理存储方式抽象。它是数据库结构的中间层，既不涉及数据的物理存储细节和硬件环境，也与具体的应用程序、所使用的开发工具和环境无关。

模式实际上是数据库数据在逻辑级上的视图。一个数据库只有一种模式。数据库模式以某种数据模型为基础，综合地考虑了所有用户的需求，并将这些需求有机地结合成一个逻辑整体。定义数据库模式时不仅要定义数据的逻辑结构，如数据记录由哪些数据项组成，数据项的名字、类型、取值范围等，而且还要定义数据之间的联系，定义与数据有关的安全性、完整性要求。

3. 内模式

内模式也称为存储模式，一个数据库只有一个内模式。它是对数据物理结构和存储方式的描述，是对全体数据库数据的机器内部表示或存储结构的描述。它描述了数据在存储介质上的存储方式和物理结构，是数据库管理员创建和维护数据库的视图。例如，记录的存储方式是顺序存储、按照B树结构存储还是按Hash方法存储；索引按照什么方式组织；数据是否压缩存储，是否加密；数据的存储记录结构有何规定等。

由于三级模式比较抽象，为了更好地理解，下面将计算机中常用的Excel表格类比成数据库，并用一个表格保存学生信息，以此来介绍三级模式的概念，如表1-1所示。

在表 1-1 中，表的横向称为行，纵向称为列，第一行是列标题，用来描述该列的数据表示什么含义。

(1) 模式类似于表格的列标题，它描述了学生表中包含哪些信息。模式在数据库中描述的信息还有很多，如多张表之间的联系、表中每一列的数据类型和长度等。

(2) 将 Excel 表格“另存为”文件时，可以选择保存的文件路径、保存类型等，这些与存储相关的描述信息相当于内模式。

(3) 在打开一个电子表格后，默认会显示表格中所有的数据，这个表格称为基本表。在将数据提供给其他用户时，出于权限、安全控制等因素的考虑，只允许用户看到一部分数据，或不同用户看到不同的数据，这样的需求就可以用视图来实现。如图 1-5 所示，基本表中的数据是实际存储在数据库中的，而视图中的数据是查询或计算出来的。由此可见，外模式可以为不同用户的需求创建不同的视图，且由于不同用户的需求不同，数据的显示方式也会多种多样。因此，一个数据库中会有多个外模式，而模式和内模式只有一个。

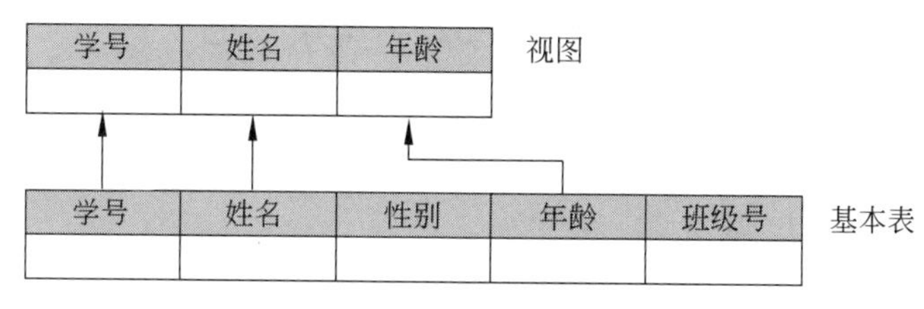

图 1-5　视图和基本表

1.3.2　两级映像

三级模式结构之间差别往往很大，为了实现这三个抽象级别的联系和转换，DBMS 在三级模式结构之间提供了两级映像：外模式/模式映像和模式/内模式映像。

1. 外模式/模式映像

模式描述的是数据的全局逻辑结构，外模式描述的是数据的局部逻辑结构，对应于同一个模式可以有任意多个外模式。对于每个外模式，数据库系统都有一个外模式/模式映像，它定义了该外模式与模式之间的对应关系。这些映像定义通常包含在各自外模式的描述中。当模式改变时(如增加新的关系、新的属性、改变属性的数据类型等)，由数据库管理员对各个外模式/模式映像作相应改变，可以使外模式保持不变。应用程序是依据数据的外模式编写的，因而应用程序不必修改，保证了数据与程序的逻辑独立性，简称为逻辑数据独立性。

例如，将表 1-1 中的“年龄”和“班级号”拆分到另外一个表中，此时模式发生了变化，但可以通过改变外模式/模式映像，继续为用户提供原有的视图，如图 1-6 所示。

视图

学号	姓名	年龄

基本表

学号	姓名	性别

学号	年龄	班级号

图 1-6　视图和拆分后的基本表

2. 模式/内模式映像

数据库中只有一个模式，也只有一个内模式，所以模式/内模式映像是唯一的，它定义了数据库全局逻辑结构与存储结构之间的对应关系。例如，说明逻辑记录和字段在内部是如何表示的。该映像定义通常包含在模式描述中。当数据库的存储结构改变了（如选用了另一种存储结构），由数据库管理员对模式/内模式映像作相应改变，可以保证模式保持不变，因而应用程序也不必改变。保证了数据与程序的物理独立性，简称为物理数据独立性。

例如，在 Excel 中将.xls 文件另存为.xlsx 文件，虽然更换了文件格式，但是打开文件后显示的表格内容一般不会发生改变。在数据库中，更换了更先进的存储结构，或者创建索引以加快查询速度，内模式会发生变化。此时，只需要改变模式/内模式映像，就不会影响原来的模式。

1.4 常用数据库产品

随着数据库技术的不断发展，关系数据库产品越来越多，常见的有 Oracle、SQL Server、MySQL 等，它们各自的特点如下。

1. Oracle

Oracle 数据库管理系统是 Oracle（甲骨文）公司开发的，在数据库领域一直处于领先地位，市场占有率高，适用于各类大、中、小、微型计算机环境，具有良好的兼容性、可移植性、可伸缩性，且性能高、安全性强。与 MySQL 相比，Oracle 虽然功能更加强大，但是软件的价格也比较高。

2. SQL Server

SQL Server 是 Microsoft 公司推出的关系数据库管理系统，已广泛应用于电子商务、银行、保险等行业，因易操作、界面良好等特点深受用户喜爱、早期版本的 SQL Server 只能在 Windows 平台上运行，而新版本的 SQL Server 2017 已经支持 Windows 和 Linux 平台。

3. MySQL

MySQL 是瑞典 MySQL AB 公司开发的关系数据库管理系统，支持在 UNIX、Linux、macOS 和 Windows 等平台上使用。相对其他数据库而言，MySQL 体积小、速度快、使用更加方便、快捷，并且开放源代码，开发人员可以根据需求自由进行修改。MySQL 采用社区版和商业版的双授权政策，兼顾了免费使用和付费服务的场景，软件使用成本低。因此，越来越多的公司开始使用 MySQL，尤其在 Web 开发领域，MySQL 占据了举足轻重的位置。

习　　题

一、选择题

1. （　　）是位于用户与操作系统之间的一层数据管理软件，用于科学地组织和存储数据、高效地获取和维护数据。

A. 数据库　　　　B. 数据库管理系统

C. 数据库用户　　D. 数据库系统

2. 三级模式是对(　　)的三个抽象级别。

A. 数据库　　B. 数据库管理系统

C. 数据　　D. 数据库系统

3. 数据库技术发展的 3 个阶段包括(　　)。

A. 人工管理阶段,自动管理阶段,数据库系统阶段

B. 人工管理阶段,文件管理阶段,自动管理阶段

C. 人工管理阶段,文件管理阶段,数据库系统阶段

D. 自动管理阶段,文件管理阶段,数据库系统阶段

4. 数据库中存储的是(　　)。

A. 数据　　B. 数据模型

C. 数据之间的联系　　D. 数据及数据间的联系

5. (　　)也称为子模式或用户模式,是对数据库用户能够看到和使用的局部数据的逻辑结构和特征的描述。

A. 模式　　B. 外模式　　C. 内模式　　D. 模式映像

6. 当前应用最广泛的数据模型是(　　)。

A. 面向对象模型　　B. 关系模型

C. 网状模型　　D. 层次模型

7. 下列实体类型的联系中,属于一对一联系的是(　　)。

A. 班级对学生的所属联系　　B. 学生和课程的联系

C. 省对省会的所属联系　　D. 商店与顾客之间的联系

8. 学生社团可以接纳多名学生参加,但每名学生只能参加一个社团,从社团到学生之间的联系类型是(　　)。

A. 多对多　　B. 一对一　　C. 多对一　　D. 一对多

9. E-R 图中的主要元素是(　　)。

A. 结点、记录和文件　　B. 实体、联系和属性

C. 记录、文件和表　　D. 记录、表、属性

10. 在数据管理技术发展的 3 个阶段中,数据共享最好的是(　　)。

A. 人工管理阶段　　B. 自动管理阶段

C. 数据库系统阶段　　D. 3 个阶段相同

二、填空题

1. 数据库的三级模式结构包括(　　)、模式、内模式。

2. (　　)是描述事物的符号记录,也是数据库中存储的基本对象。

3. (　　)就是存放数据的仓库,是将数据按一定的数据模型组织、描述和存储,能够自动进行查询和修改的数据集合。

4. 数据库的两级映像是(　　)和模式/内模式映像。

5. (　　)是现实世界的抽象反映,它表示实体类型及实体间的联系,是独立于计算机系统的模型,是现实世界到机器世界的一个中间层次。

6. 一个实体中有一个属性或一组属性集能够唯一地标识整个属性集合,那么称该属性或属性集为该实体的(　　)。

7. E-R 模型中实体用(　　)来表示。

8. 用树状结构表示实体类型及实体间联系的数据模型称为(　　)。

9. (　　)也称为逻辑模式或概念模式，是对数据库中全体数据的逻辑结构和特征的描述，是所有用户的公共数据视图。

10. 概念模型中的 3 种基本联系分别是(　　)、(　　)和(　　)。

第2章 关系数据库

学习目标：

- 掌握关系完整性；
- 掌握E-R图转换为关系模型；
- 掌握关系运算。

关系数据库系统是支持关系数据模型的数据库系统。关系数据模型由关系数据结构、关系操作集合和关系完整性约束3部分组成。在关系数据库设计中，为使其数据模型合理可靠、简单实用，需要使用关系数据库的规范化设计理论。

2.1 关系数据模型

关系数据模型的数据结构非常简单。在关系数据模型中，现实世界的实体以及实体间的各种联系均用关系来表示。在用户看来，关系数据模型中数据的逻辑结构是一张二维表。

2.1.1 关系模型的基本概念

用二维表结构表示实体以及实体之间的联系的数据模型称为关系数据模型。关系数据模型在用户看来是一个二维表，其概念单一，容易被初学者接受。下面以表1-1所示的学生信息表来说明关系数据模型的有关概念。

1. 关系

一个关系就是一张二维表，每个关系都是一个关系名。

2. 元组

二维表中的行称为元组，每一行是一个元组。表1-1中包括4个元组。

3. 属性

二维表的列称为属性，每一列有一个属性名，属性值是属性的具体值。属性的具体取值就形成表中的一个个元组。表1-1中包含了5个属性。

4. 域

域是属性的取值范围。例如,学生信息表中性别的取值范围只能是男和女,即性别的域为(男,女)。

5. 关系模式

对关系的信息结构及语义限制的描述称为关系模式,用关系名和包含的属性名的集合表示。例如,学生信息表的关系模式是学生(学号,姓名,性别,年龄,班级号)。

6. 关键字或码

在关系的属性中,能够用来唯一标识元组的属性(或属性组合)称为关键字或码(key)。

7. 候选关键字或候选码

如果在一个关系中,存在多个属性(或属性组合)都能用来唯一标识该关系中的元组,这些属性(或属性组合)都称为该关系的候选关键字或候选码,候选码可以有多个。例如,在学生信息表中,学号是学生信息表的候选码。

8. 主键或主码

在一个关系的若干候选关键字中,被指定作为关键字的候选关键字称为该关系的主键或主码(primary key),通常选择号码作为一个关系的主码。但一个关系的主码,在同一时刻只能有一个。

9. 主属性和非主属性

在一个关系中,包含在任何候选关键字中的各个属性称为主属性;不包含在任一候选码中的属性称为非主属性。例如,学生信息表中的学号是主属性,而姓名、性别、年龄和班级号是非主属性。

10. 外键或外码

一个关系的某个属性(或属性组合)不是该关系的主键或只是主键的一部分,却是另一个关系的主码,则称这样的属性(或属性组合)为该关系的外键或外码(foreign key)。外码是表与表联系的纽带。例如,表 1-1 中的班级号不是学生表的主键,但却是表 2-1 的主键,因此班级号是学生信息表的外键,通过班级号可以在学生信息表和班级表间建立联系。

表 2-1 班级表

班级号	班级名	班长
01	软件工程 1 班	王飞
02	软件工程 2 班	黄磊

2.1.2 关系的定义和性质

关系就是一张二维表,但并不是任何二维表都叫作关系,不能把日常生活中所用的任何表格都当成一个关系直接存放到数据库里。

关系数据库要求其中的关系必须是具有以下性质。

(1) 在同一个关系中,同一个列的数据必须是同一种数据类型。

(2) 在同一个关系中,不同列的数据可以是同一种数据类型,但各属性的名称都必须互不相同。

(3) 同一个关系中,任意两个元组都不能完全相同。

(4) 在一个关系中,列的次序无关紧要,即列的排列顺序是不分先后的。

(5) 在一个关系中,元组的位置无关紧要,即排行不分先后,可以任意交换两行的位置。

(6) 关系中的每个属性必须是单值,即不可再分,这就要求关系的结构不能嵌套。这是关系应满足的最基本的条件。

例如,有学生成绩表如表 2-2 所示。这个表格就不是关系,应对其结构修改,才能成为数据库中的关系。对于该复合表,可以把它转换成一个关系,即学生成绩关系(学号,姓名,性别,年龄,班级号,数学,语文,英语);也可以转换成两个关系,即学生关系(学号,姓名,性别,年龄,班级号)和成绩关系(学号,数学,语文,英语),如表 2-3 和表 2-4 所示。

表 2-2　学生成绩表

学号	姓名	性别	年龄	班级号	成　绩		
					数学	语文	英语
201501	张鹏	男	20	01	77	81	85
201502	王宏	女	19	01	78	82	86
201503	赵飞	男	21	02	79	83	87
201504	黄明	男	19	02	80	84	88

表 2-3　学生关系表

学　号	姓　名	性　别	年　龄	班　级　号
201501	张鹏	男	20	01
201502	王宏	女	19	01
201503	赵飞	男	21	02
201504	黄明	男	19	02

表 2-4　成绩关系表

学　号	数　学	语　文	英　语
201501	77	81	85
201502	78	82	86
201503	79	83	87
201504	80	84	88

因此,关系是一种规范化了的二维表,是一个属性数目相同的元组的集合。集合中的元素是元组,每个元组的属性数目应该相同。

在关系数据模型中,实体以及实体之间的联系都是用关系来表示的,它是通过关系当中的冗余属性(一般是主码和外码的关系)来实现实体之间的联系。上例中学生关系和成绩关系就是通过"学号"属性实现的一对一联系,即一名学生只有一行成绩,而一行成绩也只属于一名学生。

2.1.3 关系模式

关系数据库中,关系模式(relation schema)是型,关系是值;关系模式是对关系的描述。因此,关系模式必须指出这个元组集合的结构,即它由哪些属性构成,这些属性来自哪些域,以及属性与域之间的映像关系。

关系模式的定义:关系的描述称为关系模式,一个关系模式应是一个五元组。关系模式可以形式化地表示为

R(U,D,dom,F)

其中,R是关系名,U是组成该关系的属性名集合,D是属性组U中属性所来自的域,dom是属性间域的映像集合,F是属性间的数据依赖关系集合。

关系模式通常可以简记为

R(U)或R(A1,A2,…,An)

其中,R是关系名,A1,A2,…,An为属性名,域名及属性间域的映像,常常直接说明为属性的类型、长度。

关系实际上就是关系模式在某一时刻的状态或内容。也就是说,关系模式是型,关系是值。关系模式是静态的、稳定的,而关系是动态的、随时间不断变化的,因为关系操作在不断地更新着数据库中的数据。关系模式和关系统称为关系。

2.2 关系的完整性

关系完整性是指关系数据模型中数据的正确性与一致性。关系数据模型允许定义3类完整性规则:实体完整性、参照完整性和用户定义的完整性。

1. 实体完整性规则

实体完整性规则(entity integrity rule)要求关系的主码取值具有唯一性且主码中的每一个属性都不能取空值。例如,学生表中的学号属性应具有唯一性且不能为空。

关系模型必须满足实体完整性的原因如下。

(1) 现实世界中的实体和实体间的联系都是可区分的,即它们具有某种唯一性标识。相应地,关系模型中以主码作为唯一性标识。

(2) 空值就是"不知道"或"无意义"的值。主属性取空值,就说明存在某个不可标识的实体,这与第(1)条矛盾。

2. 参照完整性规则

设F是基本关系R的一个或一组属性,但不是关系R的码,如果F与基本关系S的主码Ks相对应,则称F是基本关系R的外码,并称基本关系R为参照关系(referencing relation),基本关系S为被参照关系(referenced relation)或目标关系(target relation)。

关系R和S也可以是相同的关系,即自身参照。

目标关系S的主码Ks和参照关系的外码F必须定义在同一个(或一组)域上。参照完整性规则(reference integrity rule)就是定义外码与主码之间的引用规则。

参照完整性规则:若属性(或属性组)F是基本关系R的外码,它与基本关系S的主码Ks相对应(基本关系R和S可能是相同的关系),则对于R中每个元组在F上的值必须为

空值(F 的每个属性值均为空值);或者等于 S 中某个元组的主码值。

【例 2-1】 学生实体和系实体可以用下面的关系表示,其中主码用下画线标识。

学生(<u>学号</u>,姓名,性别,系号)

系(<u>系号</u>,系名)

学生关系的"系号"与系关系的"系号"相对应,因此,"系号"属性是学生关系的外码,是系关系的主码。这里系关系是被参照关系,学生关系为参照关系。学生关系中的每个元组的"系号"属性只能取下面两类值:空值或系关系中已经存在的值。

3. 用户定义的完整性规则

用户定义的完整性规则是由用户根据实际情况对数据库中数据的内容进行的规定,也称为域完整性规则。通过这些规则限制数据库只接受符合完整性约束条件的数据值,不接受违反约束条件的数据,从而保证数据库中数据的有效性和可靠性。例如,学生表中的性别数据只能是男和女,选课表中的成绩数据为 1～100 等。

数据完整性的作用就是要保证数据库中的数据是正确的。通过在数据模型中定义实体完整性规则、参照完整性规则和用户定义完整性规则,数据库管理系统将检查和维护数据库中数据的完整性。

2.3　E-R 图转换为关系模型

关系数据模型是一组关系模式的集合,而 E-R 图是由实体、属性和实体之间的联系三要素组成的。将 E-R 图转换为关系数据模型实际上是要将实体、属性和实体之间的联系转换为关系模式。

2.3.1　实体的转换

一个实体转换为一个关系模式,实体的属性就是关系的属性,实体的主码就是关系的主码。

【例 2-2】 将图 2-1 所示的学生实体转换为关系模式。

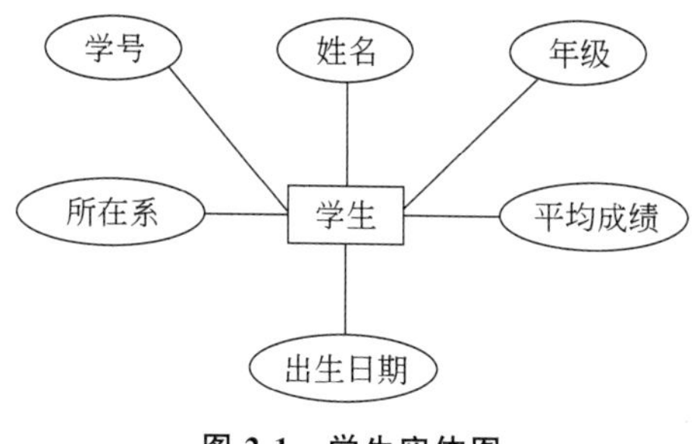

图 2-1　学生实体图

对应的关系模式为

学生(<u>学号</u>,姓名,出生日期,所在系,年级,平均成绩)

其中,学号为主码,用下画线标识。

2.3.2 联系的转换

两实体间联系的转换根据联系的类型的不同可分为如下 3 种。

1. 1∶1 联系的转换

两实体间 1∶1 联系可以转换为一个独立的关系模式，也可以与某一端对应的关系模式合并。

1）转换为一个独立的关系模式

转换后的关系模式中关系的属性包括与该联系相连的各实体的码以及联系本身的属性，关系的主码为两个实体的主码的组合。

【例 2-3】 将如图 2-2 所示的 E-R 图转换为关系模式。

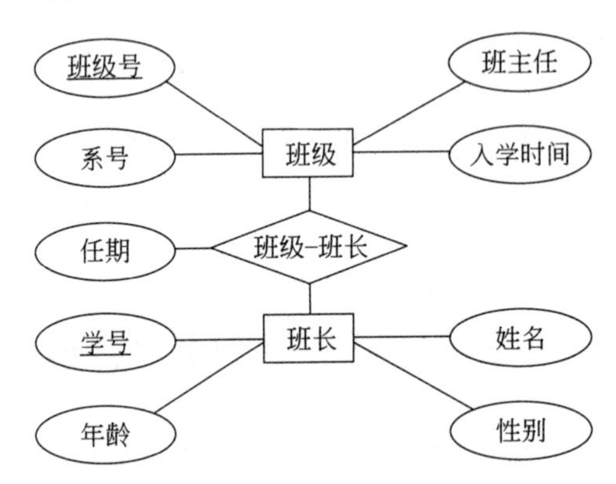

图 2-2　1∶1 联系的 E-R 图

转换成如下关系模式：

班级(班级号,系号,班主任,入学时间)

班长(学号,姓名,性别,年龄)

班级-班长(班级号,学号,任期)

2）与某一端对应的关系模式合并

合并后关系的属性包括自身关系的属性和另一关系的码及联系本身的属性，合并后关系的码不变。

【例 2-4】 将如图 2-2 所示的 E-R 图转换为关系模式。

转换成如下关系模式：

班级(班级号,系号,班主任,入学时间,学号,任期)

班长(学号,姓名,性别,年龄)

或

班级(班级号,系号,班主任,入学时间)

班长(学号,姓名,性别,年龄,班号,任期)

2. 1∶N 联系的转换

两实体间 1∶N 联系可以转换为一个独立的关系模式，也可以与 N 端对应的关系模式合并。

1）转换为一个独立的关系模式

关系的属性包括与该联系相连的各实体的码以及联系本身的属性，关系的主码为 N 端实体的码。

【例 2-5】 将如图 2-3 所示的 E-R 图转换为独立的关系模式。

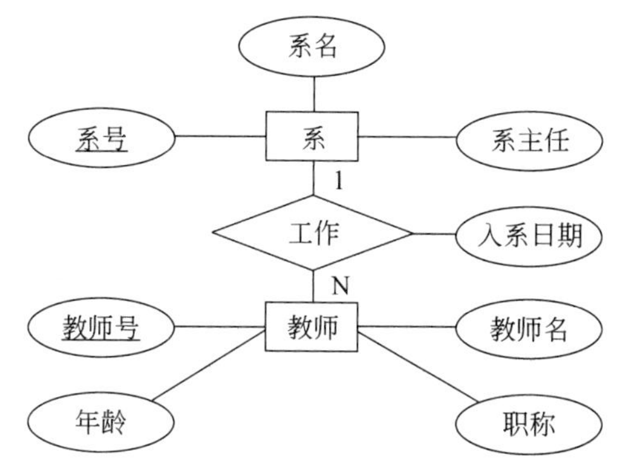

图 2-3 1∶N 联系的 E-R 图

对应的关系模式如下：

系(<u>系号</u>,系名,系主任)

教师(<u>教师号</u>,教师名,年龄,职称)

工作(<u>教师号</u>,系号,入系日期)

2）与 N 端对应的关系模式合并

合并后关系的属性应在 N 端关系中加入 1 端关系的主码和联系本身的属性。合并后关系的码不变。

【例 2-6】 将如图 2-3 所示的 E-R 图转换为合并的关系模式。

对应的关系模式如下：

系(<u>系号</u>,系名,系主任)

教师(<u>教师号</u>,教师名,年龄,职称,系号,入系日期)

注意：在实际使用中通常采用这种方法以减少关系模式，因为多一个关系模式就意味着查询过程中要进行连接运算，从而降低查询的效率。

3. 两实体间的 M∶N 联系

两实体间的 M∶N 联系必须为联系产生一个新的关系，该关系中至少包含被它所联系的双方实体的主码，若联系有属性，也要并入该关系中。

【例 2-7】 将图 2-4 所示的 E-R 图转换成对应的关系模式。

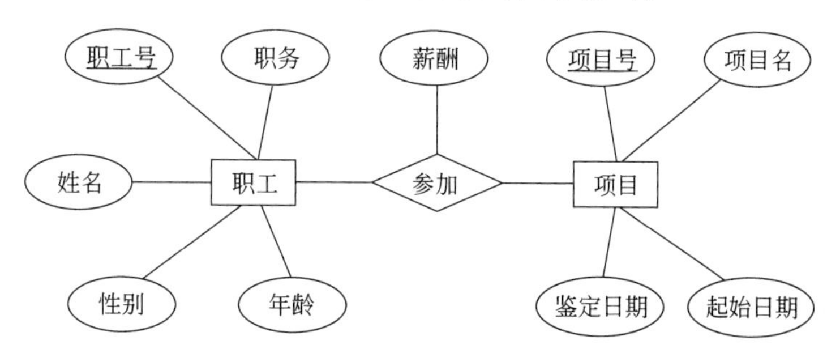

图 2-4 M∶N 联系的 E-R 图

关系模式如下：

职工(职工号,姓名,性别,年龄,职务)

项目(项目号,项目名,起始日期,鉴定日期)

参加(职工号,项目号,薪酬)

2.4 关系运算

关系运算是以关系为运算对象的一组高级运算的集合；关系运算是一种抽象的查询语言,是关系数据操纵语言的一种传统表达方式。关系运算的运算对象是关系,运算结果也是关系。

关系运算中的操作可以分为如下两类。

(1) 传统的集合运算中的操作：笛卡儿积(Cartesian product)、并(union)、差(difference)、交(intersection)。

(2) 专门的关系运算中的操作：投影(对关系进行垂直分割)、选择(水平分割)、连接(关系的结合)、除法(笛卡儿积的逆运算)等。

2.4.1 传统的集合运算

传统的集合运算包括笛卡儿积(×)、并(∪)、差(－)和交(∩)。

1. 笛卡儿积

设关系 R 和 S 的属性个数分别为 r 和 s,R 和 S 的笛卡儿积是一个(r＋s)元的元组集合,每个元组的前 r 个分量(属性值)来自 R 的一个元组,后 s 个分量来自 S 的一个元组,记为 R×S。形式化定义如下：

$$R \times S = \{t \mid t = \langle t^r, t^s \rangle \land t^r \in R \land t^s \in S\}$$

其中,t^r、t^s 中 r,s 为上标。若 R 有 m 个元组,S 有 n 个元组,则 R×S 有 m×n 个元组。

实际操作时,可从 R 的第一个元组开始,依次与 S 的每一个元组组合,然后对 R 的下一个元组进行同样的操作,直至 R 的最后一个元组也进行完同样的操作为止,即可得到 R×S 的全部元组。

【例 2-8】 已知关系 R 和关系 S 如表 2-5 和表 2-6 所示,求 R 和 S 的笛卡儿积。

表 2-5　关系 R

M	N
m1	n1
m2	n2
m3	n3

表 2-6　关系 S

X	Y
x1	y1
x2	y2
x3	y3

R 和 S 的笛卡儿积结果如表 2-7 所示。

表 2-7　R和S的笛卡儿积结果

M	N	X	Y
m1	n1	x1	y1
m1	n1	x2	y2
m1	n1	x3	y3
m2	n2	x1	y1
m2	n2	x2	y2
m2	n2	x3	y3
m3	n3	x1	y1
m3	n3	x2	y2
m3	n3	x3	y3

2. 并

设关系R和S具有相同的关系模式，R和S是n元关系，R和S的并是由属于R或属于S的元组构成的集合，记为R∪S。形式定义如下：

$$R \cup S = \{t \mid t \in R \lor t \in S\}$$

其含义为任取元组t，当t属于R或t属于S时，t属于R∪S。R∪S是一个n元关系。关系的并操作对应于关系的插入或添加记录的操作，俗称"＋"操作，是关系代数的基本操作。

【例 2-9】 已知关系R和关系S如表2-8和表2-9所示，求R和S的并。

表 2-8　关系 R

M	N	K
m1	n2	k3
m4	n5	k6
m7	n8	k9

表 2-9　关系 S

M	N	K
m1	n2	k3
m4	n5	k6
m10	n11	k12

R和S的并结果如表2-10所示。

表 2-10　R和S的并结果

M	N	K
m1	n2	k3

续表

M	N	K
m4	n5	k6
m7	n8	k9
m10	n11	k12

注意：并运算会取消某些元组(避免重复行)。

3. 差

关系 R 和 S 具有相同的关系模式，R 和 S 是 n 元关系，R 和 S 的差是由属于 R 但不属于 S 的元组构成的集合，记为 R－S。形式定义如下：

$$R-S=\{t|t\in R\wedge t\notin S\}$$

其含义为当 t 属于 R 并且不属于 S 时，t 属于 R－S。R－S 也是一个 n 元关系。

关系的差操作对应于关系的删除记录的操作，俗称"－"操作，是关系代数的基本操作。

【例 2-10】 已知关系 R 和关系 S 如表 2-8 和表 2-9 所示，求 R 和 S 的差。

R 和 S 的差结果如表 2-11 所示。

表 2-11 R 和 S 的差结果

M	N	K
m7	n8	k9

4. 交

关系 R 和 S 具有相同的关系模式，R 和 S 是 n 元关系，R 和 S 的交是由属于 R 且属于 S 的元组构成的集合，记为 R∩S。形式定义如下：

$$R\cap S=\{t|t\in R\wedge t\in S\}$$

其含义为任取元组 t，当 t 既属于 R 又属于 S 时，t 属于 R∩S。R∩S 是一个 n 元关系。

关系的交操作对应于寻找两个关系共有记录的操作，是一种关系查询操作。

【例 2-11】 已知关系 R 和关系 S 如表 2-8 和表 2-9 所示，求 R 和 S 的交。

R 和 S 的交结果如表 2-12 所示。

表 2-12 R 和 S 的交结果

M	N	K
m1	n2	k3
m4	n5	k6

2.4.2 专门的关系运算

专门的关系运算包括选择、投影、连接等。

1. 选择

选择运算是在关系 R 中选择满足给定条件的诸元组，记作

$$\sigma_F(R)=\{t \mid t \in R \wedge F(t)='真'\}$$

其中,F 表示选择条件,它是一个逻辑表达式,取逻辑值“真”或“假”。逻辑表达式 F 的基本形式为

$$X_1 \theta Y_1 [\phi\ X_2 \theta Y_2] \cdots$$

其中,θ 表示比较运算符,它可以是>、>=、<、<=、=或<>。X_1,Y_1 等是属性名、常量或简单函数。属性名可以用它的序号来代替。ϕ 表示逻辑运算符,可以是¬、∧或∨;[ ]表示任选项,即[ ]中的部分可要可不要;…表示上述格式可以重复下去。

因此,选择运算实际上是从关系 R 中选取使逻辑表达式 F 为真的元组,是从行的角度进行的运算,如图 2-5 所示。

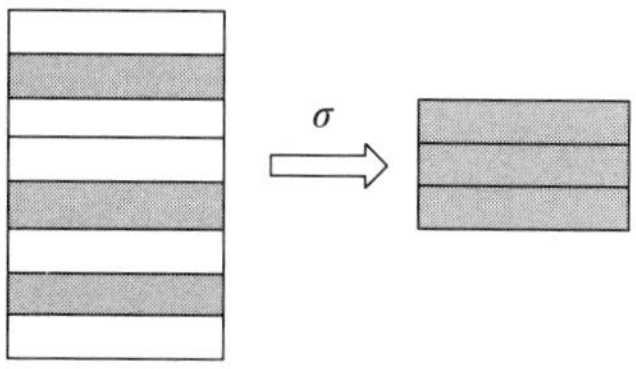

σ

图 2-5　选择运算示意图

接下来举例说明选择运算的操作。

学生表(student)如表 2-13 所示、课程表(course)如表 2-14 所示、成绩表(sc)如表 2-15 所示。

表 2-13　学生表(student)

学　　号	姓　　名	性　　别	年　　龄	专　　业
20154103101	王鹏	男	18	软件工程
20154103102	张超	女	17	大数据
20154103103	刘明浩	男	19	计算机科学与技术
20154103104	李明	男	18	软件工程
20154103105	王晓	女	20	大数据

表 2-14　课程表(course)

课　程　号	课　程　名	学　　分
20001	Java 语言	3
20002	C++	4
20003	数据库	3
20004	操作系统	3
20005	Web 设计	2
20006	算法分析	4
20007	C 程序设计	3

表 2-15　成绩表(sc)

学　　号	课　程　号	成　　绩
20154103101	20001	67
20154103101	20002	78
20154103102	20004	98

续表

学　　号	课　程　号	成　　绩
20154103102	20005	56
20154103103	20005	87
20154103103	20002	68

【例 2-12】 查询软件工程专业学生的信息。

$\sigma_{专业='软件工程'}$(student)或 $\sigma_{5='软件工程'}$(student)，结果如表 2-16 所示。

表 2-16　软件工程专业学生的信息

学　　号	姓　　名	性　　别	年　　龄	专　　业
20154103101	王鹏	男	18	软件工程
20154103104	李明	男	18	软件工程

【例 2-13】 查询年龄大于 17 的女同学的信息。

$\sigma_{年龄>17 \wedge 性别='女'}$(student) 或 $\sigma_{4>17 \wedge 3='女'}$(student)，结果如表 2-17 所示。

表 2-17　查询年龄大于 17 的女同学的信息

学　　号	姓　　名	性　　别	年　　龄	专　　业
20154103105	王晓	女	20	大数据

2. 投影

关系 R 上的投影是从 R 中选择出若干属性列组成新的关系。记作

$$\pi_A(R)=\{t[A] \mid t\in R\}$$

其中，A 为 R 中的属性列。投影之后不仅取消了原关系中的某些列，而且还可能取消某些元组，因为取消了某些属性列后，就可能出现重复行，应取消这些完全相同的行。

这个操作是对一个关系进行垂直分割，投影运算的直观意义如图 2-6 所示。

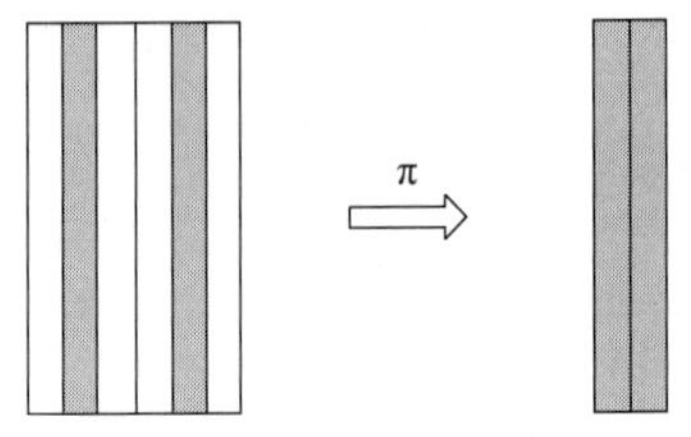

图 2-6　投影运算示意图

【例 2-14】 查询学生的学号和姓名。

$\pi_{学号,姓名}$(student) 或 $\pi_{1,2}$(student)，结果如表 2-18 所示。

表 2-18　查询学生的学号和姓名

学　　号	姓　　名
20154103101	王鹏
20154103102	张超
20154103103	刘明浩
20154103104	李明
20154103105	王晓

【例 2-15】 查询课程表中的课程号和课程名。

$\pi_{课程号,课程名}$(course) 或 $\pi_{1,2}$(course)，结果如表 2-19 所示。

表 2-19　查询课程名和课程号

课　程　号	课　程　名
20001	Java 语言
20002	C++
20003	数据库
20004	操作系统
20005	Web 设计
20006	算法分析
20007	C 程序设计

3. 连接

1）连接运算的含义

连接也称为 θ 连接，是从两个关系的笛卡儿积中选取满足某规定条件的全体元组，形成一个新的关系，记为

$$R \underset{A\theta B}{\bowtie} S=\sigma_{A\theta B}(R\times S)=\{t_r t_s \mid t_r\in R\wedge t_s\in S\wedge t_r[A]\theta t_s[B]\}$$

其中，A 是 R 的属性组（$A_1,A_2,\cdots,A_k$），B 是 S 的属性组（$B_1,B_2,\cdots,B_k$）；AθB 的实际形式为 $A_1\theta B_1\wedge A_2\theta B_2\wedge\cdots\wedge A_k\theta B_k$；$A_i$ 和 B_i（$i=1,2,\cdots,k$）不一定同名，但必须可比，$\theta\in\{>,<,\leqslant,\geqslant,=,\neq\}$。

连接操作是从行和列的角度进行运算，连接运算的直观意义如图 2-7 所示。

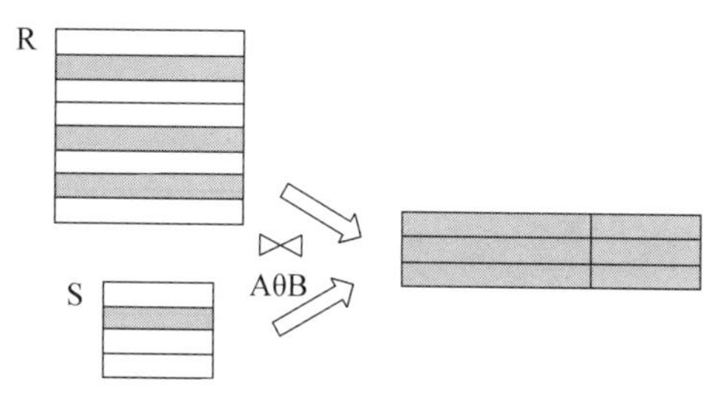

图 2-7　连接运算的直观意义示意图

2）连接运算的过程

确定结果中的属性列，然后确定参与比较的属性列，最后逐一取 R 中的元组分别和 S 中与其符合比较关系的元组进行拼接。

3）两类常用的连接运算

（1）等值连接（equal-join）。θ 为＝的连接运算称为等值连接，它是从关系 R 与 S 的笛卡儿积中选取 A、B 属性值相等的那些元组。等值连接为

$$R \underset{A\theta B}{\bowtie} S=\{t_r\ t_s \mid t_r\in R\wedge t_s\in S\wedge t_r[A]=t_s[B]\}$$

（2）自然连接（natural join）。自然连接是一种特殊的等值连接，若 A、B 是相同的属性

组，就可以在结果中把重复的属性去掉。这种去掉了重复属性的等值连接称为自然连接。自然连接可记作

$$R \bowtie S=\{t_r t_s \mid t_r \in R \wedge t_s \in S \wedge t_r[B]=t_s[B]\}$$

接下来举例说明以上连接类型。

【例 2-16】 已知关系 R 和关系 S 如表 2-20 和表 2-21 所示，求 $R \underset{N<Y}{\bowtie} S$，$R \underset{N=Y}{\bowtie} S$，$R \bowtie S$。

表 2-20 关系 R

M	N	K
m1	5	k1
m2	6	k2
m1	10	k3

表 2-21 关系 S

X	Y	K
x1	6	k1
x2	11	k2
x3	2	k3

上述 3 个运算的结果如表 2-22～表 2-24 所示。

表 2-22 $R \underset{N<Y}{\bowtie} S$ 的运算结果

M	N	R.K	X	Y	S.K
m1	5	k1	x1	6	k1
m1	5	k1	x2	11	k2
m2	6	k2	x2	11	k2
m1	10	k3	x2	11	k2

表 2-23 $R \underset{N=Y}{\bowtie} S$ 的运算结果

M	N	R.K	X	Y	S.K
m2	6	k2	x1	6	k1
a2	b1	7	7	e1	b1

表 2-24 自然连接的运算结果

M	N	R.K	X	Y
m1	5	k1	x1	6
m2	6	k2	x2	11
m1	10	k3	x3	2

根据表 2-13～表 2-15 完成下面查询。

【例 2-17】 查询课程号为 20005 的课程的学生学号和成绩。

$\pi_{学号,成绩}(\sigma_{课程号='20005'}(sc))$

【例 2-18】 查询课程号为 20001 的课程的学生学号和姓名。

$\pi_{学号,姓名}(\sigma_{课程号='20001'}(student \bowtie sc))$

【例 2-19】 查询课程名为 Java 语言的学生学号和姓名。

$\pi_{学号,姓名}(\sigma_{课程名='Java语言'}(student \bowtie sc \bowtie course))$

【例 2-20】 查询课程号是 20001 或 20005 的课程的学生学号。

$\pi_{学号}(\sigma_{课程号='20001' \vee 课程号='20005'}(sc))$

【例 2-21】 查询没有选课程号是 20001 的学生的姓名和年龄。

$\pi_{学号,年龄}(student) - \pi_{学号,年龄}(\sigma_{课程号='20001'}(student \bowtie sc))$

【例 2-22】 查询年龄为 18～19 的女同学的学号、姓名和年龄。

$\pi_{学号,姓名,年龄}(\sigma_{性别='女' \wedge 年龄>=18 \wedge 年龄<=19}(student))$

习　题

一、选择题

1. 采用二维表结构表达实体型及实体间联系的数据模型是(　　)。

A. 层次模型　　B. 网状模型　　C. 关系模型　　D. 实体联系模型

2. 同一个关系模型的任意两个元组值(　　)。

A. 不能完全相同　　B. 可以完全相同　　C. 必须完全相同　　D. 以上都不是

3. 参照完整性规定：若属性(或属性组)F 是基本关系 R 的外码，它与基本关系 S 的主码 Ks 相对应，则对于 R 中每个元组在 F 上的值必须为(　　)。

A. 只能取空值

B. 只能等于 S 中某个元组的主码值

C. 或者为空值，或者等于 S 中某个元组的主码值

D. 可以取任意值

4. 学生实体和系别实体如下，其中主码用下画线标识。

学生(<u>学号</u>，姓名，年龄，系别号)

系别(<u>系别号</u>，系名)

则学生关系的外码是(　　)。

A. 学号　　B. 系别号　　C. 姓名　　D. 年龄

5. 设关系：职工(职工号，姓名，年龄，性别)，下列可以求出年龄大于 50 岁的职工信息的关系是(　　)。

A. $\sigma_{年龄>50}$(职工)　　B. $\pi_{年龄>50}$(职工)

C. σ_{50}(职工)　　D. π_{50}(职工)

6. 对关系 S 和关系 R 进行集合运算，结果中既包含 S 中元组也包含 R 中元组，这样的集合运算称为(　　)。

A. 并运算　　B. 交运算　　C. 差运算　　D. 积运算

二、填空题

1. (　　)规则是指若属性 A 是基本关系 R 的主属性,则属性 A 不能取空值。

2. 关系模型的 3 类完整性约束是实体完整性规则、参照完整性规则和(　　)。

3. 在专门关系运算中,从表中按照要求取出指定属性的操作称为(　　)。

4. 关系代数中 4 类传统的集合运算分别为(　　)、差运算、交运算和笛卡儿积运算。

5. 关系 R 中有 m 个元组,S 中有 n 个元组,则 R×S 中元组的个数为(　　)。

6. 在专门关系运算中,从表中选出满足某种条件的元组的操作称为(　　)。

三、操作题

1. 学生和教师管理教学模型如下。

学生:学号、姓名、性别、年龄;

教师:编号、姓名、性别、年龄、职称;

课程:课程号、课程名、课时、学分。

一门课程只安排一名教师任教,一名教师可教多门课程。教师任课包括任课时间和使用教材。

一门课程有多名学生选修,每名学生可选多门课。学生选课包括考核成绩。

完成如下设计:

(1) 设计学生和教师管理教学模型的 E-R 图。要求标注联系类型,可省略实体属性。

(2) 把该 E-R 图转换为关系模式结构,并注明每个关系的主键和外键(如果存在)。

2. 设某工厂数据库情况如下。

仓库:仓库号,仓库面积;

零件:零件号,零件名,规格,单价;

供应商:供应商号,供应商名,地址;

保管员:职工号,职工名。

设仓库与零件之间有存放关系,每个仓库可存放多个零件,每种零件可存放在多个仓库,仓库存放的零件有其库存量,每个供应商可供应多种零件,每种零件可由多个供应商供应,供应零件时有零件的供应量,一个仓库有多个保管员,一个保管员只能在一个仓库工作。

(1) 根据上述语意画出 E-R 图。要求标注联系类型(可省略实体的属性)。

(2) 将 E-R 图转换为关系模式,并注明每个关系的主键和外键(如果存在)。

第3章 MySQL的安装和配置

CHAPTER

学习目标：

- 掌握MySQL的安装和配置；
- 掌握MySQL的启动和关闭；
- 掌握MySQL的登录和退出。

MySQL是由瑞典MySQL AB公司开发的数据库管理系统，由于其体积小、速度快且完全免费开源，总体拥有成本低，故一般的中小型企业都乐于选择它作为其网站数据库，因此成为了全球最受欢迎的数据库管理系统之一。

3.1 MySQL概述

MySQL是一款单进程多线程、支持多用户、基于客户端/服务器(Client/Server，C/S)的关系数据库管理系统。它是开源软件，所谓的开源软件是指该类软件的源代码可被用户任意获取，并且这类软件的使用、修改和再发行的权利都不受限制。开源的主要目的是提升程序本身的质量。MySQL可以从其官方网站下载。MySQL以快速、便捷和易用作为发展的主要目标。

1. MySQL的优势

(1) 成本低：开放源代码，社区版本可以免费使用。

(2) 性能好：执行速度快，功能强大。

(3) 值得信赖：很多大型公司，如Yahoo、Google、Youtube、百度等公司都在使用。

(4) 操作简单：安装方便快捷，有多个图形客户端管理工具(MySQL Workbench/ Navicat等客户端，MySQLFront，SQLyog)和一些集成开发环境。

(5) 兼容性好：可以安装在多种操作系统上，跨平台性好，不存在32位和64位机的不兼容问题及无法安装的问题。

2. MySQL的特点

(1) 支持多线程，可充分利用CPU资源。

(2) 使用 C 和 C++ 语言编写，并使用多种编译器进行测试，保证了源代码的可移植性。

(3) 支持多种操作系统。

(4) 为多种编程语言提供了 API，这些编程语言包括 C、C ++ 、Java、Perl、PHP、Python 等。

(5) 优化的 SQL 查询算法，可有效地提高查询速度。

(6) 既能够作为一个单独的应用程序用在客户端/服务器网络环境中，也能够作为一个库嵌入其他的软件中提供多语言支持，常见的编码如中文 GB2312、BIG5、日文 Shift_JIS 等都可用作数据库的表名和列名。

(7) 提供 TCP/IP、ODBC 和 JDBC 等多种数据库连接途径。

(8) 提供可用于管理、检查、优化数据库操作的管理工具。

(9) 能够处理拥有上千万条记录的大型数据库。

3. MySQL 发展

早期的 MySQL 仅仅是一个小型的纯关系数据库管理系统，只支持标准 SQL 的基本功能，不支持多用户大量的并发访问，甚至也不具备触发器这类基础的数据库对象，但因其免费开放源代码的优势，且它提供的功能对于绝大多数个人用户乃至中小型企业来说已经绰绰有余，这使得 MySQL 作为一款小型轻量级数据库在互联网上大受欢迎。

2008 年 1 月，MySQL AB 公司被 Sun 公司收购，而仅仅过了 1 年(2009 年)，Sun 公司又被 Oracle(甲骨文)公司收购，历经多个公司如滚雪球般的兼并和重组，投入在 MySQL 升级开发上的资源越来越多，MySQL 自身的功能也随之变得越来越强大。

从 MySQL 5.6 起，数据库开始运行于.NET Framework 4 以上平台，安装和配置过程与之前版本相比发生了很大变化。MySQL 5.6 新增在线 DDL 更改、数据架构支持动态应用程序功能，同时复制全局事务标识以支持自我修复式集群，复制无崩溃从机以提高可用性，复制多线程从机以提高性能。MySQL 5.7 在 5.6 版本基础上增加了新的优化器、原生 JSON 支持、多源复制以及 GIS 空间扩展等功能。2017 年，Oracle 公司发布了 MySQL 的最新版本 MySQL 8.0，从 5.7 一跃而成 8.0，可见这个版本的更新之大。MySQL 8.0 的问世可谓 MySQL 发展史上的一个里程碑。

4. MySQL 版本

MySQL 有多个不同用途的版本，其主要区别如下。

(1) MySQL Community Server(社区版)，开源免费，但不提供官方技术支持。

(2) MySQL Enterprise Edition(企业版)，需付费，可以试用 30 天。

(3) MySQL Cluster(集群版)，开源免费，可将几个 MySQL 封装成一个 Server。

(4) MySQL Cluster CGE(高级集群版)，需付费。

其中，MySQL Community Server 是最常用的 MySQL 版本之一，作为高校教材，本书以这个版本为例来介绍 MySQL 的基础知识和各项新技术。

5. MySQL 服务器与端口号

(1) MySQL 服务器。MySQL 服务器是一台安装有 MySQL 服务的主机系统，该主机系统还应该包括操作系统、CPU、内存及硬盘等软硬件资源。特殊情况下，同一台 MySQL 服务器可以安装多个 MySQL 服务，甚至可以同时运行多个 MySQL 服务实例，各个 MySQL 服务实例占用不同的端口号，为不同的 MySQL 客户端提供服务。简而言之，同一台 MySQL 服务器同时运行多个 MySQL 服务实例时,使用端口号区分这些 MySQL 服务实例。

（2）端口号。服务器上运行的网络程序一般都是通过端口号来识别的,一台主机上端口号可以有 65536 个。典型的端口号的例子是某台主机同时运行多个 QQ 进程,QQ 进程之间使用不同的端口号进行辨识。也可以将 MySQL 服务器想象成一部双卡双待的手机,将端口号想象成 SIM 卡槽,每个 SIM 卡槽可以安装一张 SIM 卡,将 SIM 卡想象成 MySQL 服务。手机启动后,手机同时运行了多个 MySQL 服务实例,手机通过 SIM 卡槽识别每个 MySQL 服务实例。

3.2　MySQL 在 Windows 系统中的安装和配置

MySQL 支持多个平台,本节讲解如何在 Windows 平台下安装和配置 MySQL。

3.2.1　MySQL 的下载

用户可以登录 MySQL 的官方网站(www.mysql.com)下载最新版本的 MySQL 数据库。按照用户群分类,MySQL 数据库目前可以分为社区版和企业版,它们最重要的区别在于:社区版是免费下载的,但是官方不提供任何技术支持;企业版是收费的,它提供更多功能和更完备的技术支持,适合对数据库的功能和可靠性要求较高的企业用户。

本书选择的是免费的社区版进行讲解。首先进入 MySQL 的官网,单击 DOWNLOADS 导航栏,单击“MySQL Community(GPL) Downloads”链接,进入“MySQL Community Downloads”页面,如图 3-1 所示,选择 MySQL Community Server 选项即可进入 MySQL 数据库的下载页面。

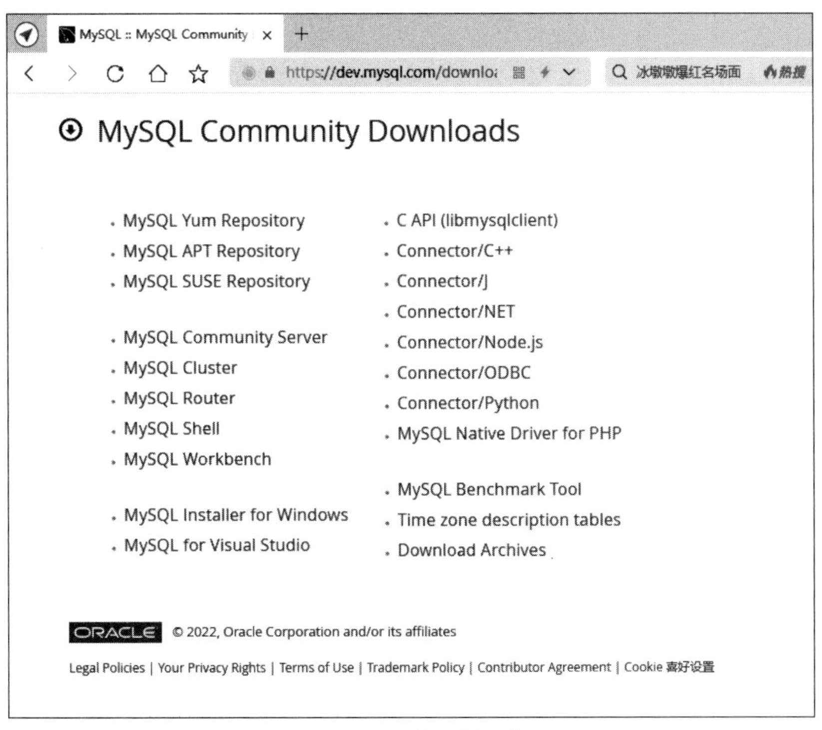

图 3-1　MySQL 社区版下载页面

进入MySQL数据库的下载页面后，首先在Select Operating System下拉菜单中选择Microsoft Windows平台，然后进入Windows平台下MySQL数据库产品页面，如图3-2所示。

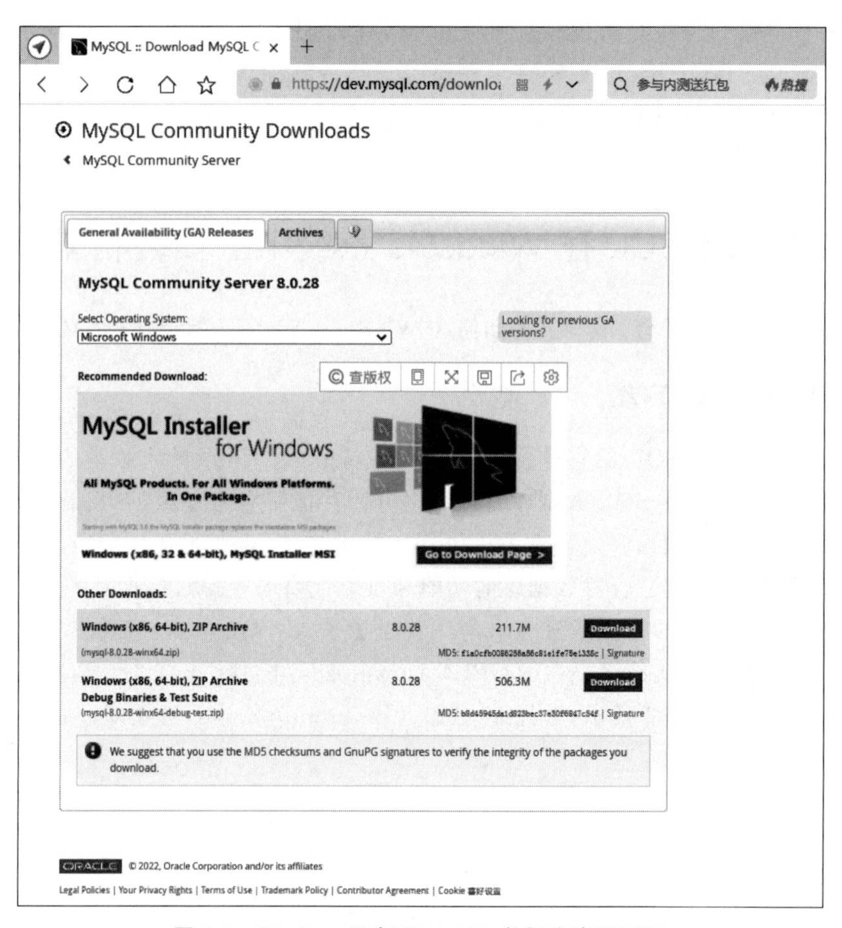

图3-2　Windows平台下MySQL数据库产品页面

Windows平台下的MySQL文件有两个版本：MSI和ZIP。

(1) MSI是安装版。在安装过程中，会将用户的各项选择自动写入配置文件中，适合初学者使用，本书选择这个版本。

(2) ZIP是压缩版。需要用户自己打开配置文件写入配置信息，适合高级用户。

选择MSI版本，进入MSI下载页面，选择下载mysql-installer-community-8.0.28.0.msi。

3.2.2 MySQL的安装

找到下载的安装程序后，具体安装步骤如下。

(1) 双击安装程序mysql-installer-community-8.0.28.0.msi，弹出安装类型选择界面，如图3-3所示。选择Custom，然后单击Next按钮。

(2) 在选择安装版本界面，展开第一个结点MySQL Servers，找到并单击MySQL Server 8.0.28.X64，之后向右的箭头会变成绿色，单击该绿色的箭头，将选中的产品添加到

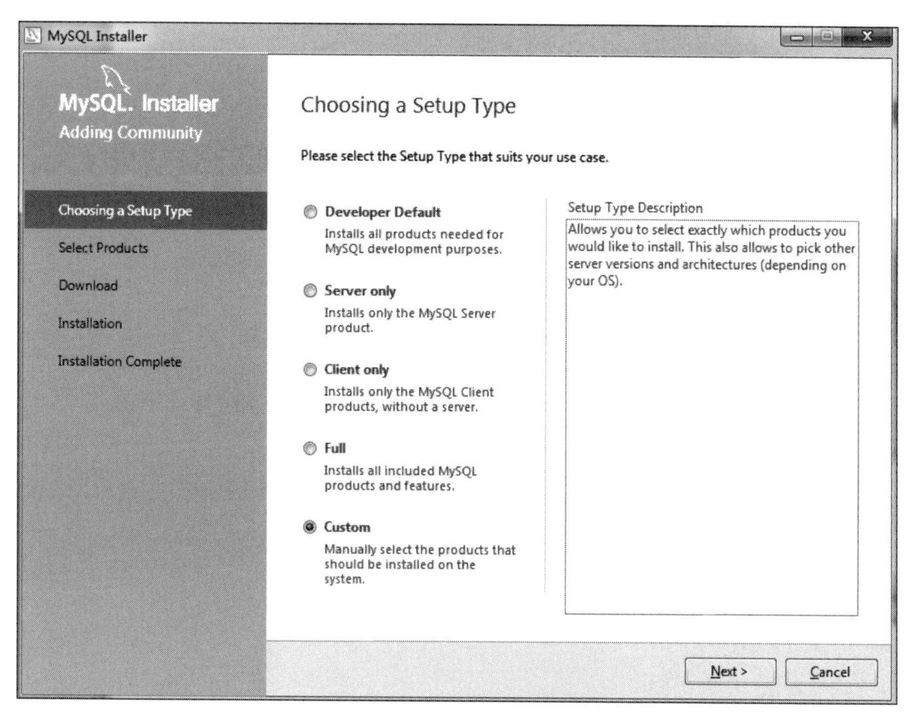

图 3-3　安装类型选择界面

右侧的待安装列表框中，如图 3-4 所示。然后单击 Next 按钮进入安装列表界面。

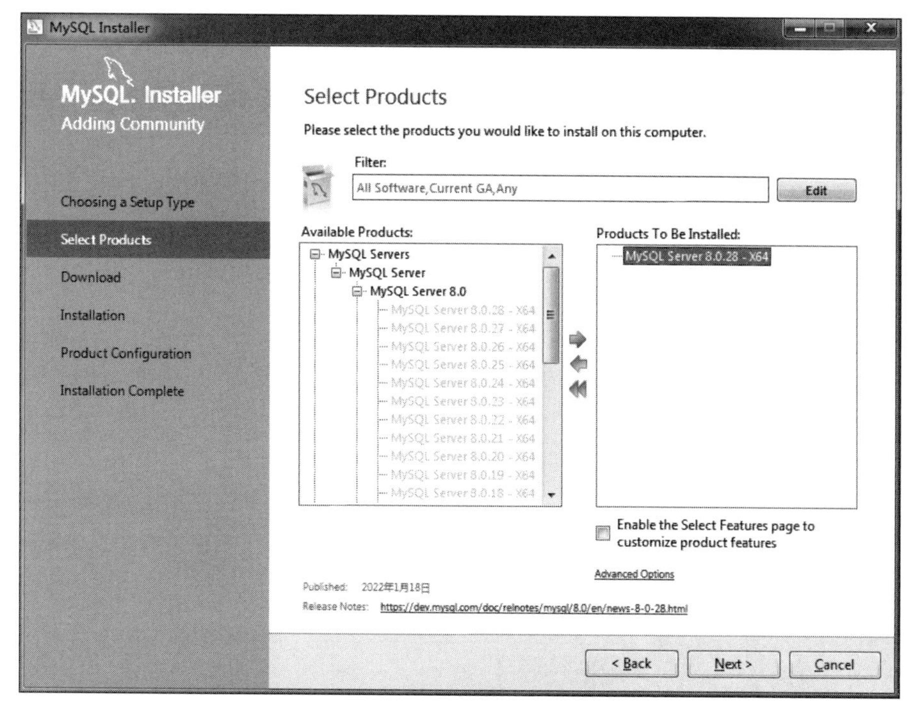

图 3-4　选择安装版本界面

(3) 单击安装列表界面(见图 3-5)的 Execute 按钮后,要安装的产品右边会显示安装进度百分比。安装完成之后在前面会出现一个绿色的√,如图 3-6 所示,表示 MySQL Server 8.0.28 安装成功。

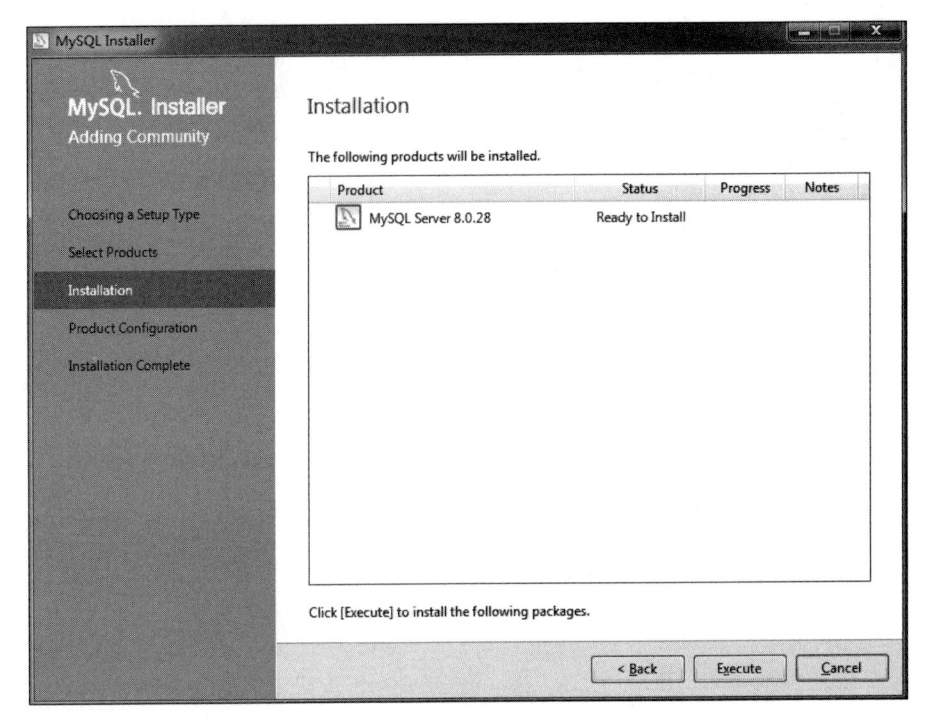

图 3-5 准备安装界面

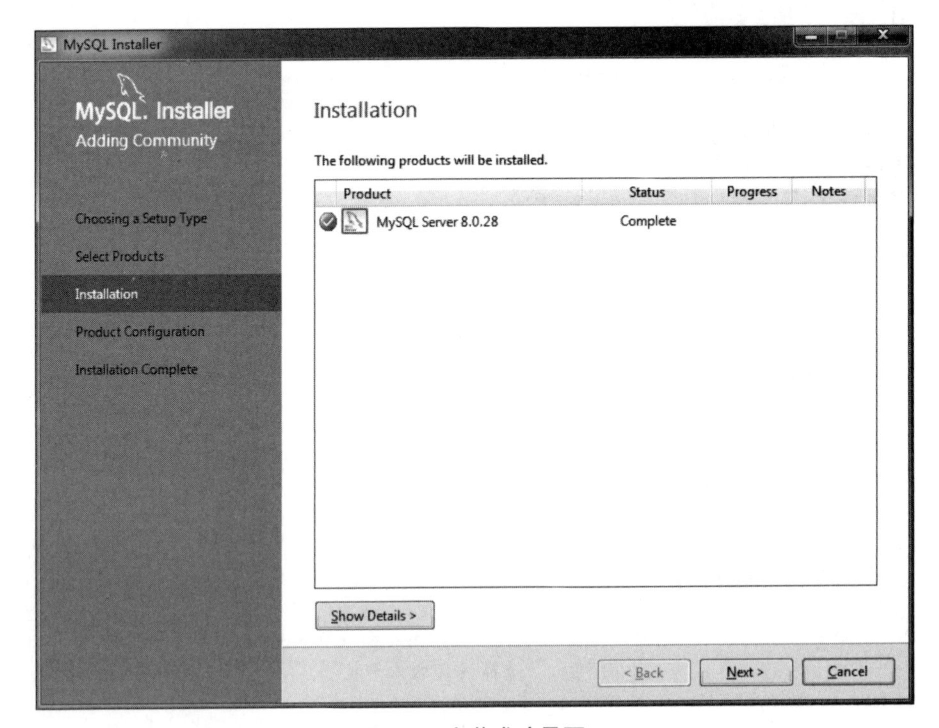

图 3-6 安装成功界面

3.2.3　MySQL 的配置

安装完成后,还需要配置 MySQL 的各项参数才能正常使用,具体配置步骤如下。

(1) 单击图 3-6 中的 Next 按钮,出现准备配置的界面,如图 3-7 所示。

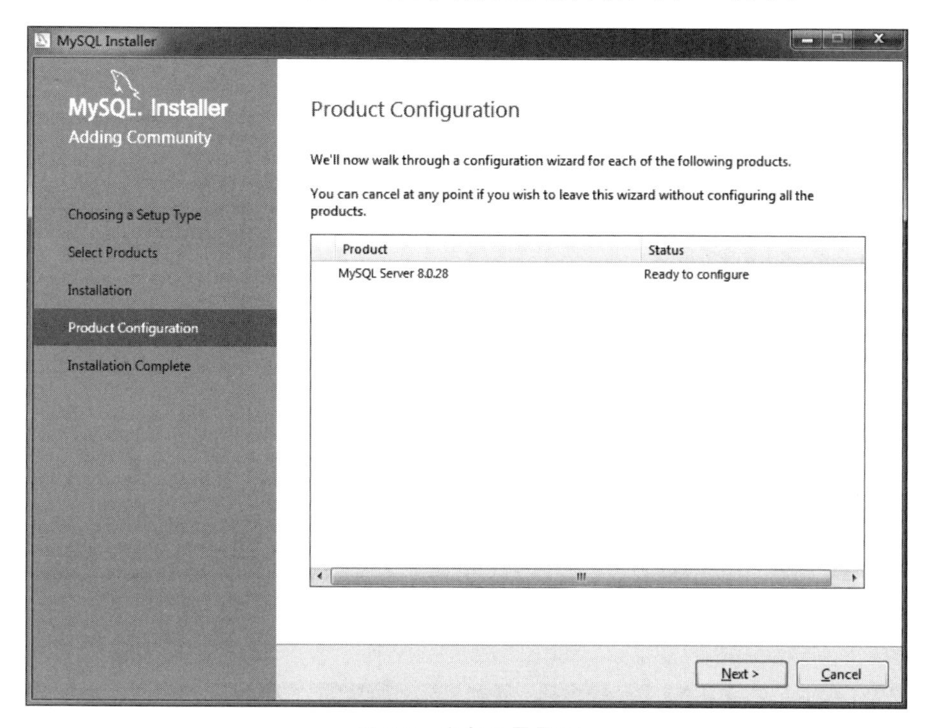

图 3-7　准备配置界面

(2) 再次单击 Next 按钮,直接进入参数配置页面中的 Type and Networking 界面,如图 3-8 所示。在服务器配置类型(Config Type)中选择 Development Computer,不同的选择将决定系统为 MySQL 服务器实例分配资源的大小,Development Computer 占用的内存是最少的,连接方式保持默认的 TCP/IP,端口号保持默认的 3306 即可,单击 Next 按钮。

在真实环境中,数据库服务器进程和客户端进程可能运行在不同的主机中,它们之间必须通过网络进行通信。MySQL 采用 TCP 作为服务器和客户端之间的网络通信协议。在网络环境下,每台计算机都有一个唯一的 IP 地址,如果某个进程需要采用 TCP 协议进行网络通信,就可以向操作系统申请一个端口号。端口号是一个整数值,它的取值范围是 0～65535。这样,网络中的其他进程就以通过 IP 地址＋端口号的方式与这个进程建立连接,这样进程之间就可以通过网络进行通信了。

MySQL 服务器在启动时会默认申请端口号 3306,之后就在这个端口号上等待客户端进程进行连接,也就是说 MySQL 服务器会默认监听 3306 端口。

(3) 设置 MySQL 数据库的 root 账户密码,如图 3-9 所示。

(4) 在配置 Windows 服务时,需要进行以下几步操作:勾选 Configure MySQL Server as a Windows Service 选项,将 MySQL 服务器配置为 Windows 服务;选中 Standard System Account 单选按钮,该选项是标准系统账户,推荐使用该账户;在 Windows Server

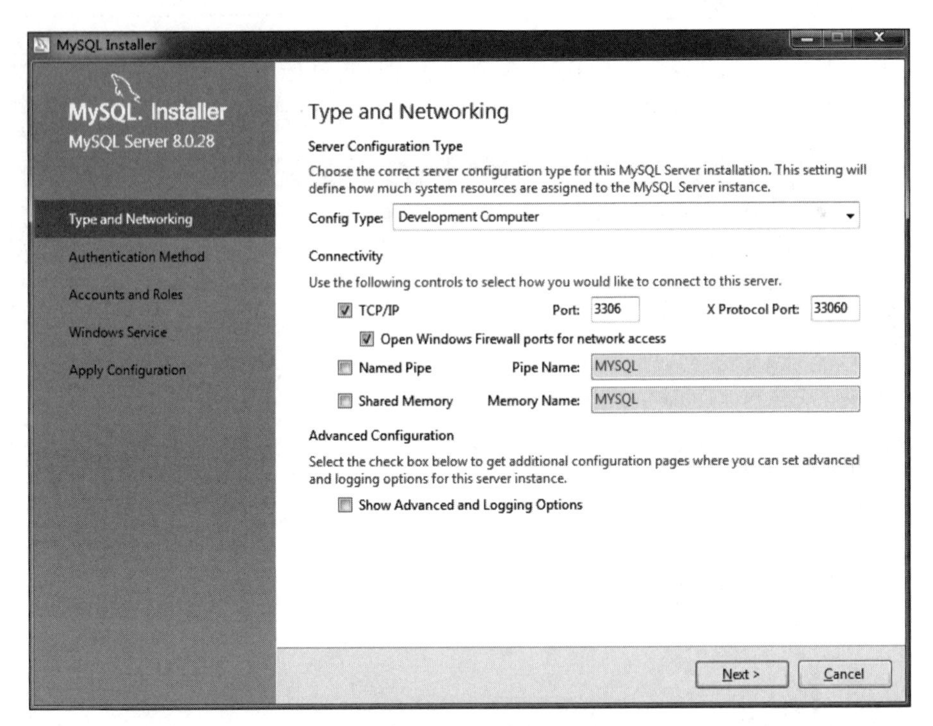

图 3-8　类型及网络参数配置界面

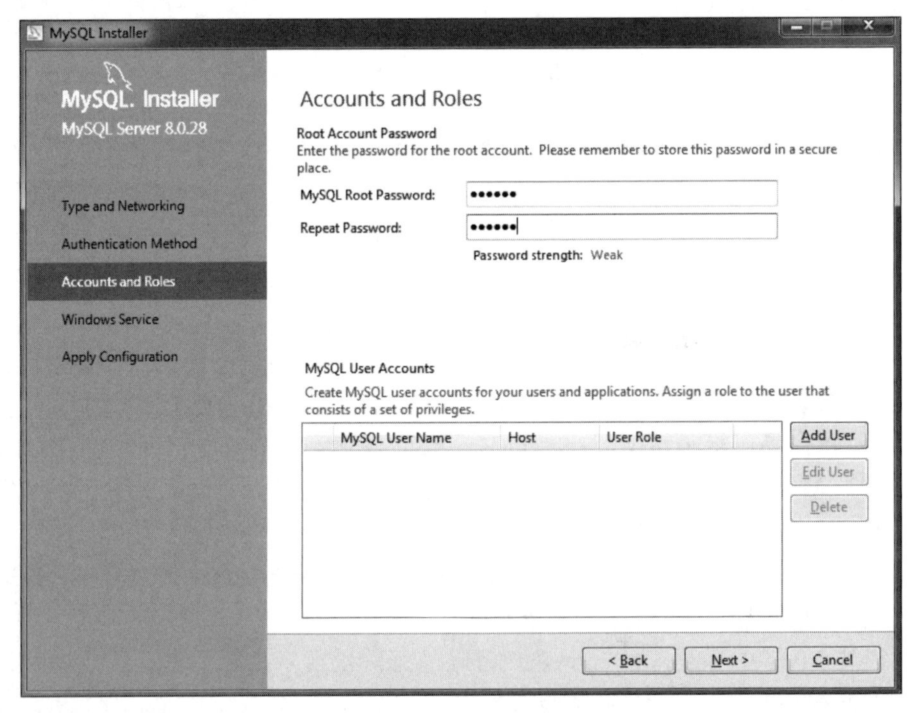

图 3-9　设置 root 账户密码界面

Name 中输入 MySQL，MySQL 是要用于此 MySQL 服务器实例的 Windows 服务名称，每个实例都需要一个唯一的名称，如图 3-10 所示。之后单击 Next 按钮。

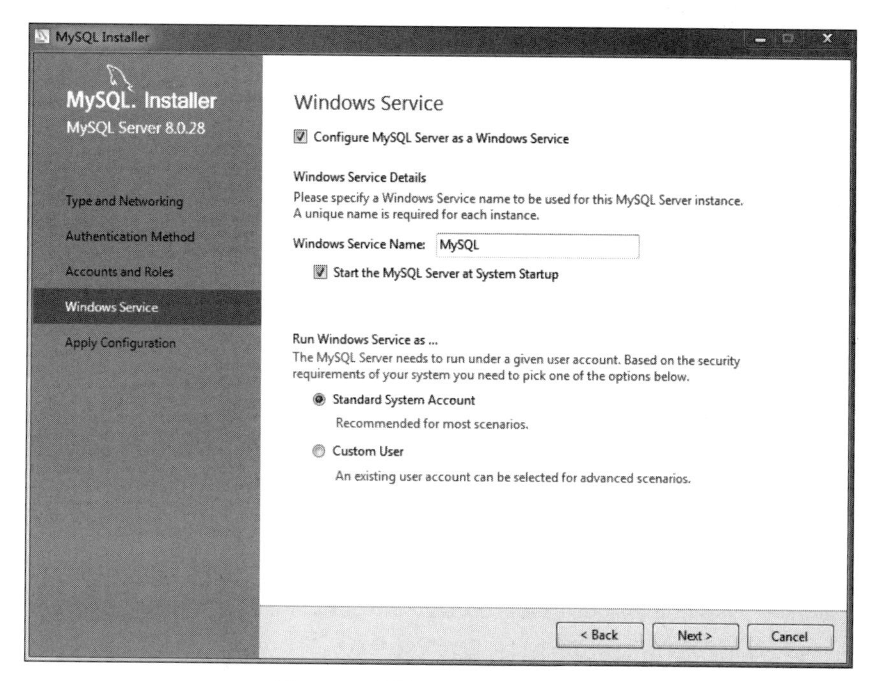

图 3-10 设置 Windows 服务界面

(5) 在之后出现的界面中单击 Execute 按钮。等到所有的配置完成之后，出现如图 3-11 所示的界面，单击 Finish 按钮，跳到配置成功界面，之后单击界面中的 Next 按钮，在出现的界面中单击 Finish 按钮即可完成配置，如图 3-12 所示。

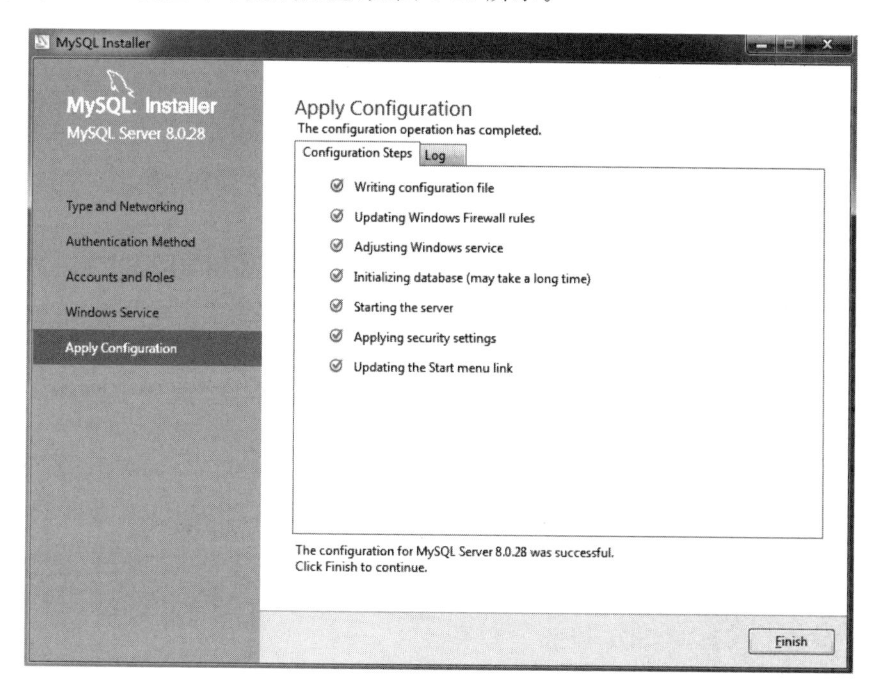

图 3-11 配置成功界面

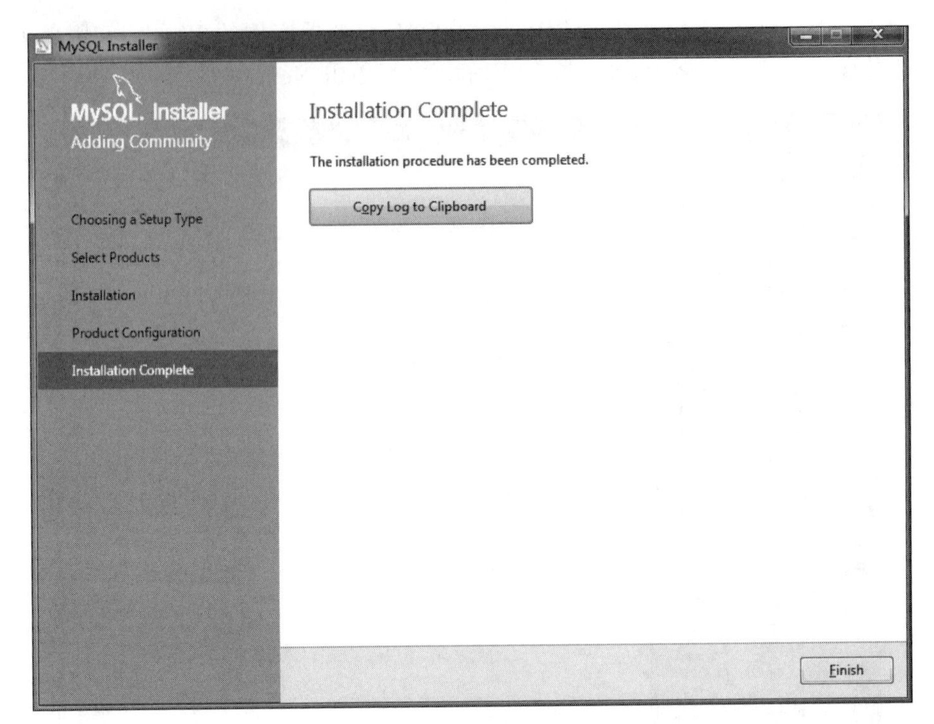

图 3-12 安装配置完成界面

3.3 MySQL 的管理

MySQL 分为服务器和客户端，只有开启服务器端的服务，才能通过客户端连接到服务器。本节讲述如何开启和关闭 MySQL 服务、如何登录数据库以及如何设置密码等相关操作。

3.3.1 启动与关闭 MySQL 服务

不同的平台下启动与关闭 MySQL 服务的操作方式是不一样的，下面针对 Windows 平台，介绍 MySQL 服务启动和关闭的过程。

MySQL 服务不仅可以通过 Windows 服务管理器启动和关闭，还可以通过命令行来启动和关闭。

1. 通过 Windows 服务管理器管理 MySQL 服务

(1) 打开服务列表窗口。右击“计算机”图标，然后选择“管理”选项，在弹出的窗口中双击“服务和应用程序”选项，双击“服务”选项，打开 Windows 服务管理器，如图 3-13 所示。

在图 3-13 中可以看到名称为 MySQL80 的服务，双击此服务，弹出“MySQL80 的属性(本地计算机)”对话框，如图 3-14 所示。在此对话框中可以对 MySQL 服务进行启动和关闭。

(2) 也可以在命令行提示符中输入 services.msc 命令，打开 Windows 服务管理器。

2. 通过命令行管理 MySQL 服务

(1) 单击“开始”菜单，在最下边的“搜索程序和文件”搜索框中输入 cmd 命令，回车即可

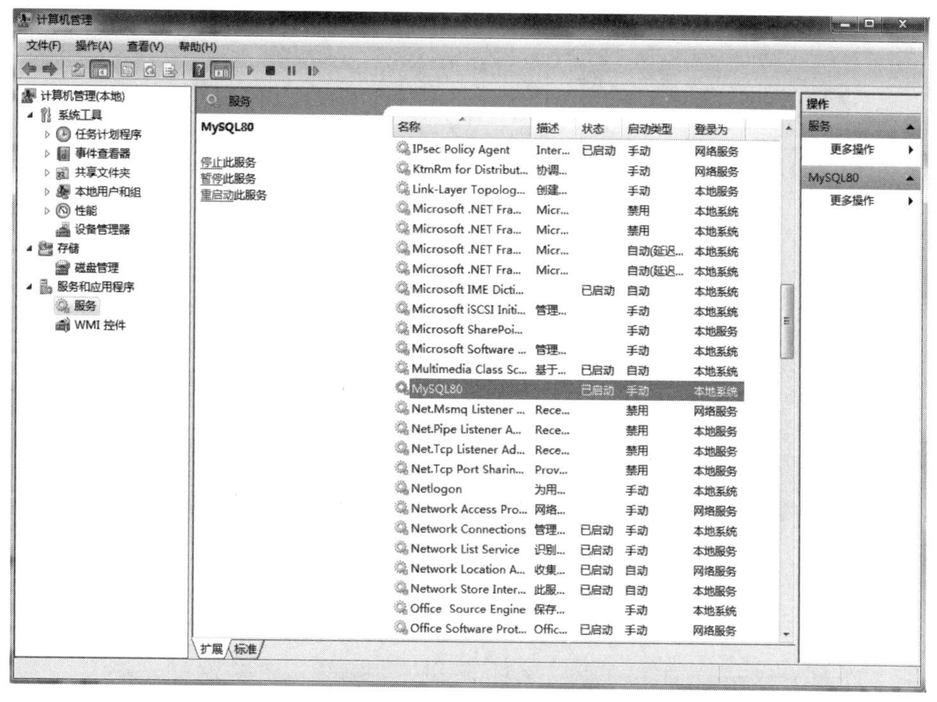

图 3-13　Windows 服务管理器

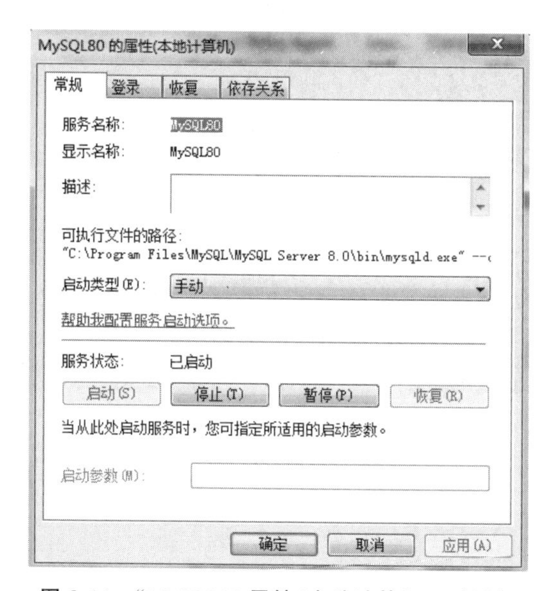

图 3-14　“MySQL80 属性(本地计算机)”对话框

进入 DOS 窗口。

(2) 在 DOS 窗口中输入命令 net start MySQL80 即可启动 MySQL 服务，如图 3-15 所示。

(3) 通过命令不仅可以启动 MySQL 服务，还可以停止 MySQL 服务，命令为 net stop MySQL80。执行完该命令后，如图 3-16 所示，停止 MySQL 服务。

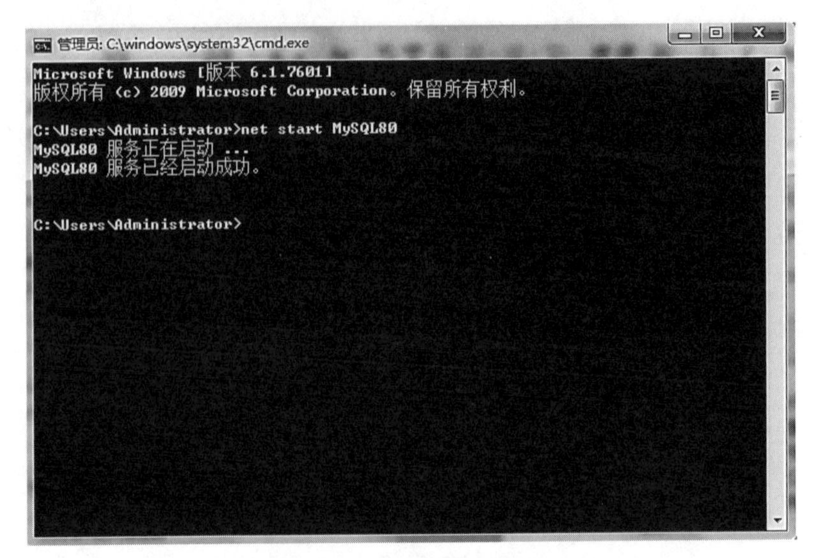

图 3-15 启动 MySQL 服务

图 3-16 停止 MySQL 服务

3.3.2 登录与退出 MySQL 数据库

MySQL 服务启动后，就可以通过 MySQL 客户端来登录数据库了。Windows 平台下，可以通过两种方式来登录数据库：MySQL 8.0 Command Line Client 和 DOS 命令。

1. 通过 MySQL 8.0 Command Line Client 登录和退出数据库

(1) 安装 MySQL 时，也安装了客户端，也就是 MySQL 8.0 Command Line Client，在“开始”菜单中可以找到 MySQL 8.0 Command Line Client，单击后打开 MySQL 客户端，如图 3-17 所示。

可以看到打开客户端命令行窗口后，会提示输入密码，输入正确的密码后回车即可登录,如图 3-18 所示。登录成功后,会在客户端窗口中显示 MySQL 版本的相关信息。

图 3-17 MySQL 客户端窗口

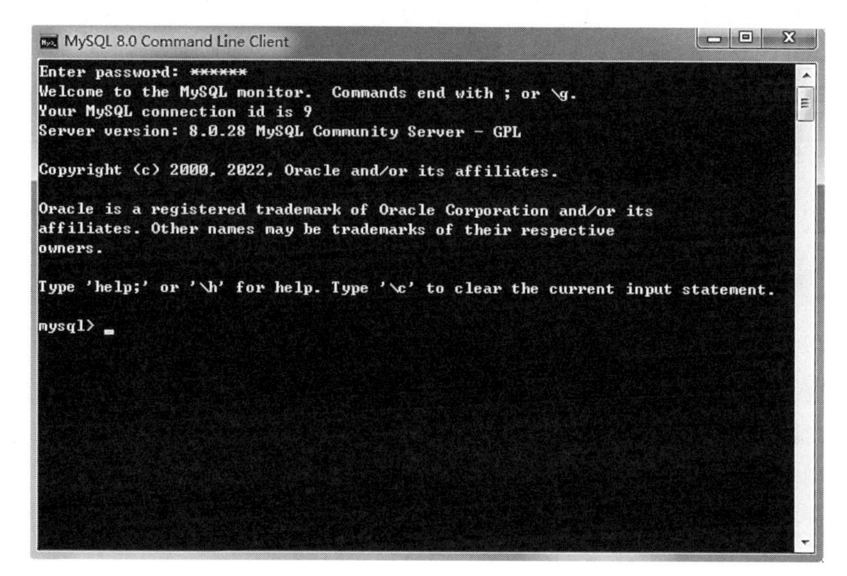

图 3-18 登录成功窗口

(2) 登录成功后,可以使用 quit 或者 exit 命令退出登录。在执行完 quit 或者 exit 命令后,客户端窗口会显示信息。

2. 通过 DOS 命令登录和退出数据库

(1) Windows 用户还可以通过 DOS 窗口来执行相应的命令来登录数据库,在 DOS 窗口下,输入如下命令:

```
mysql -h 127.0.0.1 -u root -p
```

其中,mysql 是登录数据库的命令;-h 后面需要加上服务器的 IP 地址,由于 MySQL 服务器是安装到本地计算机上的，所以 IP 地址为 127.0.0.1;-u 后面填写的连接数据库的用户名 root;-p 后面是设置的 root 用户的密码，通常不在-p 后直接输入密码，因为在一些系统中密码会被看到，安全性难以保证。如果非要在一行命令中显式地输入密码，那么在-p 和密码之间不能有空格字符。

输入此命令后按下回车键，出现输入密码的提示，输入正确的密码后，即可登录成功，如图 3-19 所示。

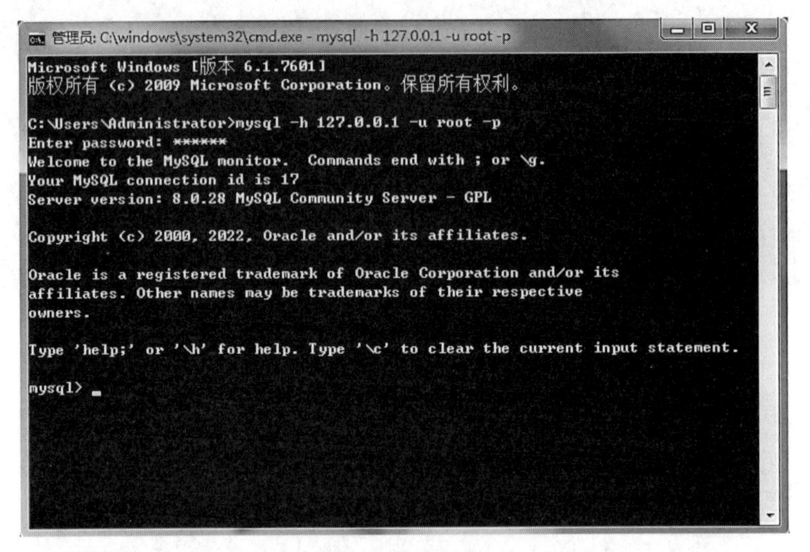

图 3-19　DOS 命令登录成功窗口

如果没有配置 MySQL 的环境变量，上述命令的执行结果会提示 mysql 不是内部或外部命令。

这是因为没有把 MySQL 的安装路径加入系统 path 中。右击“计算机”图标，选择“属性”→“高级系统设置”，之后可以看到系统属性，单击“高级”，选择“环境变量”，就可以进入环境变量界面。在系统变量中找到 path 变量后单击“编辑”按钮，如图 3-20 所示。

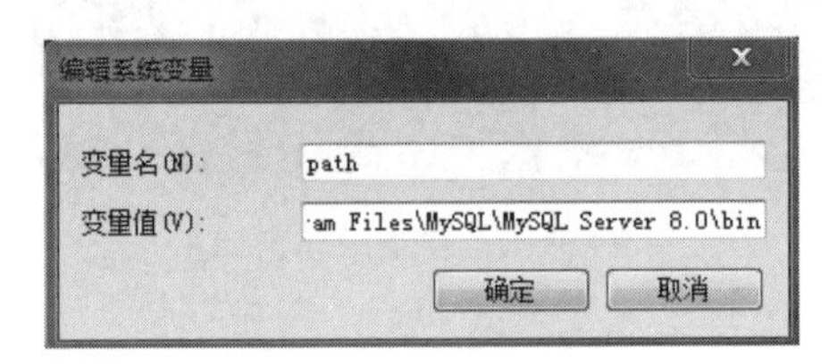

图 3-20　环境变量 path

在弹出的编辑界面中将 MySQL 的安装路径 C:\Program Files\MySQL\MySQL Server 8.0\bin 添加进去，并以分号与之前的内容分开，然后单击“确定”按钮即可完成配置。

(2) 修改密码。为了保护数据库的安全，有时需要为登录 MySQL 服务器的用户修改密码，下面以设置 root 用户的密码为例，登录 MySQL 后，执行如下命令即可。

```
alter user 'root'@'localhost' identified by '123456';
```

上述命令表示为 localhost 主机中的 root 用户设置密码，密码为 123456。当设置密码后，退出 MySQL，然后重新登录时，需要输入新设置的密码才能登录成功。

3.4　常用图形化管理工具

MySQL 命令行客户端的优点在于不需要额外安装，在 MySQL 软件包中已经安装。然而命令行这种操作方式不够直观，而且容易出错。为了更方便地操作 MySQL，可以使用一些图形化工具。本节将对 MySQL 常用的两种图形化工具进行讲解。

3.4.1　SQLyog

SQLyog 是 Webyog 公司推出的一个快速、简洁的图形化工具，用于管理 MySQL 数据库。该软件提供了个人版、企业版等版本。

SQLyog 软件的主界面如图 3-21 所示。

图 3-21　SQLyog 主界面

选择菜单栏中的“文件”→“新连接”命令，弹出如图 3-22 所示的对话框。

图 3-22　连接数据库

输入正确的 MySQL 主机地址（MySQL Host Address）、用户名、密码和端口，单击“连接”按钮，即可连接数据库。连接成功后的界面如图 3-23 所示。

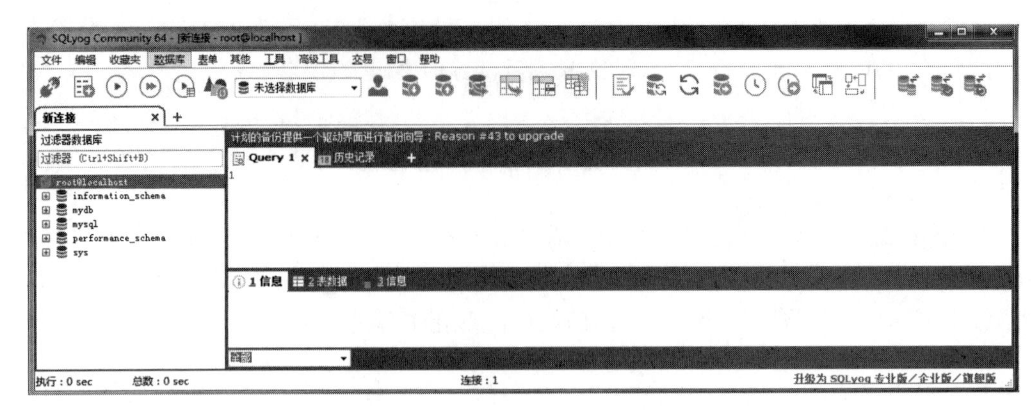

图 3-23 连接成功 SQLyog 的界面

在图 3-23 中，左边是一个树状控件，root@localhost 表示当前使用 root 用户身份登录了 localhost 地址的 MySQL 服务器。该服务器中有 5 个数据库，每个数据库都有特定用途。

3.4.2 Navicat

Navicat 是一套快速、可靠的图形化数据库管理工具，它的设计符合数据库管理员、开发人员以及中小企业的需求，支持的数据库包括 MySQL、SQL Server、Oracle 等。

下面以 Navicat 16 版本为例介绍软件的界面。打开软件后，如图 3-24 所示，选择“文件”菜单下的“新建连接”命令，在弹出的菜单中选择 MySQL，打开“新建连接(MySQL)”对话框，如图 3-25 所示。

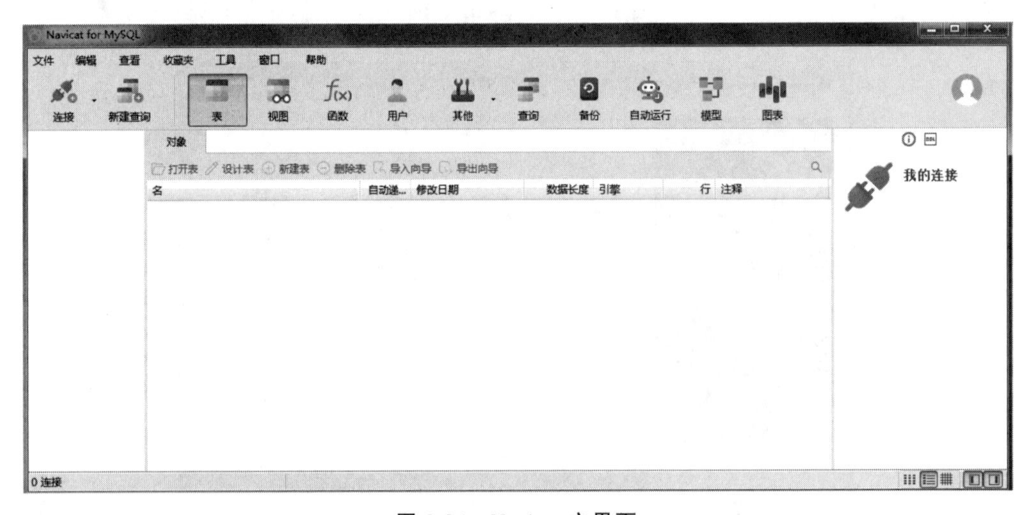

图 3-24 Navicat 主界面

在图 3-25 中，输入连接名、主机、端口、用户名和密码后，单击“确定”按钮，即可连接数据库。连接成功页面如图 3-26 所示。单击工具栏中的“新建查询”图标，可以执行 SQL 查询。

图 3-25　“新建连接(MySQL)”对话框

图 3-26　连接成功页面

习　　题

一、选择题

1. MySQL 的默认端口号是(　　)。

A. 3306　　B. 1433　　C. 3377　　D. 1521

2. MySQL 是一种(　　)数据库管理系统。

A. 层次型　　B. 关系　　C. 网络型　　D. 对象型

3. 下列选项中，(　　)是 MySQL 默认提供的用户。

A. admin　　B. test　　C. root　　D. user

二、填空题

1. 在 DOS 窗口中输入命令(　　)即可启动 MySQL 服务。

2. 在 DOS 窗口中输入命令(　　)即可停止 MySQL 服务。

3. 可以使用(　　) 或者(　　)命令退出登录。

第4章 数据库和表的操作

CHAPTER

学习目标：

- 掌握数据库的操作；
- 掌握数据表的操作；
- 掌握表中数据的操作。

在MySQL数据库的学习中，数据库、数据表和数据的操作，是每个初学者必须掌握的内容，同时也是学习后续课程的基础。为了让初学者能够快速体验与掌握数据库的基本操作，本章将对这些基本操作进行详细讲解。

4.1 SQL语言简介

SQL的含义为结构化查询语言，即Structured Query Language，是在关系数据库系统中被广泛采用的一种语言形式。SQL语言能够针对数据库完成定义、查询、操纵和控制功能，是关系数据库领域中的标准化查询语言。目前，各大数据库厂商的数据库产品从很大程度上支持了SQL-92标准，并在实践过程中对SQL标准作了一些修改和补充。因此，不同数据库产品的SQL仍然存在少量的差别。

SQL主要由数据定义语言、数据操纵语言、数据控制语言和数据查询语言组成。

1. 数据定义语言

数据定义语言（Data Definition Language，DDL）用来执行数据库的任务，对数据库及数据库中的各种对象进行创建、修改和删除操作。

（1）create：创建数据库或数据库对象。

（2）alter：修改数据库或数据库对象。

（3）drop：删除数据库或数据库对象。

2. 数据操纵语言

数据操纵语言（Data Manipulation Language，DML）用于操纵数据库中的数据，包括插入、修改和删除操作。

(1) insert：插入一行或多行数据到表或视图中。

(2) update：修改表或视图中的一行数据，也可以修改全部数据。

(3) delete：根据条件删除表或视图中的数据。

3. 数据控制语言

数据控制语言(Data Control Language，DCL)用于安全管理，确定哪些用户可以查看或修改数据库中的数据。

(1) grant：把语句许可或对象许可的权限授予其他用户或角色。

(2) revoke：与 grant 功能相反，撤销权限。

(3) commit：用于提交事务。

(4) rollback：用于回滚事务。

4. 数据查询语言

数据查询语言(Data Query Language，DQL)对数据库中的数据进行查询操作。

select：从表或视图中根据条件检索需要的数据。

4.2 数据库操作

MySQL 安装好之后，首先需要创建数据库，这是使用 MySQL 各种功能的前提。

4.2.1 创建数据库

MySQL 服务器中的数据库可以有多个，分别存储不同的数据。要想将数据存储到数据库中，首先需要创建一个数据库。创建数据库就是在数据库系统中划分一块存储数据的空间，基本语法格式如下。

```
create database [if not exists] db_name
[[default] character set charset_name]
[[default] collate collation_name]
```

在上述语法中，create database 表示创建数据库；在创建数据库时可以使用 if not exists 表示指定的数据库不存在时执行创建操作，否则忽略此操作；db_name 可以是字母、数字和下画线组成的任意字符串，在 MySQL 中不区分大小写；如果指定了 character set charset_name 和 collate collation_name，那么采用指定的字符集 charset_name 和校验规则 collation_name。如果没有指定，则会采用默认值。

【例 4-1】 创建一个名为 jsjxy 的数据库，具体 SQL 语句与执行结果如下。

```
mysql> create database jsjxy;
Query OK, 1 row affected (0.05 sec)
```

这里需要注意的是，如果创建的数据库已经存在，则程序会报错。为了防止这种情况发生，可以使用 if not exists 来判断创建的数据库是否已经存在，具体 SQL 语句与执行结果如下。

```
mysql> create database if not exists jsjxy;
Query OK, 1 row affected, 1 warning (0.00 sec)
```

从以上执行结果可以看出，创建数据库时添加了 if not exists 后，再次创建 jsjxy 就不会发生错误，而且服务器会返回一条警告信息，可以通过 show warnings 查看错误信息，具体 SQL 语句与执行结果如下。

```
mysql> show warnings;
+-------+------+------------------------------------------+
| Level | Code | Message                                  |
+-------+------+------------------------------------------+
| Note  | 1007 | Can't create database 'jsjxy'; database exists |
+-------+------+------------------------------------------+
1 row in set (0.04 sec)
```

从以上执行结果可以看出，MySQL 提示名为 jsjxy 的数据库已经存在，不能重复创建。

注意：创建数据库后，MySQL 会在存储数据的 data 目录下创建一个与数据库同名的子目录(jsjxy)，用于保存此数据库相关的内容。

4.2.2　查看数据库

数据库创建完成后，如果要查看该数据库的信息，或者查看 MySQL 服务器都有哪些数据库，可以根据不同的需求进行查看。

1. 查看 MySQL 服务器下所有数据库

查看 MySQL 服务器下所有数据库的基本语法格式如下。

```
show databases;
```

【例 4-2】 查看所有数据库，具体 SQL 语句与执行结果如下。

```
mysql> show databases;
+--------------------+
| database           |
+--------------------+
| information_schema |
| jsjxy              |
| mydb               |
| mysql              |
| performance_schema |
| sys                |
+--------------------+
6 rows in set (0.00 sec)
```

从以上执行结果可以看出，MySQL 服务器已有 6 个数据库，除了 jsjxy 是手动创建的数据库外，其他数据库都是 MySQL 安装时自动创建的。

information_schema 数据库和 performance_schema 数据库分别是 MySQL 服务器的数据字典(保存所有数据表和库的结构信息)和性能字典(保存全局变量等设置);mysql 数据库主要负责 MySQL 服务器自己需要使用的控制和管理信息,如用户的权限关系等;sys 数据库是系统数据库,包括存储过程、自定义函数等信息。对于初学者来说,建议不要随意地删除和修改这些数据库,以免造成服务器故障。

2. 查看指定数据库的创建信息

在完成创建数据库后,若要查看创建该数据库的信息,基本语法格式如下。

```
show create database db_name;
```

【例 4-3】 查看创建的 jsjxy 数据库,具体 SQL 语句与执行结果如下。

```
mysql> show create database jsjxy;
+----------+------------------------------------------------------+
| database | create database                                      |
+----------+------------------------------------------------------+
| jsjxy    | create database `jsjxy` /*!40100 default character set utf8mb4
collate utf8mb4_0900_ai_ci */ /*!80016 default encryption='N' */ |
+----------+------------------------------------------------------+
1 row in set (0.00 sec)
```

从以上执行结果可以看出,显示了创建 jsjxy 数据库的 SQL 语句,以及数据库的默认字符集。

4.2.3 选择数据库

由于 MySQL 服务器中的数据需要存储到数据表中,而数据表需要存储到对应的数据库下,并且 MySQL 服务器中又可以同时存在多个数据库,因此在对数据和数据表进行操作前,首先需要选择数据库,基本语法格式如下。

```
use db_name;
```

【例 4-4】 选择 jsjxy 数据库进行操作,具体 SQL 语句与执行结果如下。

```
mysql> use jsjxy;
database changed
```

数据库的选择除了可以使用 use 关键字外,在用户登录 MySQL 服务器时也可以直接选择要操作的数据库,基本语法格式如下。

```
mysql -u用户名 -p密码 数据库名称;
```

在上面的语法中,用户登录服务器的密码后添加要选择的数据库名称,按下回车键后 MySQL 会在登录服务器后自动选择要操作的数据库。

【例 4-5】 登录后选择 jsjxy 数据库进行操作,具体 SQL 语句如下。

```
mysql -u root -p123456 jsjxy
```

或

```
mysql -u root -p jsjxy
Enter password:******
```

4.2.4 修改数据库

前面讲解了如何创建和查看数据库,在数据库创建完成之后,编码也就确定了。若想修改数据库的编码方式,可以使用下面的语句,基本语法格式如下。

```
alter database db_name
[default character set charset_name]
[[default] collate collation_name]
```

【例 4-6】 将数据库 jsjxy 的编码方式改为 gbk,具体 SQL 语句与执行结果如下。

```
mysql> alter database jsjxy default character
    -> set gbk collate gbk_bin;
Query OK, 1 row affected (1.50 sec)
```

修改完成后,查看是否修改成功。

```
mysql> show create database jsjxy;
+----------+------------------------------------------------------+
| database  | create database                                      |
+----------+------------------------------------------------------+
| jsjxy     | create database `jsjxy` /*!40100 default character set gbk collate
gbk_bin */ /*!80016 default encryption='N' */                     |
+----------+------------------------------------------------------+
1 row in set (0.12 sec)
```

从以上执行结果可以看出,数据库 jsjxy 的编码方式改为 gbk,说明数据库的编码方式修改成功。

4.2.5 删除数据库

删除数据库是指在数据库系统中删除已经存在的数据库,删除数据库成功后,原来分配的空间将被收回。在删除数据库时,会删除数据库中的所有表和所有数据,因此,删除数据库时要慎重,基本语法格式如下。

```
drop database [if exists] db_name;
```

【例 4-7】 删除前面创建的 jsjxy 数据库,具体 SQL 语句与执行结果如下。

```
mysql> drop database jsjxy;
Query OK, 0 rows affected (0.17 sec)
```

从以上执行结果可以看出,数据库 jsjxy 删除成功。需要注意的是,在使用 drop database 删除数据库时,如果删除的数据库不存在,就会出现错误提示。因此,可以在删除数据库时,使用 if exists 做判断,具体 SQL 语句与执行结果如下。

```
mysql> drop database if exists jsjxy;
Query OK, 0 rows affected, 1 warning (0.01 sec)
```

这与创建一个已存在的数据库相同,MySQL 服务器也会返回一条警告信息用于提示,可以通过 show warnings 查看,这里不再演示。

4.3 数据表操作

在创建完数据库之后,接下来的工作就是创建数据表。所有的数据都存储在数据表中,若要对数据进行添加、查看、修改、删除等操作,首先要创建新的数据表。所谓创建数据表,指的是在已经创建好的数据库中建立新表。

4.3.1 创建数据表

MySQL 既可以根据开发需求创建新的表,又可以根据已有的表复制相同的表结构。此处仅讲解如何根据需求创建一个新表。

在 MySQL 数据库中,使用 create table 语句创建新表,基本语法格式如下。

```
create [temporary] table [if not exists] 数据表名
(字段名 字段数据类型 [字段属性]…) [表选项]
```

在上述语法中,可选项 temporary 表示临时表,仅在当前会话中可见,并且在会话关闭时自动删除。“字段名”指的是数据表的列名;“字段数据类型”表示设置字段时保存的数据类型,如整数类型等;可选项“字段属性”指的是字段的某些特殊约束条件。可选的“表选项”用于设置表的相关特性,如字符集(charset)和校对集 (collate)等。

需要注意的是,在操作数据表之前,应该使用“use 数据库名”指定操作是在哪个数据库中进行,否则会出现错误。

【例 4-8】 在 jsjxy 数据库中,创建一个名称为 student 的数据表,用于保存学生信息。具体 SQL 语句与执行结果如下。

```
mysql> create database jsjxy;
Query OK, 1 row affected (1.20 sec)
mysql> use jsjxy;
database changed
```

```
mysql> create table student(
    -> id varchar(11) comment '学号',
    -> name varchar(30) comment '姓名',
    -> sex varchar(2) comment '性别',
    -> age int comment '年龄'
    -> );
Query OK, 0 rows affected (1.43 sec)
```

从以上执行结果可以看出，int 表示设置字段的数据类型是整型；varchar(L)表示可变长度的字符串，L 表示字符数，如 varchar(2)表示可变的字符数是 2；comment 用于在创建表时添加注释内容，并将其保存到表结构中。

在操作数据表时，可以不使用“use 选择数据库”的方式选择数据库，直接将表名改为“数据库.表名”的形式，就可以在任何数据库下访问其他数据库中的表。具体 SQL 语句与执行结果如下。

```
mysql> create table jsjxy.student(
    -> id varchar(11) comment '学号',
    -> name varchar(30) comment '姓名',
    -> sex varchar(2) comment '性别',
    -> age int comment '年龄'
    -> );
Query OK, 0 rows affected (0.16 sec)
```

注意：在为表进行命名时，由于项目开发中，同一个数据库可能被多个项目使用，因此为了避免数据表重复，通常为数据表添加前缀用于区分不同的项目。前缀一般选取数据库的名称，并添加一个下画线“_”。例如，jsjxy_student 若是一个表名，则 jsjxy 就是其前缀。

4.3.2　查看数据表

MySQL 中提供了专门的 SQL 语句，用于查看某数据库中的数据表、数据表的相关信息、数据表的字段信息、数据表的创建语句以及数据表的结构。下面分别对其进行详细讲解。

1. 查看数据库中的数据表

进入数据库后，可以通过 SQL 语句查看数据表，基本语法格式如下。

```
show tables [like 匹配模式];
```

上述语法中，若不添加可选项“like 匹配模式”，表示查看当前数据库中的所有数据表；若添加则按照“匹配模式”查看数据表。其中，匹配模式符号有两种，分别为“%”和“_”。%表示匹配 0 个或多个字符，代表任意长度的字符串，_仅可以匹配一个字符。

为了方便理解，在 jsjxy 数据库中再添加一张数据表 new_student，具体 SQL 语句与执行结果如下。

```
mysql> create table new_student(
    -> id varchar(11) comment '学号',
    -> name varchar(30) comment '姓名',
    -> sex varchar(2) comment '性别',
    -> age int comment '年龄'
    -> );
Query OK, 0 rows affected (0.28 sec)
```

数据表创建成功后，下面讲解 show tables 的使用。

【例 4-9】 查看 jsjxy 数据库中所有的数据表，具体 SQL 语句与执行结果如下。

```
mysql> show tables;
+------------------+
| tables_in_jsjxy  |
+------------------+
| new_student      |
| student          |
+------------------+
2 rows in set (0.84 sec)
```

【例 4-10】 查看 jsjxy 数据库中名称中有 new 的数据表，具体 SQL 语句与执行结果如下。

```
mysql> show tables like '%new%';
+-------------------------+
| tables_in_jsjxy (%new%) |
+-------------------------+
| new_student             |
+-------------------------+
1 row in set (0.00 sec)
```

从以上执行结果可以看出，jsjxy 数据库中有两张表，而名称中有 new 的只有一张。

2. 查看数据表的相关信息

除了查看数据库包括的数据表外，还可以利用 MySQL 提供的 SQL 语句查看数据表的相关信息，基本语法格式如下。

```
show table status [from 数据库名] [like 匹配模式];
```

【例 4-11】 查看 jsjxy 数据库中数据表的详细信息，具体 SQL 语句与执行结果如下。

```
mysql> show table status from jsjxy \G;
*************************** 1. row ***************************
           Name: new_student
         Engine: InnoDB
        Version: 10
```

```
      Row_format: Dynamic
            Rows: 0
  Avg_row_length: 0
     Data_length: 16384
 Max_data_length: 0
    Index_length: 0
       Data_free: 0
  Auto_increment: null
     Create_time: 2022-03-31 10:07:16
     Update_time: null
      Check_time: null
       Collation: utf8mb4_0900_ai_ci
        Checksum: null
  Create_options:
         comment:
*************************** 2. row ***************************
            Name: student
          Engine: InnoDB
         Version: 10
      Row_format: Dynamic
            Rows: 0
  Avg_row_length: 0
     Data_length: 16384
 Max_data_length: 0
    Index_length: 0
       Data_free: 0
  Auto_increment: null
     Create_time: 2022-03-31 09:11:30
     Update_time: null
      Check_time: null
       Collation: utf8mb4_0900_ai_ci
        Checksum: null
  Create_options:
         comment:
2 rows in set (0.20 sec)
```

上述 SQL 语句中，\G 是 MySQL 客户端可以使用的结束符中的一种，用于将显示结果纵向排列，适合字段非常多的情况。其中，Name 表示数据表的名称；Engine 表示数据表的存储引擎；Version 表示数据表的结构文件版本号；Row_format 表示记录的存储格式，Dynamic 表示动态；Data_length 表示数据文件的长度或为集群索引分配的内存，均以字节为单位；Create_time 表示数据表的创建时间；Collation 表示数据表的校对集。其他字段的含义可在 MySQL 手册中自行查询。

3. 查看数据表的字段信息

MySQL 提供的 describe 语句可以查看数据表中所有字段或者指定字段的信息，包括字段名、字段类型等。describe语句可以简写为desc,基本语法格式如下。

```
{describe|desc} 数据表名;
```

或

```
{describe|desc} 数据表名 字段名;
```

【例 4-12】 查看jsjxy数据库中student表中的所有字段,具体SQL语句与执行结果如下。

```
mysql> desc student;
+-------+------------+------+-----+---------+-------+
| Field | Type       | Null | Key | Default | Extra |
+-------+------------+------+-----+---------+-------+
| id    | varchar(11)| YES  |     | null    |       |
| name  | varchar(30)| YES  |     | null    |       |
| sex   | varchar(2) | YES  |     | null    |       |
| age   | int        | YES  |     | null    |       |
+-------+------------+------+-----+---------+-------+
4 rows in set (0.66 sec)
```

【例 4-13】 查看jsjxy数据库中student表中的字段id信息,具体SQL语句与执行结果如下。

```
mysql> desc student id;
+-------+------------+------+-----+---------+-------+
| Field | Type       | Null | Key | Default | Extra |
+-------+------------+------+-----+---------+-------+
| id    | varchar(11)| YES  |     | null    |       |
+-------+------------+------+-----+---------+-------+
1 row in set (0.06 sec)
```

从以上执行结果可以看出,Field表示字段名称;Type表示字段的数据类型;Null表示该字段是否可以为空;Key表示该字段是否已设置了索引;Default表示该字段是否有默认值;Extra表示获取到的与该字段相关的附加信息。

4. 查看数据表的创建语句

可以使用SQL语句查看创建表的具体语句以及表的字符编码,基本语句格式如下。

```
show create table 数据表名;
```

【例 4-14】 查看数据表student的创建语句,具体SQL语句与执行结果如下。

```
mysql> show create table student \G;
*************************** 1. row ***************************
```

```
       Table: student
create table: create table Default `student` (
  `id` varchar(11) default null comment '学号',
  `name` varchar(30) default null comment '姓名',
  `sex` varchar(2) default null comment '性别',
  `age` int default null comment '年龄'
) Engine=InnoDB default charset=utf8mb4 collate=utf8mb4_0900_ai_ci
1 row in set (0.00 sec)
```

从以上执行结果可以看出，Table 表示查询的表名称；create table 表示创建该数据表的 SQL 语句，其中包含字段信息、注释、Engine(存储引擎)以及 default charset(字符集)等内容。

5. 查看数据表结构

MySQL 数据库中的 show columns 语句可以查看表结构，基本语法格式如下。

```
show [full] columns from 数据表名 [from 数据库名];
```

或

```
show [full] columns from 数据库名.数据表名;
```

在上述语句中，full 表示显示详细内容，在不使用的情况下查询结果与 desc 查询结果相同；使用 full 还可以查看字段的权限、comment 字段的注释信息等。

【例 4-15】 查看 student 数据表结构的详细信息，具体 SQL 语句与执行结果如下。

```
mysql> show full columns from student;
+--------+-------------+--------------------+------+-----+
| Field  | Type        | Collation          | Null | Key
+--------+-------------+--------------------+------+-----+
| id     | varchar(11) | utf8mb4_0900_ai_ci | YES  |     |
| name   | varchar(30) | utf8mb4_0900_ai_ci | YES  |     |
| sex    | varchar(2)  | utf8mb4_0900_ai_ci | YES  |     |
| age    | int         | null               | YES  |     |
+---------+-------+---------------------------------+---------+
| Default | Extra | Privileges                      | comment |
| null    |       | select,insert,update,references | 学号    |
| null    |       | select,insert,update,references | 姓名    |
| null    |       | select,insert,update,references | 性别    |
| null    |       | select,insert,update,references | 年龄    |
+---------+-------+---------------------------------+---------+
4 rows in set (0.07 sec)
```

从以上执行结果可以看出，show full columns 语句比 desc 语句的查询结果多出了 Collation、Privileges 和 comment 字段。

4.3.3 修改数据表

当创建完成的数据表不符合需求时，可以修改数据表，例如，修改数据表的名称、表选项以及数据表的结构等，下面介绍如何修改数据表。

1. 修改数据表的名称

有两种修改数据表名称的方式，基本语法格式如下。

```
alter table 旧数据表名 rename {to|as} 新数据表名;
```

或

```
rename table 旧数据表名 1 to 新数据表名 1[,旧数据表名 2 to 新数据表名 2]…;
```

在上述语法中，用 alter table 修改数据表名称时，可以直接使用 rename 在其后添加 to 或 as，再加新数据表名。而 rename table 则必须使用 to，另外此语法支持同时修改多个数据表的名称。

【例 4-16】 将数据表 new_student 的名称改为 new_students，具体 SQL 语句与执行结果如下。

```
mysql> rename table new_student to new_students;
Query OK, 0 rows affected (1.74 sec)
```

执行上述语句后，可以使用 show tables 查看数据库 jsjxy 中所有数据表。

2. 修改表选项

数据表中的表选项字符集、存储引擎以及校对集可以通过 alter table 修改，基本语法格式如下。

```
alter table 数据表名 表选项[=]值;
```

【例 4-17】 修改数据表 student 的字符集为 gbk，具体 SQL 语句与执行结果如下。

```
mysql> alter table student charset=gbk;
Query OK, 0 rows affected (0.24 sec)
Records: 0  Duplicates: 0  Warnings: 0
```

上述语句执行成功后，可通过 show create table student 查看表的字符集，具体 SQL 语句与执行结果如下。

```
mysql> show create table student \G;
*************************** 1. row ***************************
       Table: student
create table: create table `student` (
  `id` varchar(11) character set utf8mb4 collate utf8mb4_0900_
comment '学号',
```

```
  `name` varchar(30) character set utf8mb4 collate utf8mb4_090
LL comment '姓名',
  `sex` varchar(2) character set utf8mb4 collate utf8mb4_0900_
comment '性别',
  `age` int default null comment '年龄'
) Engine=InnoDB default charset=gbk
1 row in set (0.00 sec)
```

3. 新增字段

对于已经创建好的数据表，使用 add 添加新字段。可以添加一个字段并指定其位置，也可以同时新增多个字段，基本语法格式如下。

```
alter table 数据表名
add [column] 新字段名 字段类型 [first|after 字段名];
```

或

```
alter table 数据表名
add [column] (新字段名 1 字段类型 1, 新字段名 2 字段类型 2,…);
```

在不指定位置的情况下，新增的字段默认添加到表的最后。另外，同时新增多个字段时不能指定字段的位置。

【例 4-18】 在 student 数据表中 age 字段后新增一个 nation 字段，表示民族，具体 SQL 语句与执行结果如下。

```
mysql> alter table student add nation varchar(15) after age;
Query OK, 0 rows affected (0.38 sec)
Records: 0  Duplicates: 0  Warnings: 0
```

执行完上述语句后，通过 desc student 命令查看表的结构是否发生变化，具体 SQL 语句与执行结果如下。

```
mysql> desc student;
+--------+-------------+------+-----+---------+-------+
| Field  | Type        | Null | Key | Default | Extra |
+--------+-------------+------+-----+---------+-------+
| id     | varchar(11) | YES  |     | null    |       |
| name   | varchar(30) | YES  |     | null    |       |
| sex    | varchar(2)  | YES  |     | null    |       |
| age    | int         | YES  |     | null    |       |
| nation | varchar(15) | YES  |     | null    |       |
+--------+-------------+------+-----+---------+-------+
5 rows in set (0.00 sec)
```

4. 修改字段名

在 MySQL 中修改表中的字段名称，使用 change 语句，基本语法格式如下。

```
alter table 数据表名 change [column] 旧字段名 新字段名 字段类型 [字段属性];
```

其中“字段类型”表示新字段名称的数据类型，不能为空，即使与旧字段的数据类型相同，也必须重新设置。

【例 4-19】 将数据表 student 中名为 nation 的字段修改为 nat，具体 SQL 语句与执行结果如下。

```
mysql> alter table student change nation nat varchar(15);
Query OK, 0 rows affected (0.22 sec)
Records: 0  Duplicates: 0  Warnings: 0
```

执行完上述语句后，通过 desc student 命令查看表的结构是否发生变化。

5. 修改字段数据类型

在 MySQL 中修改表中字段的数据类型，使用 modify 语句，基本语法格式如下。

```
alter table 数据库名称 modify [column] 字段名 新类型 [字段属性];
```

【例 4-20】 将数据表 student 中 nat 字段的数据类型修改为 char(15)，具体 SQL 语句与执行结果如下。

```
mysql> alter table student modify nat char(15);
Query OK, 0 rows affected (0.76 sec)
Records: 0  Duplicates: 0  Warnings: 0
```

执行完上述语句后，通过 desc student 命令查看表的结构是否发生变化。

6. 修改字段的位置

数据表在创建时，字段的先后顺序就是其在数据库中存储的顺序，若需要改变某个字段的位置，使用 modify 语句实现。基本语法格式如下。

```
alter table 数据表名
modify [column] 字段名 1 数据类型[字段属性] [first|after 字段名 2];
```

【例 4-21】 将数据表 student 中 nat 字段移动到 name 字段后，具体 SQL 语句与执行结果如下。

```
mysql> alter table student modify nat char(15) after name;
Query OK, 0 rows affected (1.46 sec)
Records: 0  Duplicates: 0  Warnings: 0
```

执行完上述语句后，通过 desc student 命令查看表的结构是否发生变化。

7. 删除字段

删除字段是将某个字段从数据表中删除，MySQL 通过 drop 语句完成，基本语法格式如下。

```
alter table 数据表名 drop [column]字段名;
```

【例 4-22】 删除 student 表中的 nat 字段,具体 SQL 语句与执行结果如下。

```
mysql> alter table student drop nat;
Query OK, 0 rows affected (0.37 sec)
Records: 0  Duplicates: 0  Warnings: 0
```

执行完上述语句后,通过 desc student 命令查看表的结构是否发生变化。

4.3.4 删除数据表

删除数据表操作指的是删除指定数据库中已经存在的表,同时表中的数据也会被删除,基本语法格式如下。

```
drop [temporary]  table  [if exists] 数据表 1 [,数据表 2…]
```

删除数据表时,可同时删除多个数据表,多个表之间用逗号分隔,可用 if exists 防止删除一个不存在的表时发生错误。

【例 4-23】 删除 new_students,具体 SQL 语句与执行结果如下。

```
mysql> drop table new_students;
Query OK, 0 rows affected (0.24 sec)
```

执行完上述语句后,通过 show tables 命令查看数据库中表 new_students 是否被删除。

4.4 表中数据操作

SQL 的数据操纵语言(DML)包括插入数据、修改数据和删除数据 3 种。

4.4.1 插入数据

通常情况下,创建完数据表后下一步就是往表中插入数据。MySQL 使用 insert 语句向数据表中添加数据,可以为所有字段都添加数据,也可以为部分字段添加数据,还可以一次添加多行数据。下面对插入数据语法进行讲解。

1. 为所有字段添加数据

如果向数据表中所有字段添加数据,可以省略字段名称,插入的数据和字段名称应该是一一对应的,基本语法格式如下。

```
insert [into] 数据表名 values (数据值 1[,数据值 2]…);
```

上述语法中,关键字 into 是可选项;values 后面的值排列顺序必须和定义表时的字段名排列顺序一致,个数相同,数据类型一一对应。

【例 4-24】 向 student 表中添加一条记录(id: 20224103001,name: 王鹏,sex: 男,age: 18)。具体 SQL 语句与执行结果如下。

```
mysql> insert into student values('20224103001','王鹏','男',18);
Query OK, 1 row affected (0.40 sec)
```

上面 SQL 语句中,values 后面的各个值之间必须用逗号隔开,字符型数据要用单引号引起来。

2. 为部分字段添加数据

除了为数据表中所有字段添加数据外,还可以通过指定字段名的方式添加数据。其中指定的字段名可以是数据表中全部的字段,也可以是部分字段,基本语法格式如下。

```
insert [into] 数据表名 (字段名 1[,字段名 2]…) values (值 1[,值 2]…);
```

在上述语法中,“(字段名 1[,字段名 2]”字段列表中,多个字段名之间使用逗号分隔,且字段名的顺序可与表结构中字段不同,只需保证值列表“(值 1[,值 2]…)”中的数据与其对应即可。

【例 4-25】 向 student 表中添加一条记录(id: 20224103002,name: 张丽,sex: 女)。具体 SQL 语句与执行结果如下。

```
mysql> insert into student(id,name,sex) values('20224103002','张丽','女');
Query OK, 1 row affected (0.06 sec)
```

上述 SQL 语句中,未添加数据的字段系统会自动为该字段添加默认值(空)。

3. 一次添加多行数据

向一张数据表中同时插入多条记录时,重复使用 insert 语句,非常麻烦。因此,可以使用 MySQL 提供的另外一种插入数据的语法完成多条数据的插入,基本语法格式如下。

```
insert [into] 数据表名 [(字段列表)] values (值列表)[,(值列表)]) …;
```

在上述语法中,多个“值列表”之间使用逗号分隔。其中,“字段列表”在省略时,插入的数据需要严格按照数据表创建的顺序插入,否则“值列表”插入的数据仅需与“字段列表”中的字段项对应即可。

【例 4-26】 向 student 表中添加两条记录(id: 20224103003,name: 刘飞,sex: 男,age: 18)、(id: 20224103004,name: 赵莉,sex: 女,age: 19)。具体 SQL 语句与执行结果如下。

```
mysql> insert into student values('20224103003','刘飞','男',18),
    -> ('20224103004','赵莉','女',19);
Query OK, 2 rows affected (0.01 sec)
Records: 2  Duplicates: 0  Warnings: 0
```

需要注意的是,当插入多条数据时,如果一条数据插入失败,则整个语句都会失败。

4.4.2 修改数据

修改数据是数据库中常见的操作，通常用于对表中部分记录进行修改。MySQL 提供了 update 语句修改数据，基本语法格式如下。

```
update 数据表名 set 字段名 1=值 1[,字段名 2=值 2…] [where 条件表达式];
```

上述语句中，若实际使用时没有添加 where 条件，那么表中所有对应的字段都会被修改成统一的内容，因此修改数据时，要慎重操作。

【例 4-27】 将 student 表中 id 为 20224103003 的学生的性别改为女。具体 SQL 语句与执行结果如下。

```
mysql> update student set sex='女' where id='20224103003';
Query OK, 1 row affected (0.10 sec)
Rows matched: 1  Changed: 1  Warnings: 0
```

4.4.3 删除数据

delete 语句和 truncate table 语句都可以删除表中的数据。

1. delete 语句

删除数据是指对表中存在的数据进行删除，MySQL 使用 delete 语句删除表中的数据。基本语法格式如下。

```
delete from 数据表名 [where 条件表达式];
```

上述语句中，where 条件为可选参数，用于设置删除的条件，满足条件的记录会被删除。

【例 4-28】 将 student 表中 id 为 20224103003 的学生数据删除，具体 SQL 语句与执行结果如下。

```
mysql> delete from student where id='20224103003';
Query OK, 1 row affected (0.28 sec)
```

需要注意的是，删除数据时如果没有指定 where 条件，系统会把表中所有记录都删除，因此，需要谨慎操作。

2. truncate table 语句

使用 truncate table 语句将删除指定表中的所有数据，因此也称为清除表数据，基本语法格式如下。

```
truncate table 数据表名;
```

【例 4-29】 清空 student 表中学生数据。具体 SQL 语句与执行结果如下。

```
mysql> truncate table student;
Query OK, 0 rows affected (0.32 sec)
```

truncate table 在功能上与不带 where 子句的 delete 语句相同,二者均删除表中的全部行。但 truncate table 比 delete 速度快,且使用的系统和事务日志资源少。delete 语句每次删除一行,并在事务日志中为所删除的每行记录一项。而 truncate table 通过释放存储表数据所用的数据页来删除数据,并且只在事务日志中记录页的释放。

对于参与了索引和视图的表,不能使用 truncate table 删除数据,只能使用 delete 语句。

习　题

一、选择题

1. 数据操纵语言(DML)不包含的语句是(　　)。

A. insert　　B. update　　C. delete　　D. select

2. 对数据和数据表进行操作前,首先需要选择数据库,选择数据库的语句是(　　)。

A. use　　B. choose　　C. show　　D. desc

3. 删除数据库可以使用(　　)语句判断要删除的数据库是否存在。

A. if exists　　B. if not exists

C. where　　D. show

4. 下面(　　)语句可以查看数据库中的数据表。

A. show table　　B. show tables　　C. desc table　　D. use tables

5. 按指定模式查看数据库中的数据表,可以用的关键字是(　　)。

A. use　　B. like　　C. where　　D. show

6. 查看数据库中的数据表时,匹配模式符号中的(　　)符号表示 0 个或多个字符。

A. %　　B. _　　C. *　　D. #

7. 下列选项中的(　　)语句可以查看数据表的创建时间。

A. show tables

B. desc 数据表名

C. show table status

D. show create table 数据表名称

8. 修改数据表名的语法为“rename table 旧数据表名(　　) 新数据表名”。

A. as　　B. to　　C. for　　D. use

9. 语句 alter table…modify 添加(　　)可将字段调整为数据表的第一个字段。

A. first 字段名　　B. first　　C. after 字段名　　D. after

10. 将某个字段从数据表中删除,MySQL 通过(　　)完成。

A. drop　　B. delete　　C. change　　D. modify

二、填空题

1. (　　)表仅在当前会话可见,会话关闭时会自动删除。

2. 创建数据库时,(　　)语句可在创建的数据库已经存在时,防止程序报错。

3. (　　)语句可以查看 MySQL 服务器下的所有数据库。

4. 查看指定数据库的创建信息的语句是(　　)。

5. 删除数据库的语句为(　　)。

6. 查看数据库中的数据表时，匹配模式符号中的(　　)符号表示一个字符。

7. 对于已经创建好的数据表，使用(　　)添加新字段。

8. 在 MySQL 中修改表中的字段名称，使用(　　)语句。

9. 在 MySQL 中修改表中字段的数据类型，使用(　　)语句。

10. 删除数据表的语法为(　　)。

第5章 数据类型与表的约束

CHAPTER

学习目标：

- 掌握 MySQL 中的各种数据类型；
- 掌握 MySQL 中表的各种约束。

在数据库中，数据表用来组织和保存数据，它由表结构和表中数据构成。在设计表结构时，经常需要根据实际需求，选择合适的数据类型和约束。本章介绍数据类型和表中的各种约束。

5.1 数据类型

使用 MySQL 数据库存储数据时，不同的数据类型决定了 MySQL 存储数据方式的不同。MySQL 数据库提供了多种数据类型，本节对这些数据类型进行讲解。

5.1.1 数字类型

在数据表中，经常需要存储一些数字，如学生的年龄、商品的价格等，这需要数字类型进行存储。数字类型包括整数类型、浮点数类型、定点数类型、bit(位)类型等。

1. 整数类型

MySQL 提供的整数类型包括 tinyint、smallint、mediumint、int 和 bigint。整数类型的属性字段可以添加 auto_increment 自增约束条件。不同整数类型所对应的字节大小和取值范围不同，如表 5-1 所示。

表 5-1 整数类型

数据类型	字节数	无符号取值范围	有符号取值范围
tinyint	1	$0 \sim 2^{8}-1$	$-2^{7} \sim 2^{7}-1$
smallint	2	$0 \sim 2^{16}-1$	$-2^{15} \sim 2^{15}-1$
mediumint	3	$0 \sim 2^{24}-1$	$-2^{23} \sim 2^{23}-1$
int	4	$0 \sim 2^{32}-1$	$-2^{31} \sim 2^{31}-1$
bigint	8	$0 \sim 2^{64}-1$	$-2^{63} \sim 2^{63}-1$

从表 5-1 中可以看出，不同整数类型所占用的字节数和取值范围都是不同的。其中，占用字节数最小的是 tinyint，占用字节数最大的是 bigint。不同整数类型的取值范围可以根据字节数计算出来，如 tinyint 类型的整数占用 1 字节，1 字节是 8 位，那么 tinyint 类型无符号数的最大值就是 2^8-1(即 255)，有符号数的最大值就 2^7-1(即 127)。同理，可以算出其他不同整数类型的取值范围。

需要注意的是，若使用无符号数据类型，需要在数据类型右边加上 unsigned 关键字来修饰，如 int unsigned 表示无符号 int 类型。

下面通过案例来演示整数类型的使用。

【例 5-1】 创建名称为 int_test 的数据表，字段类型用 int 和 int unsigned 来定义。具体 SQL 语句与执行结果如下。

```
mysql> create table int_test(
    -> i1 int,
    -> i2 int unsigned
    -> );
Query OK, 0 rows affected (0.63 sec)
```

在数据表 int_test 中，i1 是有符号类型，i2 是无符号类型。

【例 5-2】 插入整型数据。当数据在合法范围内，可以插入，反之提示错误信息。具体 SQL 语句与执行结果如下。

```
mysql> insert into int_test values(500,500);
Query OK, 1 row affected (0.20 sec)
mysql> insert into int_test values(-500,-500);
ERROR 1264 (22003): Out of range value for column 'i2' at row 1
```

从以上执行结果可以看出，－500 超出了无符号 int 类型 i2 的取值范围，插入失败，MySQL 显示了错误信息。

2. 浮点数类型

在 MySQL 中，存储的小数都是使用浮点数或定点数来表示的。浮点数的类型有两种，分别是单精度浮点数(float)和双精度浮点数(double)，对应的字节大小及其取值范围如表 5-2 所示。

表 5-2 浮点数类型

数据类型	字节数	负数取值范围	非负数取值范围
float	4	－3.402823466E＋38～ －1.175494351E－38	0 和 1.175494351E－38～ 3.402823466E＋38
double	8	－1.7976931348623157E＋308～ －2.2250738585072014E－308	0 和 2.2250738585072014E－308～ 1.7976931348623157E＋308

表 5-2 中列举的取值范围是理论上的极限值，但根据不同的硬件或操作系统，实际范围可能会小。另外，当浮点数类型使用 unsigned 修饰为无符号时，取值范围将不包含负数。

浮点数类型虽然取值范围很大，但是精度并不高。float 的精度大约是 6 位，double 的精度大约是 15 位。如果超出精度，可能会导致给定的数值与实际保存的数值不一致，发生精度损失。

为了更好地理解，下面通过案例演示浮点数类型的使用。

【例 5-3】 创建名称为 float_test 的数据表，具体 SQL 语句与执行结果如下。

```
mysql> create table float_test(
    -> f1 float,
    -> f2 float);
Query OK, 0 rows affected (0.27 sec)
```

数据表创建成功。

【例 5-4】 插入 float 类型的数据，具体 SQL 语句与执行结果如下。

```
mysql> insert into float_test values(1234567,1.234567);
Query OK, 1 row affected (0.04 sec)
```

数据插入成功后，可以使用 select 语句查询表中的数据，执行结果如下。

```
mysql> select * from float_test;
+---------+---------+
| f1      | f2      |
+---------+---------+
| 1234570 | 1.23457 |
+---------+---------+
1 row in set (0.00 sec)
```

从以上结果中可以看出，当一个数字的整数部分和小数部分加起来达到 7 位时，第 7 位就会被四舍五入。

3. 定点数类型

定点数类型(decimal)通过 decimal(M,D)设置位数和精度，其中 M 表示数值总位数(不包括“.”和“－”)，最大值为 65，默认值为 10；D 表示小数点后的位数，最大值为 30，默认值为 0。例如，decimal(6,3)表示的取值范围是－999.999～999.999。系统会自动根据存储的数据来分配存储空间。如果不允许保存负数，可以通过 unsigned 修饰。

为了更好地理解，下面通过案例演示定点数类型的使用。

【例 5-5】 创建名称为 decimal_test 的数据表，具体 SQL 语句与执行结果如下。

```
mysql> create table decimal_test(
    -> d1 decimal(5,2),
    -> d2 decimal(5,2));
Query OK, 0 rows affected (0.60 sec)
```

数据表创建成功。

【例 5-6】 插入一条数据(123.124,123.125),具体 SQL 语句与执行结果如下。

```
mysql> insert into decimal_test values(123.124,123.125);
Query OK, 1 row affected, 2 warnings (0.05 sec)
```

数据插入成功后,出现了两条警告信息,查看警告信息,结果如下。

```
mysql> show warnings;
+--------+------+--------------------------------------------+
| Level  | Code | Message                                    |
+--------+------+--------------------------------------------+
| Note   | 1265 | Data truncated for column 'd1' at row 1    |
| Note   | 1265 | Data truncated for column 'd2' at row 1    |
+--------+------+--------------------------------------------+
2 rows in set (0.04 sec)
```

警告信息显示出现了数据截断,可以使用 select 语句查询表中数据,执行结果如下。

```
mysql> select * from decimal_test;
+--------+--------+
| d1     | d2     |
+--------+--------+
| 123.12 | 123.13 |
+--------+--------+
1 row in set (0.00 sec)
```

从以上执行结果可以看出,小数部分被四舍五入。

【例 5-7】 插入一条数据(999.99,999.999),具体 SQL 语句与执行结果如下。

```
mysql> insert into decimal_test values(999.99,999.999);
ERROR 1264 (22003): out of range value for column 'd2' at row 1
```

从以上执行结果可以看到,数据插入失败。

从例 5-6 和例 5-7 可以看出,若小数部分超出范围,会进行四舍五入,并出现数据截断(data truncated)警告;若整数部分超出范围,数据会插入失败,提示超出取值范围(out of range value)错误。

注意:浮点数类型也可以设置位数和精度,但仍有可能损失精度,在实际使用过程中应避免使用浮点数类型,以免出现不能人为控制的问题。因此,对于小数类型的数据,建议使用定点数类型。

4. bit(位)类型

bit(位)类型用于存储二进制数据,语法为 bit(M),M 表示位数,范围为 1～64。

为了更好地理解,下面通过案例演示 bit 类型的使用。

【例 5-8】 以保存字符 A 为例,A 的 ASCII 码对应十进制 65,对应二进制 1000001,总共有 7 位,因此需要 bit(7)保存。具体 SQL 语句与执行结果如下。

```
mysql> select ASCII('A');
+------------+
| ASCII('A')    |
+------------+
|         65       |
+------------+
1 row in set (0.05 sec)
```

获取字符 A 的 ASCII 码,结果是 65。

```
mysql> select bin(65),length(bin(65));
+---------+-----------------+
| bin(65)      | length(bin(65))        |
+---------+-----------------+
| 1000001      |                  7          |
+---------+-----------------+
1 row in set (0.10 sec)
```

获取字符 A 的二进制数,并计算长度,结果为 1000001 和 7。

```
mysql> create table bit_test(b bit(7));
Query OK, 0 rows affected (0.25 sec)
```

数据表创建成功。

```
mysql> insert into bit_test values(65);
Query OK, 1 row affected (0.59 sec)
```

插入数据成功。

```
mysql> select bin(b) from bit_test;
+---------+
| bin(b)       |
+---------+
| 1000001      |
+---------+
1 row in set (0.00 sec)
```

查询数据并转换为二进制数显示,结果为 1000001。

从以上执行结果可以看出,利用 MySQL 中的 ASCII()、bin()、length()函数可以方便地查询 ASCII 码、二进制值和数字长度。bit 类型字段在数字插入时转换为二进制保存,但在利用 select 查询时,可以转换为对应的字符显示。

5.1.2　时间和日期类型

在处理日期和时间类型的值时,MySQL 有不同的数据类型供用户选择。它们可以被分为简单的日期和时间类型、混合的日期和时间类型。根据要求的精度，子类型在每个分类型中都可以使用，并且 MySQL 带有内置功能，可以将多样化的输入格式变为一个标准格式。日期和时间类型同样有对应的字节数和取值范围，如表 5-3 所示。

表 5-3 日期和时间类型

数据类型	字节数	取值范围	日期格式	零值
year	1	1901～2155	YYYY	0000
date	4	1000-01-01～9999-12-31	YYYY-MM-DD	0000-00-00
time	3	－838:59:59～838:59:59	HH:MM:SS	00:00:00
datetime	8	1000-01-01 00:00:00～9999-12-31 23:59:59	YYYY-MM-DD HH:MM:SS	0000-00-00 00:00:00
timestamp	4	1970-01-01 00:00:01～2038-01-19 03:14:07	YYYY-MM-DD HH:MM:SS	0000-00-00 00:00:00

在表 5-3 中，日期格式 YYYY 表示年，MM 表示月，DD 表示日。每种日期和时间类型的取值范围都是不同的。需要注意的是，如果插入的数值不合法，系统会自动将对应的零值插入数据表中。

下面详细讲解日期和时间类型。

1. year 类型

year 类型用于年份。

【例 5-9】 创建名称为 year_test 的数据表，并插入数据。具体 SQL 语句与执行结果如下。

```
mysql> create table year_test(y year);
Query OK, 0 rows affected (0.17 sec)
mysql> insert into year_test values(2022);
Query OK, 1 row affected (0.14 sec)
```

在 MySQL 中，可以使用以下 3 种格式指定 year 类型的值。

（1）使用 4 位字符串或数字表示，为'1901'～'2155'或 1901～2155。例如输入'2022'或 2022，插入数据库中的值均为 2022。

（2）使用两位字符串表示，为'00'～'99'，其中，'00'～'69'的值会被转换为 2000～2069 的 year 值，'70'～'99'的值会被转换为 1970～1999 的 year 值。例如输入'22'，插入数据表中的值为 2022。

（3）使用两位数字表示，为 1～99，其中，1～69 的值会被转换为 2001～2069 的 year 值，70～99 的值会被转换为 1970～1999 的 year 值。例如输入 22，插入数据表中的值为 2022。

需要注意的是，当使用 year 类型时，一定要区分'0'和 0。因为字符串格式'0'表示的 year 值是 2000，而数字格式的 0 表示的 year 值是 0000。

2. date 类型

date 类型用于表示日期值，不包含时间部分。

【例 5-10】 创建名称为 date_test 的数据表，并插入数据。具体 SQL 语句与执行结果如下。

```
mysql> create table date_test(d date);
Query OK, 0 rows affected (0.19 sec)
mysql> insert into date_test values('2022-04-03');
Query OK, 1 row affected (0.15 sec)
```

在 MySQL 中,可以使用以下 4 种格式指定 date 类型的值。

(1) 以'YYYY-MM-DD'或者'YYYYMMDD'字符串格式表示。例如,输入'2022-04-03'或'20220403',插入数据库中的日期都为 2022-04-03。

(2) 以'YY-MM-DD'或者'YYMMDD'字符串格式表示。YY 表示的是年,为'00'～'99',其中,'00'～'69'的值会被转换为 2000～2069 的 year 值,'70'～'99'的值会被转换为 1970～1999 的 year 值。例如输入'22-04-03'或'220403',插入数据库中的日期都为 2022-04-03。

(3) 以 YY-MM-DD 或者 YYMMDD 数字格式表示。例如输入 22-04-03 或 220403,插入数据库中的日期都为 2022-04-03。

(4) 使用 current_date 输入当前系统日期。

3. time 类型

time 类型用于表示时间值,它的显示形式一般为 HH:MM:SS,其中 HH 表示小时,MM 表示分,SS 表示秒。在 MySQL 中,可以使用以下 3 种格式指定 time 类型的值。

(1) 以'HHMMSS'字符串或者 HHMMSS 数字格式表示。例如输入'121212'或 121212,插入数据库中的时间为 12:12:12。

(2) 以'D HH:MM:SS'字符串格式表示。其中,D 表示日,可以取 0～34 的值,插入数据时,小时的值等于(D×24+HH)。例如,输入'2 11:30:50',插入数据库中的时间为 59:30:50; 输入'11:30:50',插入数据库中的时间为'11:30:50';输入'30 22:59:59',插入数据库中的时间为 742:59:59。

(3) 使用 current_time 输入当前系统时间。

4. datetime 类型

datetime 类型用于表示日期和时间,它的显示形式为'YYYY-MM-DD HH:MM:SS',其中 YYYY 表示年,MM 表示月,DD 表示日,HH 表示小时,MM 表示分,SS 表示秒。在 MySQL 中可以使用以下 4 种格式指定 datetime 类型的值。

(1) 以'YYYY-MM-DD HH:MM:SS'或者'YYYYMMDDHHMMSS'字符串格式表示的日期和时间,取值范围为'1000-01-01 00:00:00'～'9999-12-31 23:59:59'。例如,输入'2014-01-22 09:01:23'或'20140122090123',插入数据库中的 datetime 值都为 2014-01-22 09:01:23。

(2) 以'YY-MM-DD HH:MM:SS'或者'YYMMDDHHMMSS'字符串格式表示的日期和时间,其中 YY 表示年,取值范围为'00'～'99',与 date 类型中的 YY 相同,'00'～'69'的值会被转换为 2000～2069 的 year 值,'70'～'99'的值会被转换为 1970～1999 的 year 值。

(3) 以 YYYYMMDDHHMMSS 或者 YYMMDDHHMMSS 数字格式表示的日期和时间。例如,插入 20140122090123 或者 140122090123,插入数据库中的 datetime 值都为 2014-01-22 09:01:23。

(4) 使用 now()来输入当前系统的日期和时间。

5. timestamp 类型

timestamp(时间戳)类型用于表示日期和时间,它的显示形式与 datetime 相同,但取值范围比 datetime 小,下面介绍几种 timestamp 类型与 datetime 类型不同的形式,具体如下。

(1) 使用 current_timestamp 来输入系统当前日期和时间。

(2) 无任何输入,或输入 null 时,实际保存的是系统当前日期和时间。

注意:在 MySQL 中,timestamp 字段默认情况下会自动设置 not null default current_timestamp on update current timestamp 属性,具体解释如下。

(1) not null 表示非空约束,该字段将不允许保存 null 值。

(2) default 表示默认约束,当字段无任何输入时,自动设置某个值作为默认值。此处设为 current_timestamp 表示使用系统当前日期和时间作为默认值。

(3) on update 用于当一条记录中的其他字段被 update 语句修改时,自动更改该字段为某个值。此处设为 current_timestamp 表示每次修改时保存修改时的系统日期和时间。

若为 timestamp 字段手动设置 default 属性时,该字段将不会自动设置 on update 属性。

5.1.3 字符串类型

字符串类型用来存储字符串数据,除了可以存储字符串数据之外,还可以存储其他数据,如图片和声音的二进制数据。MySQL 支持两类字符型数据:文本字符串和二进制字符串。文本字符串类型包括 char、varchar、text、enum 和 set,二进制字符串类型包括 binary、varbinary 和 blob。

1. char 和 varchar 类型

char 和 varchar 类型的语法格式如下。

```
char(M)
```

或

```
varchar(M)
```

char(M)为固定长度字符串,在定义时指定字符串列长。不足指定长度时,在右侧填充空格,以达到指定的长度。M 表示列长度,M 的范围是 0～255 个字符。例如 char(4)定义了一个固定长度的字符串列,其包含的字符个数最大是 4。当检索到 char 值时,尾部的空格将被删除。

varchar(M)是长度可变的字符串,M 表示最大列长度。M 的范围是 0～65535。varchar 的最大实际长度由最长的行的大小和使用的字符集确定,而其实际占用的空间为字符串的实际长度加 1。例如,varchar(50)定义了一个最大长度为 50 的字符串,如果插入的字符串只有 10 个字符,则实际存储的字符串为 10 个字符和一个字符串结束字符。varchar 在保存和检索值时尾部的空格仍保留。

为了对比 char 和 varchar 之间的区别,下面以 char(4)和 varchar(4)为例进行说明,如表 5-4 所示。

表 5-4　char(4)和 varchar(4)的对比

插入值	char(4)存储需求	varchar(4) 存储需求
' '	4 字节	1 字节
'ab'	4 字节	3 字节
'abc'	4 字节	4 字节
'abcd'	4 字节	5 字节

从对比结果可以看出，char(4)定义了固定长度为 4 的列，不管存储的数据长度为多少，所占用的空间均为 4 字节；varchar(4)定义的列所占的字节数为实际长度加 1。

2. text 类型

text 类型保存大文本数据，如文章内容、评论等。当保存或查询 text 列的值时，不删除尾部空格。text 类型分为 4 种，不同的 text 类型的存储范围和数据长度不同，如表 5-5 所示。

表 5-5　text 类型

数据类型	存储范围	数据类型	存储范围
tinytext	$0 \sim 2^{8}-1$ 字节	mediumtext	$0 \sim 2^{24}-1$ 字节
text	$0 \sim 2^{16}-1$ 字节	longtext	$0 \sim 2^{32}-1$ 字节

text 类型所保存的最大字符数量取决于字符串实际占用的字节数。

注意：在使用“=”等运算符对 char、varchar、text 进行比较时，字符串末尾的空格会被忽略。例如，使用 where 查询'a'字符串，查询结果中可能包含 a 后面有空格的情况，反之，如查询条件字符串末尾有空格，如'a '，空格也会被忽略。

由于数据库对大小写不敏感，因此，char、varchar、text、enum、set 类型都不区分大小写。例如，使用 where 查询'a'字符串，则'A'和'a'都会被查询出来。而 binary、varbinary、blob 类型区分大小写，这是因为它们使用二进制方式保存数据。

3. enum 类型

enum 类型又称为枚举类型，定义 enum 类型的语法格式如下。

```
enum('值 1','值 2','值 3',…, '值 n')
```

在上述格式中，('值 1','值 2','值 3',…, '值 n')称为枚举列表，enum 类型的数据只能从枚举列表中获取，并且只能取一个。

【例 5-11】　创建名称为 enum_test 的数据表，并插入数据。具体 SQL 语句与执行结果如下。

```
mysql> create table enum_test(sex enum('male','female'));
Query OK, 0 rows affected (0.36 sec)
```

数据表创建成功，插入两条数据并查看。

```
mysql> insert into enum_test values('male'),('female');
Query OK, 2 rows affected (0.10 sec)
Records: 2  Duplicates: 0  Warnings: 0
mysql> select * from enum_test;
+--------+
| sex    |
+--------+
| male   |
| female |
+--------+
2 rows in set (0.04 sec)
```

插入枚举列表中没有的数据，从执行结果中可以看出，插入失败。

```
mysql> insert into enum_test values('ma');
ERROR 1265 (01000): Data truncated for column 'sex' at row 1
```

enum 值在内部用整数表示，并且每个枚举值均有一个索引值：列表值所允许的成员值从 1 开始编号，MySQL 存储的就是这个索引编号。枚举最多可以有 65535 个元素。

4. set 类型

set 类型用于保存字符串对象，其定义格式与 enum 类型相似，语法格式如下。

```
set('值 1','值 2','值 3',…, '值 n');
```

set 类型的列表中最多可以有 64 个值，且列表中的每个值都有一个顺序编号，为了节省空间，实际保存在记录中的也是顺序编号，但在 select、insert 等语句进行操作时，仍然要使用列表中的值。

set 类型与 enum 类型的区别在于，可以从列表中选择一个或多个值来保存，多个值之间用逗号分隔。

【例 5-12】 创建名称为 set_test 的数据表，并插入数据。具体 SQL 语句与执行结果如下。

```
mysql> create table set_test(t set('book','game','code'));
Query OK, 0 rows affected (0.15 sec)
```

数据表创建成功，插入 3 条数据并查看。

```
mysql> insert into set_test values(''),('book'),('book,game');
Query OK, 3 rows affected (0.04 sec)
Records: 3  Duplicates: 0  Warnings: 0
mysql> select * from set_test;
+-----------+
| t         |
```

```
+-----------+
|           |
| book      |
| book,game |
+-----------+
3 rows in set (0.00 sec)
```

5. binary 和 varbinary 类型

binary 和 varbinary 类型类似 char 和 varchar，不同的是它们表示的是二进制数据。语法格式如下：

```
binary(M)
```

或

```
varbinary(M)
```

binary 类型的长度是固定的，指定长度之后，不足最大长度的，将在它们右边填充'\0'补齐以达到指定长度。例如，指定列数据类型为 binary(3)，当插入'a'时，存储的内容实际为 a\0\0，当插入'ab'时，存储的内容实际为 a\b\0，不管存储的内容是否达到指定的长度，其存储空间都是指定的 M。

varbinary 类型的长度是可变的，指定长度之后，其长度可以在 0 到最大值之间。例如，指定列数据类型为 varbinary(20)，如果插入的值的长度只有 10，则实际存储空间为 10 加 1，即实际占用的空间为字符串的实际长度加 1。

【例 5-13】 创建名称为 binary_test 的数据表，并插入数据。具体 SQL 语句与执行结果如下。

```
mysql> create table binary_test(b1 binary(4),b2 varbinary(4));
Query OK, 0 rows affected (0.18 sec)
```

数据表创建成功，插入一条数据并查看。

```
mysql> insert into binary_test values('abc','xyz');
Query OK, 1 row affected (0.15 sec)
```

查询 b1 的值为'abc'的数据。

```
mysql> select  * from binary_test where b1='abc';
Empty set (0.00 sec)
mysql> select  * from binary_test where b1='abc\0';
+------------+------------+
| b1         | b2         |
+------------+------------+
| 0x61626300 | 0x78797A   |
+------------+------------+
```

```
1 row in set (0.00 sec)
mysql> select  * from binary_test where b1='ABC\0';
Empty set (0.00 sec)
```

从查询结果中可以看出，在查询 binary 类型时，查询条件字符串也需要加上'\0'填充符，否则查询不到该记录，并且 binary 和 varbinary 都区分大小写。

6. blob 类型

blob 类型用于保存数据量很大的二进制数据，如图片、pdf 文档等。blob 类型分为 4 种，不同的 blob 类型的存储范围和数据长度不同，如表 5-6 所示。

表 5-6 blob 类型

数据类型	存储范围	数据类型	存储范围
tinyblob	$0\sim2^{8}-1$ 字节	mediumblob	$0\sim2^{24}-1$ 字节
blob	$0\sim2^{16}-1$ 字节	longblob	$0\sim2^{32}-1$ 字节

需要注意的是，blob 类型和 text 类型很相似，但 blob 类型数据是根据二进制编码进行比较和排序的，而 text 类型数据是根据文本模式进行比较和排序的。

5.1.4 json 数据类型

json 是一种轻量级的数据交换格式，由 JavaScript 语言发展而来，其本质是一个字符串。MySQL 中 json 类型值常见的表现方式有两种，分别为 json 数组和 json 对象。

（1）json 数组示例如下：

```
["hello",100,null]
```

（2）json 对象示例如下：

```
{"j1":"hello","j2":100}
```

从上述示例可知，json 数组中保存的数据可以是任意类型。其中，json 数组使用"[ ]"符号实现，多个值之间使用逗号分隔，如 hello、100 和 null；json 对象使用"{ }"符号实现，保存的数据是一组键值对，如 j1 和 j2 是键名，而 hello 和 100 是键名对应的键值。

下面演示 json 数据类型的使用。

【例 5-14】 创建数据表 json_test，字段的数据类型是 json。插入测试数据，查看记录。具体 SQL 语句与执行结果如下。

```
mysql> create table json_test(
    -> j1 json,
    -> j2 json);
Query OK, 0 rows affected (1.55 sec)
mysql> insert into json_test values
    -> ('{"j1":"hello","j2":100}','["hello",100,null]');
Query OK, 1 row affected (0.06 sec)
```

```
mysql> select * from json_test;
+-----------------------------+-----------------------+
| j1                          | j2                    |
+-----------------------------+-----------------------+
| {"j1": "hello", "j2": 100}  | ["hello", 100, null]  |
+-----------------------------+-----------------------+
1 row in set (0.00 sec)
```

从上述示例中可以看出，json数据类型的字段以字符串的方式插入数据即可。

5.2 表的约束

为了防止数据表中插入错误的数据，MySQL定义了一些维护数据库完整性的规则，即表的约束。常见的约束包括5种，分别是非空约束、主键约束、唯一约束、默认值约束和外键约束。

5.2.1 非空约束

非空约束指的是字段的值不能为null，在MySQL中，非空约束是通过not null定义的，基本语法格式如下。

```
字段名 数据类型 not null;
```

【例5-15】 创建名称为null_test的数据表，为字段设置非空约束，并插入数据。具体SQL语句与执行结果如下。

```
mysql> create table null_test(id char(10),name varchar(20) not null);
Query OK, 0 rows affected (2.51 sec)
```

数据表创建成功，插入一条name值为空的数据。

```
mysql> insert into null_test values('2022410301',null);
ERROR 1048 (23000): Column 'name' cannot be null
```

从以上执行结果可以看出，插入失败，因为字段name不能为空。

【例5-16】 将数据表null_test中的字段id设置为非空约束。

```
mysql> alter table null_test modify id char(10) not null;
Query OK, 0 rows affected (0.55 sec)
Records: 0  Duplicates: 0  Warnings: 0
```

可以通过desc语句查看数据表null_test的结构。

```
mysql> desc null_test;
+-------+-------------+------+-----+---------+-------+
| Field | Type        | Null | Key | Default | Extra |
```

```
+-------+-------------+------+-----+---------+-------+
| id    | char(10)    | NO   |     | null    |       |
| name  | varchar(20) | NO   |     | null    |       |
+-------+-------------+------+-----+---------+-------+
2 rows in set (0.69 sec)
```

从以上执行结果可以看出，Null 列的值为 NO 表示该字段添加了非空约束。

5.2.2　主键约束

主键又称为主码，是表中一列或多列的组合。主键约束（primary key constraint）要求主键列的数据唯一，并且不允许为空。主键能够唯一地标识表中的一条记录，可以结合外键来定义不同数据表之间的关系，并且可以加快数据库查询的速度。主键和记录之间的关系如同身份证和人之间的关系，它们之间是一一对应的。主键分为两种类型：单字段主键和多字段联合主键。

1. 单字段主键

单字段主键由一个字段组成，SQL 语句格式分为以下两种情况。

（1）在定义字段的同时设置主键，基本语法格式如下。

```
字段名 数据类型 primary key;
```

【例 5-17】 创建名称为 primary_test_1 的数据表，并设置主键。具体 SQL 语句与执行结果如下。

```
mysql> create table primary_test_1(id char(10) primary key,name varchar(20));
Query OK, 0 rows affected (0.37 sec)
```

数据表创建成功，插入数据进行测试。

```
mysql> insert into primary_test_1 values(null,'TOM');
ERROR 1048 (23000): Column 'id' cannot be null
mysql> insert into primary_test_1 values('202201','TOM');
Query OK, 1 row affected (0.13 sec)
mysql> insert into primary_test_1 values('202201','Jack');
ERROR 1062 (23000): Duplicate entry '202201' for key 'primary_test_1.PRIMARY'
```

从以上执行结果可以看出，在定义主键字段中插入 null 值和重复值都会失败。

（2）在定义完所有字段之后设置主键，基本语法格式如下。

```
[constraint 约束名] primary key(字段名);
```

【例 5-18】 创建名称为 primary_test_2 的数据表，并定义完所有字段后设置主键。具体 SQL 语句与执行结果如下。

```
mysql> create table primary_test_2(id char(10),
```

```
    -> name varchar(20),
    -> primary key(id)
    -> );
Query OK, 0 rows affected (0.36 sec)
```

例 5-17 和例 5-18 执行后的结果是一样的，都是在 id 字段上设置主键约束。

2. 多字段联合主键

主键由多个字段联合组成，基本语法格式如下。

```
primary key(字段 1,字段 2,…,字段 n);
```

【例 5-19】 创建名称为 primary_test_3 的数据表，并设置多字段联合主键。具体 SQL 语句与执行结果如下。

```
mysql> create table primary_test_3(id char(10),
    -> name varchar(20),
    -> sex char(2),
    -> primary key(id,name)
    -> );
Query OK, 0 rows affected (0.21 sec)
```

从以上执行结果可以看出，id 字段和 name 字段组合在一起成为 primary_test_3 的多字段联合主键。

3. 为一个现有表添加或删除主键约束

添加主键约束是修改表的过程，基本语法格式如下。

```
alter table 数据表名 add primary key(字段名);
```

删除主键约束也是修改表的过程，基本语法格式如下。

```
alter table 数据表名 drop primary key;
```

【例 5-20】 创建名称为 primary_test_4 的数据表，创建成功后设置主键并查看数据表，然后删除主键。具体 SQL 语句与执行结果如下。

```
mysql> create table primary_test_4(id char(10),
    -> name varchar(20)
    -> );
Query OK, 0 rows affected (0.50 sec)
```

数据表创建成功。

```
mysql> alter table primary_test_4 add primary key(id);
Query OK, 0 rows affected (0.61 sec)
Records: 0  Duplicates: 0  Warnings: 0
```

成功设置字段 id 为主键，查看数据表。

```
mysql> desc primary_test_4;
+-------+------------+------+-----+---------+-------+
| Field | Type       | Null | Key | Default | Extra |
+-------+------------+------+-----+---------+-------+
| id    | char(10)   | NO   | PRI | NULL    |       |
| name  | varchar(20)| YES  |     | NULL    |       |
+-------+------------+------+-----+---------+-------+
2 rows in set (0.11 sec)
```

从执行结果可以看出，字段 id 的 Key 列为 PRI，说明主键设置成功。接下来删除主键。

```
mysql> alter table primary_test_4 drop primary key;
Query OK, 0 rows affected (0.58 sec)
Records: 0  Duplicates: 0  Warnings: 0
```

5.2.3 唯一约束

唯一约束用于保证数据表中字段的唯一性，即表中字段的值不能重复出现，唯一约束通过 unique 定义，可以定义在一个字段上，也可以定义在多个联合字段上。

1. 单字段上设置唯一约束

在单字段上设置唯一约束的基本语法格式如下。

```
字段名 数据类型 unique
```

【例 5-21】 创建名称为 unique_test_1 的数据表，并为字段设置唯一约束。具体 SQL 语句与执行结果如下。

```
mysql> create table unique_test_1(
    -> id char(10),
    -> name varchar(20) unique
    -> );
Query OK, 0 rows affected (0.26 sec)
```

数据表创建成功，插入数据进行测试。

```
mysql> insert into unique_test_1 values('20220101','王鹏');
Query OK, 1 row affected (0.10 sec)
mysql> insert into unique_test_1 values('20220102','王鹏');
ERROR 1062 (23000): Duplicate entry '王鹏' for key 'unique_test_1.name'
```

从以上执行结果可以看出，在设置唯一约束的字段中插入重复值会失败。

2. 多个联合字段上设置唯一约束

在多个联合字段上设置唯一约束的基本语法格式如下。

```
[constraint 约束名] unique(字段 1,字段 2,…,字段 n)
```

【例 5-22】 创建名称为 unique_test_2 的数据表,并在联合字段上设置唯一约束,然后插入测试数据。具体 SQL 语句与执行结果如下。

```
mysql> create table unique_test_2(
    -> id char(10),
    -> name varchar(20),
    -> constraint u unique(id,name)
    -> );
Query OK, 0 rows affected (0.15 sec)
mysql> insert into unique_test_2 values('20220101','王鹏');
Query OK, 1 row affected (0.12 sec)
mysql> insert into unique_test_2 values('20220101','王鹏');
ERROR 1062 (23000): Duplicate entry '20220101-王鹏' for key 'unique_test_2.u'
```

从以上执行结果可以看出,当 id 和 name 组合值出现重复时,违背了唯一约束,插入失败。

3. 为一个现有表添加唯一约束

添加唯一约束是修改表的过程,基本语法格式如下。

```
alter table 数据表名 add unique(字段名);
```

【例 5-23】 创建名称为 primary_test_3 的数据表,创建成功后设置唯一约束并查看数据表,然后删除唯一约束。具体 SQL 语句与执行结果如下。

```
mysql> create table unique_test_3(
    -> id char(10),
    -> name varchar(20)
    -> );
Query OK, 0 rows affected (0.27 sec)
```

创建数据表成功,为字段 name 设置唯一约束。若为一个现有的表添加或删除唯一约束,无法通过修改字段属性的方式操作,而是按照索引的方式来操作。关于索引的概念和使用会在 8.2 节中详细讲解,此时只需了解用到的这些操作即可。具体 SQL 语句及执行结果如下。

```
mysql> alter table unique_test_3 add unique(name);
Query OK, 0 rows affected (0.50 sec)
Records: 0  Duplicates: 0  Warnings: 0
```

使用 show 语句查看数据表。

```
mysql> show create table unique_test_3 \G;
*************************** 1. row ***************************
```

```
       Table: unique_test_3
create table: create table `unique_test_3` (
  `id` char(10) default null,
  `name` varchar(20) default null,
  unique key `name` (`name`)
) Engine=InnoDB default charset=utf8mb4 collate=utf8mb4_0900_ai_ci
1 row in set (0.00 sec)
```

从执行结果可以看出，出现了'unique key `name` (`name`)'，它是添加唯一约束的完整语法，即 unique(name)的完整形式，如下所示。

```
unique key 索引名(字段名)
```

上述语法表示在添加唯一约束时创建索引，用于加快查询速度。其中，索引名可以自己指定，也可以省略，MySQL 会自动使用字段名作为索引名。当需要对索引进行删除时，需要指定这个索引名。

4. 删除唯一约束

删除唯一约束是修改表的过程，基本语法格式如下。

```
alter table 数据表名 drop index 索引名;
```

【例 5-24】 删除 primary_test_3 数据表中 name 字段的唯一约束，具体 SQL 语句与执行结果如下。

```
mysql> alter table primary_test_3 drop index name;
Query OK, 0 rows affected (0.21 sec)
Records: 0  Duplicates: 0  Warnings: 0
```

可以使用 show 语句查看唯一约束是否删除成功。

5.2.4 默认值约束

默认值约束用于为数据表中的字段指定默认值，即当在表中插入一条新记录时，如果没有给这个字段赋值，那么数据库系统会自动为这个字段插入默认值。默认值是通过 default 关键字定义的。基本语法格式如下。

```
字段名 数据类型 default 默认值;
```

需要注意的是，blob、text 数据类型不支持默认约束。

【例 5-25】 创建名称为 default_test 的数据表，并设置默认约束。具体 SQL 语句与执行结果如下。

```
mysql> create table default_test(
    -> id char(10),
    -> name varchar(20),
```

```
    -> age int,
    -> sex char(2) default '男'
    -> );
Query OK, 0 rows affected (0.13 sec)
```

使用 desc 语句查看数据表。

```
mysql> desc default_test;
+-------+-------------+------+-----+---------+-------+
| Field | Type        | Null | Key | Default | Extra |
+-------+-------------+------+-----+---------+-------+
| id    | char(10)    | YES  |     | null    |       |
| name  | varchar(20) | YES  |     | null    |       |
| age   | int         | YES  |     | null    |       |
| sex   | char(2)     | YES  |     | 男      |       |
+-------+-------------+------+-----+---------+-------+
4 rows in set (0.09 sec)
```

插入数据进行测试。

```
mysql> insert into default_test(id,name,age)
    -> values('20220101','王鹏',17)
    -> ;
Query OK, 1 row affected (0.07 sec)
```

通过 select 语句查看数据表中插入的数据。

```
mysql> select  * from default_test;
+----------+------+------+------+
| id       | name | age  | sex  |
+----------+------+------+------+
| 20220101 | 王鹏 |  17  | 男   |
+----------+------+------+------+
1 row in set (0.00 sec)
```

从运行结果中可以看出，插入数据时虽然没有对字段 sex 插入值，但由于对 sex 设置了默认约束，sex 字段自动保存为'男'。

【例 5-26】 为 default_test 数据表中的字段 age 添加默认约束和删除字段 sex 的默认约束。具体 SQL 语句与执行结果如下。

```
mysql> alter table default_test modify age int unsigned default 18;
Query OK, 1 row affected (0.81 sec)
Records: 1  Duplicates: 0  Warnings: 0
mysql> alter table default_test modify sex char(2);
Query OK, 0 rows affected (0.10 sec)
Records: 0  Duplicates: 0  Warnings: 0
```

通过例 5-26 可以看出，使用 alter table 修改列属性即添加和删除默认约束。

5.2.5 外键约束

外键用来在两个表的数据之间建立连接，可以是一列或者多列。一个表可以有一个或多个外键。外键对应的是参照完整性，一个表的外键可以为空值，若不为空值，则每一个外键值必须等于另一个表中主键的某个值。

外键首先是表中的一个字段，虽然不是本表的主键，但要对应另外一个表的主键。外键的作用是保证数据引用的完整性，定义外键后，不允许删除在另一个表中具有关联关系的行。外键的作用是保持数据的一致性、完整性。

主表(父表)：对于两个具有关联关系的表而言，相关联字段中主键所在的表即主表。

从表(子表)：对于两个具有关联关系的表而言，相关联字段中外键所在的表即从表。

可以在创建数据表时设置外键约束，也可以在修改表时设置外键，基本语法格式如下。

```
[constraint 约束名] foreign key (字段名 1[,字段名 2,…字段名 N])
references 主键表(字段名 1[,字段名 2,…字段名 N])
[on delete{restrict|cascade|set null|no action|set default}]
[on update{restrict|cascade|set null|no action|set default}]
```

其中，on delete 和 on update 用于设置主表中的数据被删除或修改时，从表对应的数据的处理方式，各个参数的功能描述如表 5-7 所示。

表 5-7 外键约束中各个参数的功能描述

参 数	功能描述
restrict	默认值。拒绝主表删除或修改外键关联字段
cascade	主表中删除或更新记录时，同时自动删除或更新从表中对应的记录
set null	主表中删除或更新记录时，使用 null 值替换从表中对应的记录(不适用于 not null 字段)
no action	与默认值 restrict 相同，拒绝主表删除或修改外键关联字段
set default	设默认值

1. 创建表时设置主键

为从表创建外键约束时，首先要保证数据库中已存在主表，且设置了主键，否则程序会报错。

【例 5-27】 创建 course 数据表，包括 courseid 和 coursename 两个字段，设置 courseid 为主键。创建 my_student 数据表，包括 id、name、courseid 字段，设置字段 courseid 为数据表 my_student 的外键。具体 SQL 语句与执行结果如下。

```
mysql> create table course(
    -> courseid char(6),
    -> coursename varchar(20),
    -> primary key(courseid)
```

```
    -> );
Query OK, 0 rows affected (0.20 sec)
```

数据表 course 创建成功并设置主键。

```
mysql> create table my_student(
    -> id char(10),
    -> name varchar(20),
    -> courseid char(6),
    ->constraint fk_student foreign key(courseid)
    -> references course(courseid));
Query OK, 0 rows affected (0.27 sec)
```

从以上执行结果可以看出，外键创建成功，使用 desc 语句查看数据表 my_student 的结构。

```
mysql> desc my_student;
+----------+------------+------+-----+---------+-------+
| Field    | Type       | Null | Key | Default | Extra |
+----------+------------+------+-----+---------+-------+
| id       | char(10)   | YES  |     | null    |       |
| name     | varchar(20)| YES  |     | null    |       |
| courseid | char(6)    | YES  | mul | null    |       |
+----------+------------+------+-----+---------+-------+
3 rows in set (0.08 sec)
```

从查看数据表 my_student 的结果中可以看到，添加了外键约束的 courseid 字段的 Key 值为 mul，表示非唯一性索引(multiple key)，值可以重复。由此可见，在创建外键约束时，MySQL 会自动为没有索引的外键字段创建索引。

【例 5-28】 在数据表 course 中插入记录('202201','C 语言')，在数据表 my_student 中插入两条记录('2022410301','王鹏','202201')和('2022410302','李琳','202202')。具体 SQL 语句与执行结果如下。

```
mysql> insert into course values('202201','C语言');
Query OK, 1 row affected (0.11 sec)
mysql> insert into my_student values('2022410301','王鹏','202201');
Query OK, 1 row affected (0.05 sec)
mysql> insert into my_student values('2022410302','李琳','202202');
ERROR 1452 (23000): Cannot add or update a child row: a foreign key constraint
fails (`jsjxy`.`my_student`, constraint `fk_student` foreign key (`courseid`) ref
erences `course` (`courseid`))
```

从以上执行结果中可以看出，('2022410302','李琳','202202')这条数据插入失败，因为在主键表 course 中字段 id 的值不包括'202202'，因此插入失败。

2. 修改表时添加外键

对于已经创建好的数据表，可以通过修改表的方式添加外键约束。

【例 5-29】 数据库中还存在一个数据表 my_students，其结构和 my_student 一样，但没有设置外键。为 my_students 设置外键，具体 SQL 语句与执行结果如下。

```
mysql> alter table my_students
    -> add constraint fk_couseid foreign key(courseid)
    -> references course(courseid);
Query OK, 0 rows affected (0.35 sec)
Records: 0  Duplicates: 0  Warnings: 0
```

从以上执行结果中可以看出，外键约束在 create table 和 alter table 语句中的添加位置不同，但是基本语法全部相同。

3. 删除外键约束

如果需要解除两个表之间的关联关系，就要删除外键约束，基本语法格式如下。

```
alter table 数据表名 drop foreign key 外键名
```

【例 5-30】 删除 my_student 与 course 数据表之间的外键约束，具体 SQL 语句与执行结果如下。

```
mysql> alter table my_student drop foreign key fk_student;
Query OK, 0 rows affected (0.15 sec)
Records: 0  Duplicates: 0  Warnings: 0
```

在删除 my_student 表的外键约束后，利用 desc 语句查看 my_student 表的结构。

```
mysql> desc my_student;
+----------+------------+------+-----+---------+-------+
| Field    | Type       | Null | Key | Default | Extra |
+----------+------------+------+-----+---------+-------+
| id       | char(10)   | YES  |     | null    |       |
| name     | varchar(20)| YES  |     | null    |       |
| courseid | char(6)    | YES  | mul | null    |       |
+----------+------------+------+-----+---------+-------+
3 rows in set (0.01 sec)
```

从以上执行结果中可以看出，在删除了外键约束后，courseid 的 Key 值仍然是 mul，这是由于删除外键约束并不会自动删除系统创建的普通索引，此时可以使用 show create table 查看 my_student。

```
mysql> show create table my_student \G;
*************************** 1. row ***************************
       Table: my_student
```

```
create table: create table `my_student` (
  `id` char(10) default null,
  `name` varchar(20) default null,
  `courseid` char(6) default null,
  key `fk_student` (`courseid`)
) Engine=InnoDB default charset=utf8mb4 collate=utf8mb4_0900_ai_ci
1 row in set (0.00 sec)
```

若要删除外键约束后，同时删除系统为外键创建的普通索引，则需要通过手动删除索引的方式完成，具体 SQL 语句与执行结果如下。

```
mysql> alter table my_student drop key fk_student;
Query OK, 0 rows affected (0.18 sec)
Records: 0  Duplicates: 0  Warnings: 0
```

完成上面操作后，再次利用 desc 查看 my_student 表的结构，发现已删除的外键字段的 Key 值为空。

5.3 自动增长

在为数据表设置主键约束后，每次插入记录时，都需要检查主键的值，防止插入的值重复导致插入失败，这会给数据库的使用带来很多麻烦。因此，可以使用 MySQL 提供的自动增长功能来自动生成主键的值。

自动增长功能通过 auto_increment 来实现，其基本语法格式如下。

```
字段名 数据类型 auto_increment
```

在使用 auto_increment 增量时，需要注意以下 4 点。

(1) 一个表中只能有一个自动增长字段，该字段的数据类型是整数类型，且必须定义为键，如 unique key、primary key。

(2) 若为自动增长字段插入 null、0、default 或在插入时省略该字段，则该字段就会使用自动增长值；若插入的是一个具体值，则不会使用自动增长值。

(3) 自动增长值从 1 开始自增，每次加 1。若插入的值大于自动增长的值，则下次插入的自动增长值会自动使用最大值加 1；若插入的值小于自动增长值，则不会对自动增长值产生影响。

(4) 使用 delete 删除记录时，自动增长值不会减小或填补空缺。

【例 5-31】 创建数据表 auto_test，为 id 字段添加自动增长。具体 SQL 语句与执行结果如下。

```
mysql> create table auto_test(
    -> id int unsigned primary key auto_increment,
    -> name varchar(20)
```

```
    -> );
Query OK, 0 rows affected (0.20 sec)
```

数据表创建成功,使用 desc 查看表结构。

```
mysql> desc auto_test;
+--------+--------------+------+-----+---------+----------------+
| Field  | Type         | Null | Key | Default | Extra          |
+--------+--------------+------+-----+---------+----------------+
| id     | int unsigned | NO   | PRI | null    | auto_increment |
| name   | varchar(20)  | YES  |     | null    |                |
+--------+--------------+------+-----+---------+----------------+
2 rows in set (0.12 sec)
```

插入数据进行测试。

```
mysql> insert into auto_test(name) values('Tom');
Query OK, 1 row affected (0.05 sec)
mysql> insert into auto_test values(null,'Luck');
Query OK, 1 row affected (0.04 sec)
mysql> insert into auto_test values(6,'Jack');
Query OK, 1 row affected (0.04 sec)
mysql> insert into auto_test values(0,'Mary');
Query OK, 1 row affected (0.02 sec)
```

使用 select 查看表中的数据。

```
mysql> select * from auto_test;
+----+------+
| id | name |
+----+------+
|  1 | Tom  |
|  2 | Tom  |
|  6 | Jack |
|  7 | Mary |
+----+------+
4 rows in set (0.00 sec)
```

从以上执行结果可以看出,最后一条记录的 id 字段在插入时为 0,MySQL 会忽略该值,使用自动增长值,从而得到 id 的值为 7。

使用 show create table 查看自动增长值,执行结果如下。

```
mysql> show create table auto_test \G;
*************************** 1. row ***************************
       Table: auto_test
```

```
create table: create table `auto_test` (
  `id` int unsigned not null auto_increment,
  `name` varchar(20) default null,
  primary key (`id`)
) Engine=InnoDB auto_increment=8 default charset=utf8mb4 collate=utf8mb4_0900_
ai_ci
1 row in set (0.02 sec)
```

在上述结果中,“auto_increment=8”用于指定下次插入的自动增长值为 8。若在下次插入时指定了大于 8 的值,此处的 8 会自动更新为下次插入值加 1。

为数据表 auto_test 修改或删除自动增长。

```
mysql> alter table auto_test auto_increment=15;
Query OK, 0 rows affected (0.23 sec)
Records: 0  Duplicates: 0  Warnings: 0
mysql> alter table auto_test modify id int unsigned;
Query OK, 4 rows affected (0.42 sec)
Records: 4  Duplicates: 0  Warnings: 0
```

重新为 id 添加自动增长。

```
mysql> alter table auto_test modify id int unsigned auto_increment;
Query OK, 4 rows affected (0.42 sec)
Records: 4  Duplicates: 0  Warnings: 0
```

需要注意的是,在为字段删除自动增长并重新添加自动增长后,自动增长的初始值会自动设为该字段现有的最大值加 1。

习　题

一、选择题

1. 下列不属于 MySQL 中的数据类型的是(　　)。

　A. int　　B. var　　C. time　　D. char

2. 关系数据库中,外键是(　　)。

　A. 在一个关系中定义了约束的一个或一组属性

　B. 在一个关系中定义了缺省值的一个或一组属性

　C. 在一个关系中的一个或一组属性是另一个关系的主键

　D. 在一个关系中用于唯一标识元组的一个或一组属性

3. 根据关系的完整性规则,一个关系中的主键(　　)。

　A. 可以有两个　　B. 不能成为另一个关系的外键

　C. 不允许空值　　D. 可以取空值

4. 下列选项中,用于存储整数数值的是(　　)。

A. smallint　　B. float　　C. time　　D. char

5. 下列选项中，适合存储文章内容或评论的数据类型是(　　)。

A. binary　　B. char　　C. text　　D. decimal

6. 下面关于 decimal(5,2)的说法中，正确的是(　　)。

A. 不能存储小数

B. 5 表示数据的总位数，2 表示小数后的位数

C. 7 表示数据的总位数，2 表示小数后的位数

D. 表示范围是－99999.99～99999.99

二、填空题

1. 数据表中字段的唯一值约束是通过(　　)关键字定义的。

2. 设置数据表的字段值自动增加使用(　　)属性。

3. 在创建数据表时不允许字段为空，可以使用(　　)约束。

4. (　　)约束用于为数据表中的字段指定默认值，即当在表中插入一条新记录时，如果没有给这个字段赋值，那么数据库系统会自动为这个字段插入默认值。

5. MySQL 数据类型中存储整数数值并且占用字节数最小的是(　　)。

6. (　　)类型的数据只能从枚举列表中获取，且只能取一个。

第6章 MySQL编程基础

CHAPTER

学习目标：

- 掌握 MySQL 中常量和变量的使用；
- 掌握 MySQL 中常用运算符的使用；
- 了解 MySQL 的系统内置函数。

MySQL 支持结构化查询语言(SQL)，在 MySQL 中存储、查询以及更新数据的语言是符合 SQL 标准的，但是 MySQL 也对 SQL 进行了相应的扩展。本章进一步具体介绍 MySQL 的语法规则。

6.1 常量和变量

常量指在程序运行过程中值不变的量。变量用于临时存放数据，变量中的数据随着程序的运行而变化。

6.1.1 常量

常量又称为字面值或标量值，常量的使用格式取决于值的数据类型，可分为数值常量、字符串常量、时间日期常量、布尔值常量和 null 值。

1. 十进制常量

十进制常量的语法近似于日常生活中的数字，如 123、1.23、－1.23，以及科学记数法 123E8、123E－8 等。

2. 二进制常量

在二进制字符串前加前缀 b，形如"b'1000001'"。通过"select b'1000001';"可查看二进制转为 ASCII 字符后的结果，即字符 A 对应的十六进制数。

3. 十六进制常量

十六进制常量有两种表示方式，形如"x'41'"和"0x41"。其中，十六进制数 41 对应十进制数 65。通过"select hex(65);"可查看十进制数 65 转为十六进制数的结果，即 41。

4. 字符串常量

MySQL支持单引号和双引号定界符，例如'abc'或"abc"，推荐使用单引号定界符。在字符串中不仅可以使用普通的字符，也可以使用转义序列，它们用来表示特殊的字符，如表6-1所示。每个转义序列以一个反斜线"\"开始，指出后面的字符使用转义字符来解释，而不是普通字符。

表6-1 常用转义字符

转义字符	含义	转义字符	含义
\0	空字符(null)	\t	制表符(HT)
\r	回车符(CR)	\b	退格(BS)
\n	换行符(LF)	\'	单引号
\"	双引号	\%	%(用于like条件)
\\	反斜线	_	_(用于like条件)

5. 日期时间常量

用单引号将表示日期、时间的字符串括起来构成了日期时间常量。日期型常量包括年、月、日；数据类型为date，表示为2022-04-07这样的值。时间型常量包括小时数、分钟数、秒数和微秒数，数据类型为time，表示为12:30:34.00013这样的值。MySQL还支持日期/时间的组合，数据类型为datetime或timestamp。

6. 布尔值常量

布尔值只包含两个值，true和false。true的数值是1，false的数值是0。

7. null值

null值适用于各种数据类型，它通常用来表示"没有值""无数据"等意义，并且不同于数字类型的0或字符串类型的空字符串。

6.1.2 变量

变量有名字及其数据类型两个属性。变量名用于标识该变量，变量的数据类型确定了该变量存放值的格式及允许的运算。在MySQL中，变量分为用户变量和系统变量。

1. 用户变量

用户可以在表达式中使用自己定义的变量，这样的变量称为用户变量。用户可以先在用户变量中保存值，然后在以后引用它，这样可以将值从一个语句传递到另一个语句。在使用用户变量前必须定义和初始化。如果使用没有初始化的变量，它的值为null。

用户变量与连接无关，也就是说，一个客户端定义的变量不能被其他客户端看到或使用。当客户端退出时，该客户端连接的所有变量将自动释放。

MySQL中用户变量的赋值方式有3种，一种是用set语句，一种是在select语句中利用赋值符号":="完成赋值，最后一种是利用select…into语句。

(1) 定义和初始化一个变量可以使用set语句，基本语法格式如下。

```
set @user_variable1=expression1[,@user_variable2=expression2,…]
```

@符号必须放在一个用户变量前面，以便将它和列名区分开；user_variable 为用户变量名；expression 为要给变量赋的值，可以是常量、变量或表达式。

【例 6-1】 创建用户变量 name 并赋值为"王鹏"，具体 SQL 语句与执行结果如下。

```
mysql> set  @name='王鹏';
Query OK, 0 rows affected (0.03 sec)
```

在例 6-1 中，name 的数据类型是根据后面的赋值表达式自动分配的。也就是说，name 的数据类型和'王鹏'的数据类型是一致的。如果给 name 变量重新赋不同类型的值，则 name 的数据类型也会跟着改变。

还可以同时定义多个变量，中间用逗号隔开。

【例 6-2】 创建用户变量 user1 并赋值为 1 和用户变量 user2 并赋值为 2。具体 SQL 语句与执行结果如下。

```
mysql> set @user1=1,@user2=2;
Query OK, 0 rows affected (0.03 sec)
```

【例 6-3】 查询变量 user1 和 user2 的值。具体 SQL 语句与执行结果如下。

```
mysql> select @user1,@user2;
+--------+--------+
| @user1 | @user2 |
+--------+--------+
|      1 |      2 |
+--------+--------+
1 row in set (0.01 sec)
```

【例 6-4】 使用查询给变量赋值。

```
mysql> set @name=(select name from student where id='20224103001');
Query OK, 0 rows affected (0.07 sec)
```

（2）在 select 语句中使用赋值符号"：="赋值，基本语法格式如下。

```
select @user_variable:=字段名 from 数据表;
```

【例 6-5】 查询 student 数据表中的 name 字段的第一个值并赋给用户变量@name。具体 SQL 语句与执行结果如下。

```
mysql> select @name:=name from student limit 1;
+-------------+
| @name:=name |
+-------------+
| 张鹏        |
+-------------+
1 row in set, 1 warning (0.01 sec)
```

注意：这种赋值方式必须使用 MySQL 专门提供的赋值运算符“:=”。

(3) 使用 select…into 方式对用户变量赋值，基本语法格式如下。

```
select 字段名 1, 字段名 2,…from 数据表
into @user_variable1, @user_variable2,…
```

【例 6-6】 查询 student 数据表中的 id，name 字段的第一个值并赋给用户变量@ids，@names。具体 SQL 语句与执行结果如下。

```
mysql> select id,name from student limit 1
    -> into @ids,@names;
Query OK, 1 row affected (0.00 sec)
```

利用 select…into 语句将查询的数据保存到用户变量@ids，@names 中，因为变量中只能保存一个数据，因此查询的结果必须是一行记录，且记录中的字段个数必须与变量个数相同，否则系统会报错。利用 select 查询用户变量@ids，@names，具体 SQL 语句与执行结果如下。

```
mysql> select @ids,@names;
+-------------+--------+
| @ids        | @names |
+-------------+--------+
| 20224103001 | 张鹏   |
+-------------+--------+
1 row in set (0.00 sec)
```

从上述执行结果可以看出，MySQL 中的变量只能保存一个数据。当需要保存一组数据时，必须将其转换为 json 数据类型才可以。具体 SQL 语句与执行结果如下。

```
mysql> select json_array(id,name),json_object(id,name)
    -> from student limit 1
    -> into @arr,@obj;
Query OK, 1 row affected (0.00 sec)
mysql> select @arr,@obj;
+-----------------------+-----------------------+
| @arr                  | @obj                  |
+-----------------------+-----------------------+
| ["20224103001", "张鹏"] | {"20224103001": "张鹏"} |
+-----------------------+-----------------------+
1 row in set (0.00 sec)
```

2. 系统变量

MySQL 有一些特定的设置，当 MySQL 数据库服务器启动时，这些设置被读取出来。例如，有些设置规定了数据如何被存储，有些设置则影响到处理速度，还有些与日期有关，这些设置就是系统变量。和用户变量一样，系统变量也是一个值和一个数据类型，但不同的

是,系统变量在 MySQL 服务器启动时被引入并初始化为默认值。

【例 6-7】 获取现在使用的 MySQL 版本,具体 SQL 语句与执行结果如下。

```
mysql> select @@version;
+-----------+
| @@version  |
+-----------+
| 8.0.28     |
+-----------+
1 row in set (0.00 sec)
```

大多数的系统变量应用到 SQL 语句中时,必须在名称前加两个@符号,而为了与其他 SQL 产品保持一致,某些特定的系统变量是要省略这两个@符号的,如 current_date、current_time、current_user。

【例 6-8】 获得系统当前时间,具体 SQL 语句与执行结果如下。

```
mysql> select current_time;
+--------------+
| current_time  |
+--------------+
| 16:26:36      |
+--------------+
1 row in set (0.06 sec)
```

在 MySQL 中,有些系统变量的值是不可以改变的,如 version 和系统日期。而有些系统变量是可以通过 set 语句来修改的,如 sql_warnings。

修改系统变量的语法格式如下。

```
set system_var_name=expr
|[global|session]system_var_name=expr
|@@[global.|session.]system_var_name=expr
```

其中,system_var_name 为系统变量名,expr 为系统变量设定的新值。名称的前面可以添加 global 或 session 等关键字。

指定了 global 或"@@global."关键字的是全局系统变量(global system variable)。指定了 session 或"@@session."关键字的则为会话系统变量(session system variable)。session 和"@@session."还有一个同义词 local 和"@@local."。如果在使用系统变量时不指定关键字,则默认为会话系统变量。

1) 全局系统变量

当 MySQL 启动时,全局系统变量就被初始化了,并且应用于每个启动的会话。如果使用 global(要求 super 权限)来设置系统变量,则该值被记住,并被用于新的连接,直到服务器重新启动为止。

【例 6-9】 将全局系统变量 sort_buffer_size 的值改为 25000。具体 SQL 语句与执行结

果如下。

```
mysql> set @@global.sort_buffer_size=25000;
Query OK, 0 rows affected, 1 warning (0.07 sec)
```

2）会话系统变量

会话系统变量只适用于当前的会话。大多数会话系统变量的名字和全局系统变量的名字相同。当启动会话时，每个会话系统变量都和同名的全局系统变量的值相同。一个会话系统变量的值是可以改变的，但是这个新的值仅适用于正在运行的会话，不适用于所有其他会话。

【例 6-10】 将当前会话的 sql_warnings 变量设为 TRUE。具体 SQL 语句与执行结果如下。

```
mysql> set @@sql_warnings=TRUE;
Query OK, 0 rows affected (0.12 sec)
```

这个系统变量表示如果不正确的数据通过 insert 语句添加到一个表中，MySQL 是否应该返回一条警告。默认情况下这个变量是关闭的，设为 ON 表示返回警告。

【例 6-11】 对于当前会话，把系统变量 sql_select_limit 的值设置为 10。这个变量决定了 select 语句的结果集中的最大行数。具体 SQL 语句与执行结果如下。

```
mysql> set @@session.sql_select_limit=10;
Query OK, 0 rows affected (0.06 sec)
```

MySQL 对于大多数系统变量都有默认值。当数据库服务器启动的时候，就使用这些值。如果将一个系统变量值设置为 MySQL 的默认值，可以使用 default 关键字。

【例 6-12】 把 sql_select_limit 的值恢复为默认值。具体 SQL 语句与执行结果如下。

```
mysql> set @@session.sql_select_limit=default;
Query OK, 0 rows affected (0.00 sec)
```

3. 局部变量

相对于 MySQL 提供的系统变量和用户变量，局部变量的作用范围仅在复合语句语法 begin 和 end 语句之间，保证局部变量在除 begin 和 end 之间以外的任何地方，不能被获取和修改，方便在 MySQL 的函数和存储过程中保存需要操作的数据。

局部变量使用 declare 语句定义，具体语法格式如下。

```
declare 变量名 1[,变量名 2]…数据类型[default 默认值];
```

上述语句中，局部变量的名称和数据类型是必需参数，当同时定义多个局部变量时，它们只能共用同一种数据类型。另外，default 用于设置变量的默认值，省略时变量的初始值为 null。

【例 6-13】 以函数创建局部变量为例，演示局部变量在程序中的使用，具体 SQL 语句及执行结果如下。

```
mysql> delimiter $$
mysql> create function func() returns int
    -> deterministic
    -> begin
    -> declare age int default 10;
    -> return age;
    -> end
    -> $$
Query OK, 0 rows affected (0.84 sec)
```

在上述语法中,age 是局部变量的名称,int 是数据类型,10 是 age 的默认值。下面调用 func()函数,具体 SQL 语句及执行结果如下。

```
mysql> select func();
+--------+
| func()  |
+--------+
|    10   |
+--------+
1 row in set (0.27 sec)
```

从上述执行结果可知,通过返回函数结果可以在程序外查看到局部变量的值,但在程序外直接使用 select 则查询不到该变量,具体 SQL 语句及执行结果如下。

```
mysql> select age;
ERROR 1054 (42S22): Unknown column 'age' in 'field list'
```

6.2 运　算　符

MySQL 提供的运算符有算术运算符、比较运算符、逻辑运算符和位运算符。通过运算符连接操作数构成表达式。

6.2.1 算术运算符

算术运算符在两个表达式上执行数学运算,这两个表达式可以是任何数据类型。算术运算符如表 6-2 所示。

表 6-2　算术运算符

运　算　符	含　　义	运　算　符	含　　义
+	加	/	除
-	减	%	取模
*	乘		

在表6-2中，运算符两端的数据可以是真实的数据(如6)，或者是数据表中的字段(如age)，而参与运算的数据一般称为操作数，操作数与运算符组合在一起统称为表达式。算术运算符的使用看似简单，但是实际应用时还需要注意以下几点，下面通过案例详细讲解。

首先创建数据表temp_1，包括3个字段t1(数据类型为int)、t2(数据类型为int unsigned)和t3(数据类型为decimal(4,2))，并插入一条数据(4,6,11.11)。

1. 无符号数的加、减、乘运算

在MySQL中，若运算符+、−和*的操作数都是无符号整型数，则运算结果也是无符号整型数。

【例6-14】 数据表temp_1中的t2是无符号整型数，对t2字段进行加1、减1和乘2的运算。具体SQL语句与执行结果如下。

```
mysql> select t2+1,t2-1,t2 * 2  from temp_1;
+------+------+------+
| t2+1  | t2-1  | t2 * 2  |
+------+------+------+
|   7   |   5   |  12    |
+------+------+------+
2 rows in set (0.00 sec)
```

从以上执行结果可以看出，运算后的结果依然是无符号整型数。

注意： *若运算结果出现负数，那么系统就会报错。*

【例6-15】 对t2字段进行减10操作，具体SQL语句与执行结果如下。

```
mysql> select t2-10 from temp_1;
ERROR 1690 (22003): bigint unsigned value is out of range in '(`jsjxy`.`temp_1`.
`t2` - 10)'
```

从以上执行结果可以看出，减法运算的结果已经超出了无符号bigint的最大范围，因此，系统报错。若要获得一个有符号的运算结果，可以使用cast(… as signed)将无符号整型数据t2强制转换为有符号的整型数据。具体SQL语句与执行结果如下。

```
mysql> select cast(t2 as signed) - 10 from temp_1;
+----------------------+
| cast(t2 as signed) - 10   |
+----------------------+
|                  -4   |
+----------------------+
1 row in set (0.00 sec)
```

2. 含有精度的运算

算术运算除了可以对整数进行运算外，还可以对浮点数进行运算。在对浮点数进行加、减运算时，运算结果中的精度(小数点后的位数)等于参与运算的操作数的最大精度。如1.1+1.100，由于1.100的精度为3，则运算结果的精度就是3；在对浮点数进行乘法运算时，运算结果的精度,以参与运算的操作数的精度和为准。如 1.1 * 1.100,由于 1.1 的精度是 1,1.100 的精度是 3,则运算结果中的精度就是 4。

【例 6-16】 数据表 temp_1 中的 t3 是定点数类型,对 t3 字段进行加 1.1、乘 1.1 的运算。具体 SQL 语句与执行结果如下。

```
mysql> select t3+1.1,t3 * 1.1 from temp_1;
+--------+--------+
| t3+1.1   | t3 * 1.1  |
+--------+--------+
|  12.21   | 12.221    |
+--------+--------+
1 row in set (0.00 sec)
```

从以上执行结果可以看出,t3+1.1 的精度是 2,t3 * 1.1 的精度是 3,即 2+1。

3. "/"运算

运算符"/"在 MySQL 中用于除法操作,且运算结果使用浮点数表示,浮点数的精度等于被除数的精度加上系统变量 div_precision_increment 设置的除法精度增长值,可通过以下 SQL 语句查看默认值。具体 SQL 语句与执行结果如下。

```
mysql> show variables like 'div_precision_increment';
+-------------------------+-------+
| Variable_name             | Value  |
+-------------------------+-------+
| div_precision_increment   | 4      |
+-------------------------+-------+
1 row in set, 1 warning (0.01 sec)
```

从以上执行结果可以看出,div_precision_increment 的默认值是 4。

【例 6-17】 对 temp_1 表中进行 t1/2,t3/0.5 运算,具体 SQL 语句与执行结果如下。

```
mysql> select t1/2,t3/0.5 from temp_1;
+--------+-----------+
| t1/2     | t3/0.5       |
+--------+-----------+
| 2.0000   | 22.220000    |
+--------+-----------+
1 row in set (0.00 sec)
```

从以上执行结果可以看出,t1/2 的运算结果的精度是 4(t1 的精度+除法精度增长值 4),t3/0.5 的运算结果的精度是 6(t3 的精度+除法精度增长值 4)。

注意:除法运算中除数如果为 0,则系统显示的执行结果为 null。

4. div 与 mod 运算符

在 MySQL 中,运算符 div 与"/"都能实现除法运算,区别在于前者的除法运算结果会去掉小数部分,只返回整数部分。

【例 6-18】 计算 9/5,9 div 5,0.4/0.8,0.4 div 0.8,具体 SQL 语句与执行结果如下。

```
mysql> select 9/5,9 div 5,0.4/0.8,0.4 div 0.8;
+--------+---------+---------+-------------+
| 9/5    | 9 div 5 | 0.4/0.8 | 0.4 div 0.8 |
+--------+---------+---------+-------------+
| 1.8000 |       1 | 0.50000 |           0 |
+--------+---------+---------+-------------+
1 row in set (0.00 sec)
```

从以上执行结果可以看出,除法操作运算符"/"的结果为浮点数,而 div 的结果为整数。另外,MySQL 中的运算符 mod 与"%"功能相同,都用于取模运算。

【例 6-19】 计算 9%5,9 mod 5,具体 SQL 语句与执行结果如下。

```
mysql> select 9 mod 5,9%5;
+---------+------+
| 9 mod 5 | 9%5  |
+---------+------+
|       4 |    4 |
+---------+------+
1 row in set (0.00 sec)
```

注意:取模运算结果的正负与被模数(%左侧的操作数)的符号相同,与模数(%右侧的操作数)的符号无关。

6.2.2 比较运算符

比较运算符是 MySQL 中常用运算符之一,通常应用在条件表达式中对结果进行限定。MySQL 中比较运算符的结果值有 3 种,分别是 1(true,真)、0(false,假)和 null。比较运算符具体如表 6-3 所示。

表 6-3 比较运算符

运算符	含义
=	等于
<=>	可以进行 null 比较的等于
>	大于
<	小于
>=	大于或等于
<=	小于或等于
<>、!=	不等于
between…and…	判断一个值是否在指定的闭区间内
is	比较一个数是否是 true、false 或 unknown

续表

运 算 符	含 义
is null	判断一个值是否为 null
like	通配符匹配
in	判断一个值是否是 in 列表中的一个值

比较运算符的使用看似简单，但是实际应用时还需要注意以下几点，下面通过案例进行详细讲解。

1. 数据类型自动转换

表 6-3 中的所有运算符都可以对数字和字符串进行比较，若参与比较的操作数的数据类型不同，则 MySQL 会自动将其转换为同类型的数据后再进行比较。

【例 6-20】 使用>、<>等比较运算符进行比较判断，具体 SQL 语句与执行结果如下。

```
mysql> select 5.5<>5,1>'1',2<=>'2';
+--------+-------+---------+
| 5.5<>5 | 1>'1' | 2<=>'2' |
+--------+-------+---------+
|      1 |     0 |       1 |
+--------+-------+---------+
1 row in set (0.04 sec)
```

从以上执行结果可以看出，当操作数数据类型不相同时，先转换成相同的数据类型后，再进行比较。

2. 比较结果为 null

MySQL 中比较运算符=、>、<、>=、<=、<>、!=用于与 null 进行比较时，结果都是 null。

【例 6-21】 使用=、>、!=运算符与 null 进行比较，具体 SQL 语句与执行结果如下。

```
mysql> select 1=null,1>null,1!=null;
+--------+--------+---------+
| 1=null | 1>null | 1!=null |
+--------+--------+---------+
|  null  |  null  |   null  |
+--------+--------+---------+
1 row in set (0.00 sec)
```

从以上执行结果可以看出，当操作数有 null 时，使用=、>、!=运算符的执行结果都是 null，其他运算符的比较结果可自行测试。

3. =和<=>的区别

在 MySQL 中运算符=和<=>都可以用于比较数据是否相等，二者的区别在于后者可以对 null 值进行比较。

【例 6-22】 使用=、<=>运算符与 null 进行比较，具体 SQL 语句与执行结果如下。

```
mysql> select 2=null,2<=>null,null<=>null;
+--------+---------+-------------+
| 2=null | 2<=>null | null<=>null |
+--------+---------+-------------+
|  null  |       0 |           1 |
+--------+---------+-------------+
1 row in set (0.00 sec)
```

从以上执行结果可以看出，当使用<=>运算符比较两个 null 是否相等时返回值 1，比较 null 和 2 是否相等时返回 0。

4. between…and…

若需要对指定区间的数据进行判断时，可以使用 between…and…语句，基本语法格式如下。

```
between 条件 1 and 条件 2
```

在上述语法中，条件 1 的值必须小于或等于条件 2 的值。

【例 6-23】 查询 student 数据表中年龄在 18 到 20 岁之间的学生数据，具体 SQL 语句与执行结果如下。

```
mysql> select  * from student where age between 18 and 20;
+------------+------+------+------+
| id         | name | sex  | age  |
+------------+------+------+------+
| 20224103001 | 张鹏 | 男   |  18  |
| 20224103002 | 王宇 | null |  19  |
| 20224103003 | 赵鹏 | 男   |  20  |
+------------+------+------+------+
3 rows in set (0.04 sec)
```

从以上执行结果可以看出，使用 between…and…进行判断时，包括边界条件的值。

not between…and…的使用方式与 between…and…相同，但是表示的含义正好相反。

【例 6-24】 查询 student 数据表中年龄不在 18 到 20 岁之间的学生数据，具体 SQL 语句与执行结果如下。

```
mysql> select  * from student where age not between 18 and 20;
+------------+------+------+------+
| id         | name | sex  | age  |
+------------+------+------+------+
| 20224103004 | 李钰 | 女   |  21  |
+------------+------+------+------+
1 row in set (0.00 sec)
```

从以上执行结果可以看出，利用 not between…and…查询出来的是年龄不在 18 到 20 岁之间的学生数据。

5. is null 与 is not null

在条件表达式中如果需要判断字段是否为 null，可以使用 is null 或 is not null 来判断。

【例 6-25】 查询 student 数据表中性别为 null 的学生数据，具体 SQL 语句与执行结果如下。

```
mysql> select  * from student where sex is null;
+-------------+------+------+------+
| id          | name | sex  | age  |
+-------------+------+------+------+
| 20224103002 | 王宇 | null |  19  |
+-------------+------+------+------+
1 row in set (0.00 sec)
```

从以上执行结果可以看出，查询出的性别数据为 null。若要查询性别不是 null 的数据可以使用 is not null。

6. like 与 not like

like 运算符在前面已经讲解，它的作用是模糊匹配，not like 的作用和 like 正好相反。

【例 6-26】 查询 student 数据表中不姓"张"的学生数据，具体 SQL 语句与执行结果如下。

```
mysql> select * from student where name not like '张%';
+-------------+------+------+------+
| id          | name | sex  | age  |
+-------------+------+------+------+
| 20224103002 | 王宇 | null |  19  |
| 20224103003 | 赵鹏 | 男   |  20  |
| 20224103004 | 李钰 | 女   |  21  |
+-------------+------+------+------+
3 rows in set (0.00 sec)
```

在 like 运算符用到的模式匹配符中，%可以匹配 0 个或多个字符，_ 可以匹配一个字符。

6.2.3 逻辑运算符

逻辑运算符是 MySQL 常用运算符之一，通常应用在条件表达式中的逻辑判断，与比较运算符结合使用。参与逻辑运算的操作数以及逻辑判断的结果有 3 种，分别是 1(true，真)、0(false，假)和 null，如表 6-4 所示。

表 6-4 逻辑运算符以及含义

运算符	含义	运算符	含义
and 或 &&	逻辑与	not 或 !	逻辑非
or 或 ||	逻辑或	xor	逻辑异或

在表 6-4 中，仅有逻辑非(not 或!)是一元运算符，其余都是二元运算符。另外，not 和!虽然功能相同，但是在一个表达式中同时出现，先运算!，再运算 not。

下面分别讲解不同逻辑运算符的使用方法。

1. and 和 &&

逻辑与运算符 and 或者 && 表示当所有操作数为非零值并且不为 null 时，计算所得结果为 1；当一个或多个操作数为 0 时，所得结果为 0；其余情况返回值为 null。

【例 6-27】 分别使用 and 或 && 进行逻辑判断，具体 SQL 语句与执行结果如下。

```
mysql> select 1 and -1,1 and 0, 1 and null, 0 and null;
+----------+---------+------------+------------+
| 1 and -1 | 1 and 0 | 1 and null | 0 and null |
+----------+---------+------------+------------+
|        1 |       0 |       null |          0 |
+----------+---------+------------+------------+
1 row in set (0.01 sec)
mysql> select 1 && -1,1 && 0, 1 && null, 0 && null;
+---------+--------+-----------+-----------+
| 1 && -1 | 1 && 0 | 1 && null | 0 && null |
+---------+--------+-----------+-----------+
|       1 |      0 |      null |         0 |
+---------+--------+-----------+-----------+
1 row in set, 4 warnings (0.00 sec)
```

从以上执行结果可以看出，and 和 && 的作用是一样的。“1 and －1”没有 0 或 null，因此结果为 1；“1 and 0”中有操作数 0，因此结果为 0；“1 and null”中虽然有 null，但是没有操作数 0，返回结果为 null。

2. or 和||

逻辑或运算符 or 或者||表示当两个操作数均为非 null 值且任意一个操作数为非零值时，结果为 1，否则结果为 0；当有一个操作数为 null，且另一个操作数为非零值时，则结果为 1，否则结果为 null；当两个操作数均为 null 时，则所得结果为 null。

【例 6-28】 分别使用 or 或||进行逻辑判断，具体 SQL 语句与执行结果如下。

```
mysql> select 1 or 0,0 or 0, 1 or null, 0 or null,null or null;
+--------+--------+-----------+-----------+--------------+
| 1 or 0 | 0 or 0 | 1 or null | 0 or null | null or null |
+--------+--------+-----------+-----------+--------------+
|      1 |      0 |         1 |      null |         null |
+--------+--------+-----------+-----------+--------------+
1 row in set (0.00 sec)
mysql> select 1 || 0,0 || 0, 1 || null, 0 || null,null || null;
+--------+--------+-----------+-----------+--------------+
| 1 || 0 | 0 || 0 | 1 || null | 0 || null | null || null |
```

```
+--------+--------+-----------+----------+--------------+
|   1    |   0    |     1     |   null   |     null     |
+--------+--------+-----------+----------+--------------+
1 row in set, 5 warnings (0.00 sec)
```

从以上执行结果可以看出,or 和||作用是一样的。"1 or 0"中有 0,但有非零的值 1,返回结果为 1;"0 or 0"中都是 0,返回结果为 0,"1 or null"中虽然有 null,但是有操作数 1,返回结果为 1;"0 or null"中没有非零值,并且有 null,返回结果为 null;"null or null"中只有 null,返回结果为 null。

3. not 和!

逻辑非运算符 not 或! 表示当操作数为 0 时,所得值为 1;当操作数为非零值时,所得值为 0;当操作数为 null 时,所得的返回值为 null。

【例 6-29】 分别使用 not 和!进行逻辑判断,具体 SQL 语句与执行结果如下。

```
mysql> select not 1,not 0,not null,not 1+1;
+-------+-------+----------+---------+
| not 1 | not 0 | not null | not 1+1 |
+-------+-------+----------+---------+
|   0   |   1   |   null   |    0    |
+-------+-------+----------+---------+
1 row in set (0.04 sec)
mysql> select !1,!0,!null,!1+1;
+----+----+-------+------+
| !1 | !0 | !null | !1+1 |
+----+----+-------+------+
| 0  | 1  | null  |  1   |
+----+----+-------+------+
1 row in set, 4 warnings (0.00 sec)
```

从以上执行结果可以看出,前 3 列 not 和! 的返回值相同。最后一列运算得到的值不同,这是因为,逻辑运算符! 的优先级别最高,其次是算术运算符+,优先级别最低的是 not。因此"not 1+1"先计算 1+1 的值,然后再进行 not 运算,结果为 0;"! 1+1"先计算! 1 的值,然后再加 1,结果为 1。

4. xor

逻辑异或运算符 xor 表示当任意一个操作数为 null 时,返回值为 null;对于非 null 的操作数,如果两个操作数都是非零值或者都是零值,则返回结果为 0;如果一个为零值,另一个为非零值,返回结果为 1。

【例 6-30】 使用 xor 进行逻辑判断,具体 SQL 语句与执行结果如下。

```
mysql> select 1 xor 1, 0 xor 0, 1 xor 0,null xor 1;
+---------+---------+---------+------------+
| 1 xor 1 | 0 xor 0 | 1 xor 0 | null xor 1 |
```

```
+---------+---------+---------+------------+
|    0    |    0    |    1    |    null    |
+---------+---------+---------+------------+
1 row in set (0.05 sec)
```

在“1 xor 1”和“0 xor 0”中，运算符两边的操作数都是非零值或都是零值，因此返回0；在“1 xor 0”中，两边的操作数一个为零值、一个为非零值，返回结果为1；在“1 xor null”中，有一个操作数为null，返回结果为null。

6.2.4 位运算符

位运算符是在二进制上进行计算的运算符。位运算符会先将操作数转换成二进制数，然后进行位运算，最后将计算结果再转换成十进制数。位运算的结果类型是64位的无符号整数。

MySQL提供的位运算符如表6-5所示。

表6-5 位运算符

运　算　符	含　　义	运　算　符	含　　义
&	按位与	<<	按位左移
|	按位或	>>	按位右移
^	按位异或	~	按位取反

下面分别讲解不同位运算符的使用方法。

1. 按位与运算符“&”

按位与运算是将参与运算的操作数按照对应的二进制逐位进行逻辑与运算。对应的二进制位都是1，该位运算结果是1，否则是0。

【例6-31】 使用按位与运算符进行计算，具体SQL语句与执行结果如下。

```
mysql> select 5&10;
+-------+
| 5&10  |
+-------+
|   0   |
+-------+
1 row in set (0.04 sec)
```

2. 按位或运算符“|”

按位或运算是将参与运算的操作数按照对应的二进制逐位进行逻辑或运算。对应的二进制位有1，该位运算结果是1，否则是0。

【例6-32】 使用按位或运算符进行计算，具体SQL语句与执行结果如下。

```
mysql> select 5|10;
+-------+
| 5|10  |
```

```
+-------+
|  15   |
+-------+
1 row in set (0.00 sec)
```

3. 按位异或运算符“^”

按位异或运算是将参与运算的操作数按照对应的二进制逐位进行逻辑异或运算。对应位的二进制数不同时，运算结果为 1；如果两个对应位都是 0 或者都是 1，则运算结果为 0。

【例 6-33】 使用按位异或运算符进行计算，具体 SQL 语句与执行结果如下。

```
mysql> select 5^10;
+-------+
| 5^10  |
+-------+
|  15   |
+-------+
1 row in set (0.00 sec)
```

4. 按位左移运算符“<<”

按位左移运算符使指定的二进制值的所有位都左移指定的位数。左移指定位数之后，左边高位的数值将被移除并丢弃，右边低位空出的位置用 0 补齐。基本语法格式为 expr<<n。其中，n 指定 expr 要移位的位数。

【例 6-34】 使用按位左移运算符进行计算，具体 SQL 语句与执行结果如下。

```
mysql> select 4<<2;
+-------+
| 4<<2  |
+-------+
|  16   |
+-------+
1 row in set (0.00 sec)
```

5. 按位右移运算符“>>”

按位右移运算符使指定的二进制值的所有位都右移指定的位数。右移指定位数之后，右边低位的数值将被移除并丢弃，左边高位空出的位置用 0 补齐。基本语法格式为 expr>>n。其中，n 指定 expr 要移位的位数。

【例 6-35】 使用按位右移运算符进行计算，具体 SQL 语句与执行结果如下。

```
mysql> select 16>>2;
+--------+
| 16>>2  |
+--------+
|    4   |
+--------+
```

```
1 row in set (0.00 sec)
```

6. 按位取反运算符"～"

按位取反运算符是将运算的数据按照对应的二进制逐位取反，即 1 取反后变成 0，0 取反后变成 1。

【例 6-36】 使用按位取反运算符进行计算，具体 SQL 语句与执行结果如下。

```
mysql> select 5&(~1);
+--------+
| 5&(~1)    |
+--------+
|     4     |
+--------+
1 row in set (0.00 sec)
```

注意：MySQL 经过位运算之后的数值是一个 64 位的无符号整数，1 的二进制值表示最右边位为 1、其他位均为 0，取反之后，除了最低位为 0，其他位都为 1。

6.2.5 运算符优先级

运算符的优先级决定了不同的运算符在表达式中计算的先后顺序，表 6-6 列出了 MySQL 中各类运算符的优先级。

表 6-6 运算符优先级从最低到最高

运 算 符
=(赋值运算符)，:=
||，or
xor
&&，and
not
between，case，when，then，else
=(比较运算符)，<=>，>=，<=，>，<，<>，!=，is，like，regexp，in
|
&
<<，>>
-，+
*，/(div)，%(mod)
^
-(负号)，~(按位取反)
!

从表 6-6 中可以看出，不同运算符的优先级是不同的。一般情况下，级别高的运算符优先运算，如果级别相同，MySQL 按表达式的顺序从左到右依次计算。在无法确定优先级的情况下，可以使用圆括号"()"来改变优先级。

6.3　系统内置函数

在设计 MySQL 数据库程序时，常常要调用系统提供的内置函数。这些函数无须定义，只需根据实际需要传递参数直接调用即可。系统内置函数使用户能够很容易地对表中的数据进行操作。MySQL 包含 100 多个内置函数，从简单的数学函数到复杂的比较函数和日期操作函数。

本节简要介绍 MySQL 的各种内置函数，这些函数主要有数学函数、字符串函数、日期和时间函数、加密函数、控制流函数和系统信息函数。

6.3.1　数学函数

数学函数用于执行一些比较复杂的算术操作。MySQL 支持很多的数学函数，数学函数若发生错误，都会返回 null。根据使用范围不同，大致可分为三角函数、指数函数、求近似值函数和进制函数等，常用的数学函数具体如表 6-7 所示。

表 6-7　常用的数学函数

函数名称	含　义
pi()	计算圆周率
sin(x)	正弦函数
cos(x)	余弦函数
tan(x)	正切函数
cot(x)	余切函数
sqrt(x)	求 x 的平方根
pow(x,y)或 power(x,y)	幂运算函数(计算 x 的 y 次方)
log(x)	计算 x 的自然对数
log10(x)	计算以 10 为底的对数
round(x,[y])	用于获得一个数的四舍五入的整数值，若设置参数 y，与 format(x,y)功能相同
truncate(x,y)	返回小数点后保留 y 位的 x(舍弃多余小数位，不进行四舍五入)
format(x,y)	返回小数点后保留 y 位的 x(进行四舍五入)
ceil(x)或 ceiling(x)	返回大于或等于 x 的最小整数
floor(x)	返回小于或等于 x 的最大整数
bin(x)	返回 x 的二进制数
oct(x)	返回 x 的八进制数

续表

函数名称	含　义
hex(x)	返回 x 的十六进制数
ascii(c)	返回字符 c 的 ASCII 码值(ASCII 码值介于 0～255)
rand()	默认返回[0,1]的随机数
abs(x)	获取 x 的绝对值
sign(x)	获取 x 的符号,正数返回 1,负数返回 -1,0 返回 0
greatest(x_1,x_2,…,x_n)	获取参数列表中的最大值
least(x_1,x_2,…,x_n)	获取参数列表中的最小值

下面举例说明一些常用的数学函数。

1. abs(x)函数

abs(x)函数用来获得 x 的绝对值,如果 x 为 null,结果是 null。下面通过具体案例演示 abs(x)函数的使用。

【例 6-37】 使用 abs(x)函数求-2 和 null 的绝对值,具体 SQL 语句与执行结果如下。

```
mysql> select abs(-2),abs(null);
+---------+-----------+
| abs(-2)  | abs(null)  |
+---------+-----------+
|     2    |    null    |
+---------+-----------+
1 row in set (0.09 sec)
```

2. sign(x)函数

sign(x)函数用来返回 x 的符号,返回的结果是正数(1)、负数(-1)和零(0)。下面通过具体案例演示 sign(x)函数的使用。

【例 6-38】 使用 sign(x)函数返回 10、-10 和 0 的符号,具体 SQL 语句与执行结果如下。

```
mysql> select sign(10),sign(-10),sign(0);
+----------+-----------+---------+
| sign(10)  | sign(-10)  | sign(0)  |
+----------+-----------+---------+
|     1     |     -1     |    0     |
+----------+-----------+---------+
1 row in set (0.06 sec)
```

3. greatest(x_1,x_2,…,x_n)函数和 least(x_1,x_2,…,x_n)函数

greatest(x_1,x_2,…,x_n)函数和 least(x_1,x_2,…,x_n)函数用来获得参数列表中的最大值和最小值。下面通过具体案例演示 greatest(x_1,x_2,…,x_n)函数和 least(x_1,x_2,…,x_n)函数

的使用。

【例 6-39】 使用 greatest($x_1, x_2, \cdots, x_n$)函数和 least($x_1, x_2, \cdots, x_n$)函数返回(3,6,15,25)中的最大值和最小值,具体 SQL 语句与执行结果如下。

```
mysql> select greatest(3,6,15,25),least(3,6,15,25);
+---------------------+------------------+
| greatest(3,6,15,25)  | least(3,6,15,25) |
+---------------------+------------------+
|                  25 |                3 |
+---------------------+------------------+
1 row in set (0.04 sec)
```

4. floor(x)函数和 ceiling(x)函数

floor(x)函数用于获得不大于一个数的最大整数,ceiling(x)函数用于获得不小于一个数的最小整数。下面通过具体案例演示 floor(x)函数和 ceiling(x)函数的使用。

【例 6-40】 使用 floor(x)函数分别返回不大于 2.5 和−2.5 的最大整数,使用 ceiling(x)函数分别返回不小于 2.5 和−2.5 的最小整数。具体 SQL 语句与执行结果如下。

```
mysql> select floor(-2.5),ceiling(-2.5),floor(2.5),ceiling(2.5);
+-------------+---------------+------------+--------------+
| floor(-2.5) | ceiling(-2.5) | floor(2.5) | ceiling(2.5) |
+-------------+---------------+------------+--------------+
|          -3 |            -2 |          2 |            3 |
+-------------+---------------+------------+--------------+
1 row in set (0.07 sec)
```

5. rand()函数

rand()函数用于返回一个 0～1 的随机数。下面通过具体案例演示 rand()函数的使用。

【例 6-41】 使用 rand()函数生成 0～1 的随机数。具体 SQL 语句与执行结果如下。

```
mysql> select rand();
+---------------------+
| rand()              |
+---------------------+
| 0.19593658037105258 |
+---------------------+
1 row in set (0.09 sec)
```

6. round(x)函数和 truncate(x,y) 函数

round(x)函数用于获得一个数的四舍五入的整数值,truncate(x,y)函数用于返回小数点后保留 y 位的 x。下面通过具体案例演示 round(x)函数和 truncate(x,y)函数的使用。

【例 6-42】 使用 round(x)函数获取 2.4 和 2.5 四舍五入的值。具体 SQL 语句与执行结果如下。

```
mysql> select round(2.4),round(2.5);
+------------+------------+
| round(2.4)     | round(2.5)     |
+------------+------------+
|          2 |          3 |
+------------+------------+
1 row in set (0.06 sec)
```

【例 6-43】 使用 truncate(x,y)函数获取 2.345 保留两位小数的结果。具体 SQL 语句与执行结果如下。

```
mysql> select truncate(2.345,2);
+-------------------+
| truncate(2.345,2)         |
+-------------------+
|              2.34 |
+-------------------+
1 row in set (0.00 sec)
```

7. ascii(c)函数

ascii(c)函数用于返回一个字符 c 的 ASCII 码值,范围为 0～255。下面通过具体案例演示 ascii(c)函数的使用。

【例 6-44】 使用 ascii(c)函数获得 A 和 a 的 ASCII 码值。具体 SQL 语句与执行结果如下。

```
mysql> select ascii('A'),ascii('a');
+------------+------------+
| ascii('A')     | ascii('a')     |
+------------+------------+
|         65 |         97 |
+------------+------------+
1 row in set (0.00 sec)
```

8. bin(x)函数、oct(x)函数和 hex(x)函数

bin(x)函数、oct(x)函数和 hex(x)函数分别返回一个数的二进制、八进制和十六进制数值。下面通过具体案例演示 bin(x)函数、oct(x)函数和 hex(x)函数的使用。

【例 6-45】 使用 bin(x)函数、oct(x)函数和 hex(x)函数分别获得 20 的二进制、八进制和十六进制数值。具体 SQL 语句与执行结果如下。

```
mysql> select bin(20),oct(20),hex(20);
+---------+---------+---------+
| bin(20)     | oct(20)     | hex(20)     |
+---------+---------+---------+
| 10100       | 24          | 14          |
```

```
+---------+---------+---------+
1 row in set (0.07 sec)
```

6.3.2　字符串函数

MySQL中对字符串的操作提供了很多的函数，可以获取字符串的长度、字节数、全部转成大写或小写，获取子串及位置等。常用的字符串函数如表6-8所示。

表6-8　常用的字符串函数

函数名称	含　义
char_length(str)	获取字符串的长度
length(str)	获取字符串占用的字节数
repeat(str,n)	重复指定次数的字符串，并保存到一个新字符串中
space(n)	重复指定次数的空格，并保存到一个新字符串中
upper(str)	将字符串全部转为大写字母
lower(str)	将字符串全部转为小写字母
strcmp(str1,str2)	比较两个字符串的大小
reverse(str)	颠倒字符串的顺序
substring(str,start,len)	从字符串的指定位置开始获取指定长度的字符串
left(str,n)	截取并返回字符串的左侧指定个字符
right(str,n)	截取并返回字符串的右侧指定个字符
lpad(str1,n,str2)	按照限定长度从左到右截取字符串，当字符串的长度小于限定长度时在左侧填充指定的字符
rpad(str1,n,str2)	按照限定长度从左到右截取字符串，当字符串的长度小于限定长度时在右侧填充指定的字符
inser(str1,str2)	返回字符在一个字符串中第一次出现的位置
find_in_set(str1,str2)	获取字符在含有英文逗号分隔的字符串中的开始位置
ltrim(str)	删除字符串左侧的空格，并返回删除后的结果
rtrim(str)	删除字符串右侧的空格，并返回删除后的结果
trim(str)	删除字符串左、右两侧的空格，并返回删除后的结果
replace(str1,str2,str3)	使用指定的字符替换字符串中出现的所有指定字符
concat(str1,str2,…,strn)	将所有参数连接成一个新字符串

下面举例说明一些常用的字符串函数。

1. char_length(str)函数和length(str)函数

char_length(str)函数用于获得字符串str所包含的字符个数，一个多字节字符算作一个字符，如汉字(多字节字符)就算作单个字符进行计算。length(str)函数用于获得字符串str所包含的字节数，一个汉字占用2字节。下面通过具体案例演示char_length(str)函数和 length(str)函数的使用。

【例 6-46】 使用 char_length(str)函数和 length(str)函数计算“你好 a”包含的字符数和字节数。具体 SQL 语句与执行结果如下。

```
mysql> select char_length('你好 a'),length('你好 a');
+----------------------+------------------+
| char_length('你好 a')  | length('你好 a')   |
+----------------------+------------------+
|                    3 |                5 |
+----------------------+------------------+
1 row in set (0.10 sec)
```

2. left(str,n)函数和 right(str,n)函数

left(str,n)函数和 right(str,n)函数分别返回从字符串 str 左边和右边截取指定 n 个字符的字符串。下面通过具体案例演示 left(str,n)函数和 right(str,n)函数的使用。

【例 6-47】 使用 left(str,n)函数和 right(str,n)函数分别对 helloworld 进行 3 个和 4 个字符的截取。具体 SQL 语句与执行结果如下。

```
mysql> select left('helloworld',3),right('helloworld',4);
+----------------------+-----------------------+
| left('helloworld',3) | right('helloworld',4) |
+----------------------+-----------------------+
| hel                  | orld                  |
+----------------------+-----------------------+
1 row in set (0.02 sec)
```

3. lpad(str1,n,str2)函数和 rpad(str1,n,str2)函数

lpad(str1,n,str2)函数和 rpad(str1,n,str2)函数分别用字符串 str2 从字符串 str1 的左侧和右侧进行填补,直至 str1 中字符数目达到 n 个,最后返回填补后的字符串。若 str1 的字符个数大于 n,则返回 str 的前 n 个字符。下面通过具体案例演示 lpad(str1,n,str2)函数和 rpad(str1,n,str2)函数的使用。

【例 6-48】 使用 lpad(str1,n,str2)函数和 rpad(str1,n,str2)函数用“!”对字符串“hello”进行填充。具体 SQL 语句与执行结果如下。

```
mysql> select lpad('hello',10,'!'),rpad('hello',10,'!');
+----------------------+----------------------+
| lpad('hello',10,'!') | rpad('hello',10,'!') |
+----------------------+----------------------+
| !!!!!hello           | hello!!!!!           |
+----------------------+----------------------+
1 row in set (0.10 sec)
```

4. substring(str,start,len)函数

substring(str,start,len)函数表示从字符串 str 返回一个长度为 len 的子字符串,起始位置为 start。下面通过具体案例演示 substring(str,start,len)函数的使用。

【例 6-49】 使用 substring(str,start,len)函数对字符串'helloworld'进行截取。具体 SQL 语句与执行结果如下。

```
mysql> select substring('helloworld',2,5);
+------------------------------+
| substring('helloworld',2,5)  |
+------------------------------+
| ellow                        |
+------------------------------+
1 row in set (0.00 sec)
```

5. ltrim(str)函数、rtrim(str)函数和 trim(str)函数

ltrim(str)函数、rtrim(str)函数和 trim(str)函数表示分别删除字符串 str 左侧、右侧和左右两侧的空格并返回。下面通过具体案例演示 ltrim(str)函数、rtrim(str)函数和 trim(str)函数的使用。

【例 6-50】 使用 ltrim(str)函数、rtrim(str)函数和 trim(str)函数删除字符串“　helloworld　”左侧、右侧和左右两侧的空格。具体 SQL 语句与执行结果如下。

```
mysql> select ltrim('  helloworld  '),rtrim('  helloworld  '),
    -> trim('  helloworld  ');
+---------------------+---------------------+------------------+
| ltrim('  helloworld  ') | rtrim('  helloworld  ') | trim('  helloworld  ')
+---------------------+---------------------+------------------+
| helloworld          |   helloworld        | helloworld
+---------------------+---------------------+------------------+
1 row in set (0.04 sec)
```

6. strcmp(str1,str2)函数

strcmp(str1,str2)函数用于比较两个字符串,相等返回 0,str1 大于 str2 返回 1,str1 小于 str2 返回－1。下面通过具体案例演示 strcmp(str1,str2)函数的使用。

【例 6-51】 使用 strcmp(str1,str2)函数比较两个字符串。具体 SQL 语句与执行结果如下。

```
mysql> select strcmp('ab','ab'),strcmp('ab','cd'),strcmp('he','cd');
+-------------------+-------------------+-------------------+
| strcmp('ab','ab') | strcmp('ab','cd') | strcmp('he','cd') |
+-------------------+-------------------+-------------------+
|                 0 |                -1 |                 1 |
+-------------------+-------------------+-------------------+
1 row in set (0.08 sec)
```

7. repeat(str,n)函数

repeat(str,n)函数返回一个由重复的字符串 str 组成的字符串,字符串 str 的数目等于

n。若 n≤0,则返回一个空字符串。若 str 或 n 为 null,则返回 null。下面通过具体案例演示 repeat(str,n)函数的使用。

【例 6-52】 使用 repeat(str,n)函数生成新的字符串。具体 SQL 语句与执行结果如下。

```
mysql> select repeat('hello',2),repeat('hello',-1),repeat(null,2);
+----------------+-----------------+-----------------------+
| repeat('hello',2)  | repeat('hello',-1)  | repeat(null,2)              |
+----------------+-----------------+-----------------------+
| hellohello         |                     | null                        |
+----------------+-----------------+-----------------------+
1 row in set (0.00 sec)
```

8. replace(str1,str2,str3)函数

replace(str1,str2,str3)函数表示用字符串 str3 替换 str1 中所有出现的字符串 str2,最后返回替换后的字符串。下面通过具体案例演示 replace(str1,str2,str3)函数的使用。

【例 6-53】 使用 replace(str1,str2,str3)函数对字符串进行替换。具体 SQL 语句与执行结果如下。

```
mysql> select replace('hello','el','a');
+--------------------------+
| replace('hello','el','a')      |
+--------------------------+
| halo                           |
+--------------------------+
1 row in set (0.00 sec)
```

6.3.3　日期和时间函数

MySQL 为了方便日期和时间的处理和转换,提供了很多内置函数,常见的日期和时间函数如表 6-9 所示。

表 6-9　常见的日期和时间函数

函数名称	含　义
curdate()	用于获取 MySQL 服务器当前日期
curtime()	用于获取 MySQL 服务器当前时间
now()	用于获取 MySQL 服务器当前日期和时间
datediff(date1,date2)	返回两个日期之间的天数差距
date(datetime)	获取日期或日期时间表达式中的日期部分
time(datetime)	获取指定日期时间表达式中的时间部分
year(date)	返回指定日期对应的年份
month(date)	以数值形式返回指定日期对应的月份

续表

函 数 名 称	含 义
monthname(date)	以字符串形式返回指定日期对应的月份
week(date)	返回指定日期的周数
yearweek(date)	返回指定日期是哪一年的周数
dayname(date)	返回日期对应的星期名称
dayofmonth(date)	返回指定日期是对应月的第几天(1～31)
dayofweek(date)	返回日期对应的星期几(1=周日,2=周一,…,7=周六)
dayofyear(date)	返回指定日期是对应年的第几天
hour(time)	返回指定时间的小时
minute(time)	返回指定时间的分钟
second(time)	返回指定时间的秒
extract(keyword from date)	按照指定参数提取日期中的数据
date_sub(datetime, interval int keyword)	从指定日期、时间中减去日期、时间值
date_add(datetime, interval int keyword)	从指定日期、时间中加上日期、时间值

下面举例说明一些常用的日期和时间函数的使用。

1. now()函数

now()函数可以获得当前的日期和时间,它以“YYYY-MM-DD HH:MM:SS”的格式返回当前的日期和时间。下面通过具体案例演示 now()函数的使用。

【例 6-54】 使用 now()函数获得当前的日期和时间。具体 SQL 语句与执行结果如下。

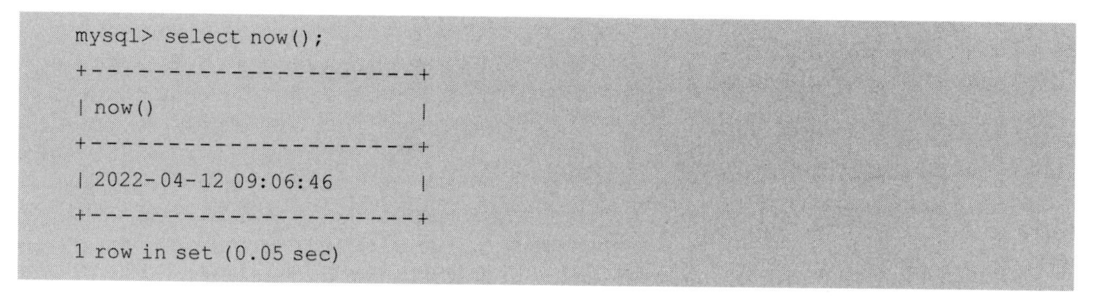

```
mysql> select now();
+---------------------+
| now()               |
+---------------------+
| 2022-04-12 09:06:46 |
+---------------------+
1 row in set (0.05 sec)
```

2. curtime()函数和 curdate()函数

curtime()函数和 curdate()函数比 now()函数更具体化,它们分别返回的是当前的时间和日期。下面通过具体案例演示 curtime()函数和 curdate()函数的使用。

【例 6-55】 使用 curtime()函数和 curdate()函数分别获得当前的时间和日期。具体 SQL 语句与执行结果如下。

```
mysql> select curtime(),curdate();
+-----------+------------+
| curtime() | curdate()  |
```

```
+-----------+------------+
| 09:09:48  | 2022-04-12 |
+-----------+------------+
1 row in set (0.00 sec)
```

3. year(date)函数

year(date)函数返回 date 对应的年份，范围是 1970～2069。下面通过具体案例演示 year(date)函数的使用。

【例 6-56】 使用 year(date)函数获得给定日期的年份。具体 SQL 语句与执行结果如下。

```
mysql> select year('2022-04-12');
+--------------------+
| year('2022-04-12') |
+--------------------+
|               2022 |
+--------------------+
1 row in set (0.04 sec)
```

4. month(date)函数和 monthname(date)函数

month(date)函数和 monthname(date)函数分别以数值和字符串的形式返回 date 中对应的月份，下面通过具体案例演示 month(date)函数和 monthname(date)函数的使用。

【例 6-57】 使用 month(date)函数和 monthname(date)函数分别获得给定日期的月份。具体 SQL 语句与执行结果如下。

```
mysql> select month('2022-04-12'),monthname('2022-04-12');
+---------------------+-------------------------+
| month('2022-04-12') | monthname('2022-04-12') |
+---------------------+-------------------------+
|                   4 | April                   |
+---------------------+-------------------------+
1 row in set (1.07 sec)
```

5. dayofyear(date)函数、dayofmonth (date)函数和 dayofweek (date)函数

dayofyear(date)函数返回 date 是一年中的第几天，范围是 1～366。dayofmonth (date)函数返回 date 是这个月中的第几天，范围是 1～31。dayofweek (date)函数返回 date 是这周的第几天，范围是 1～7。下面通过具体案例演示 dayofyear(date)函数、dayofmonth (date)函数和 dayofweek (date)函数的使用。

【例 6-58】 使用 dayofyear(date)函数、dayofmonth (date)函数和 dayofweek (date)函数分别获得给定日期在这一年中是第几天，这个月中是第几天，这一周中是第几天。具体 SQL 语句与执行结果如下。

```
mysql> select dayofyear('2022-04-12');
```

```
+--------------------------+
| dayofyear('2022-04-12')  |
+--------------------------+
|                  102     |
+--------------------------+
1 row in set (0.05 sec)
mysql> select dayofmonth('2022-04-12');
+---------------------------+
| dayofmonth('2022-04-12')  |
+---------------------------+
|                    12     |
+---------------------------+
1 row in set (0.03 sec)
mysql> select dayofweek('2022-04-12');
+--------------------------+
| dayofweek('2022-04-12')  |
+--------------------------+
|                   3      |
+--------------------------+
1 row in set (0.04 sec)
```

6. week(date)函数和 yearweek(date)函数

week(date)函数返回 date 是一年中的第几个星期，yearweek (date)函数返回 date 是哪一年的第几个星期。下面通过具体案例演示 week(date)函数和 yearweek (date)函数的使用。

【例 6-59】 使用 week(date)函数返回指定日期是一年中的第几个星期，使用 yearweek(date)函数返回指定日期是哪一年的第几个星期。具体 SQL 语句与执行结果如下。

```
mysql> select week('2022-04-12'),yearweek('2022-04-12');
+--------------------+------------------------+
| week('2022-04-12') | yearweek('2022-04-12') |
+--------------------+------------------------+
|             15     |              202215    |
+--------------------+------------------------+
1 row in set (0.11 sec)
```

7. hour(time)函数、minute(time)函数和 second(time)函数

hour(time)函数、minute(time)函数和 second(time)函数分别返回指定时间 time 的小时、分钟和秒。下面通过具体案例演示 hour(time)函数、minute(time)函数和 second(time)函数的使用。

【例 6-60】 使用 hour(time)函数、minute(time)函数和 second(time)函数返回指定时间的小时、分钟、秒。具体 SQL 语句与执行结果如下。

```
mysql> select hour('12:25:04'),minute('12:25:04'),second('12:25:04');
+------------------+------------------+--------------------+
| hour('12:25:04')  | minute('12:25:04')  | second('12:25:04')  |
+------------------+------------------+--------------------+
|          12       |         25          |           4        |
+------------------+------------------+--------------------+
1 row in set (0.06 sec)
```

8. date_add(datetime, interval int keyword)函数和 date_sub(datetime, interval int keyword)函数

date_add(datetime, interval int keyword)函数和 date_sub(datetime, interval int keyword)函数可以对日期和时间进行算术操作,它们分别用来增加和减少日期和时间值,其使用的关键字如表 6-10 所示。

表 6-10 date_add 函数和 date_sub 函数使用的关键字

关 键 字	间隔值的格式	关 键 字	间隔值的格式
day	日期	minute	分钟
day_hour	日期:小时	minute_second	分钟:秒
day_minute	日期:小时:分钟	month	月
day_second	日期:小时:分钟:秒	second	秒
hour	小时	year	年
hour_minute	小时:分钟	year_month	年-月
hour_second	小时:分钟:秒		

说明:datetime 是需要的日期和时间,interval 关键字表示一个时间间隔。int 表示需要计算的时间值,关键字(keyword)在表 6-10 中列出。date_add(datetime, interval int keyword)函数是计算 datetime 加上间隔时间后的值,date_sub(datetime, interval int keyword)函数是计算 datetime 减去间隔时间后的值。下面通过具体案例演示 date_add(datetime, interval int keyword)函数和 date_sub(datetime, interval int keyword)函数的使用。

【例 6-61】 使用 date_add(datetime, interval int keyword)函数和 date_sub(datetime, interval int keyword)函数计算加、减日期、时间后的值。具体 SQL 语句与执行结果如下。

```
mysql> select  date_add('2022-04-12',interval 16 day);
+----------------------------------------+
| date_add('2022-04-12',interval 16 day)  |
+----------------------------------------+
| 2022-04-28                              |
+----------------------------------------+
1 row in set (0.10 sec)
mysql> select  date_sub('2022-04-12 14:09:28',interval 20 minute);
```

```
+---------------------------------------------------+
| date_sub('2022-04-12 14:09:28',interval 20 minute)                    |
+---------------------------------------------------+
| 2022-04-12 13:49:28                                                   |
+---------------------------------------------------+
1 row in set (0.01 sec)
```

9. extract(keyword from date)函数

extract(keyword from date)函数是从日期中提取一部分,而不是执行日期操作,其中所使用的关键字 keyword 如表 6-10 所示。下面通过具体案例演示 extract(keyword from date)函数的使用。

【例 6-62】 使用 extract(keyword from date)函数提取指定日期的年份和指定日期的年份、月份。具体 SQL 语句与执行结果如下。

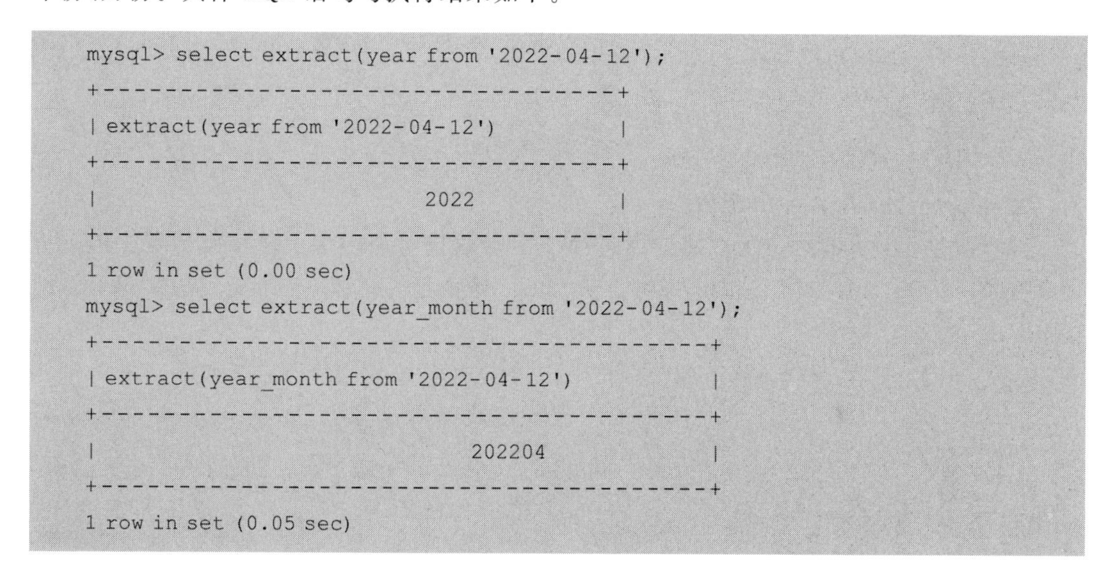

```
mysql> select extract(year from '2022-04-12');
+-----------------------------------+
| extract(year from '2022-04-12')   |
+-----------------------------------+
|                              2022 |
+-----------------------------------+
1 row in set (0.00 sec)
mysql> select extract(year_month from '2022-04-12');
+-----------------------------------------+
| extract(year_month from '2022-04-12')   |
+-----------------------------------------+
|                                  202204 |
+-----------------------------------------+
1 row in set (0.05 sec)
```

6.3.4 加密函数

MySQL 提供的加密函数主要用于对数据进行加密,相对明文存储,经过算法计算后的字符串不会被人直接看出保存的是什么数据,在一定程度上能够有效保证数据的安全。下面介绍几种常见的加密函数。

1. md5(str)函数

md5(str)函数为字符串算出一个 md5 128 比特校验和。该值返回的是 32 个十六进制数字组成的字符串,若参数为 null,则返回 null。下面通过具体案例演示 md5(str)函数的使用。

【例 6-63】 使用 md5()函数加密字符串。具体 SQL 语句与执行结果如下。

```
mysql> select md5('123456');
+------------------------------------+
| md5('123456')                      |
```

```
+----------------------------------+
| e10adc3949ba59abbe56e057f20f883e |
+----------------------------------+
1 row in set (0.10 sec)
```

2. sha(str)函数

sha(str)函数采用的是160位的安全散列算法，返回的是40个十六进制数字组成的字符串。下面通过具体案例演示sha(str)函数的使用。

【例6-64】 使用sha()函数加密字符串。具体SQL语句与执行结果如下。

```
mysql> select sha('123456');
+------------------------------------------+
| sha('123456')                            |
+------------------------------------------+
| 7c4a8d09ca3762af61e59520943dc26494f8941b |
+------------------------------------------+
1 row in set (0.08 sec)
```

3. sha2(str,hash_length)函数

sha2(str,hash_length)函数需要通过第2个参数设置采用多少位长度的安全散列算法，它的可选值为224、256、512或0(相当于256)。下面通过具体案例演示sha2(str,hash_length)函数的使用。

【例6-65】 使用sha2()函数加密字符串。具体SQL语句与执行结果如下。

```
mysql> select sha2('123456',256);
+------------------------------------------------------------------+
| sha2('123456',256)                                               |
+------------------------------------------------------------------+
| 8d969eef6ecad3c29a3a629280e686cf0c3f5d5a86aff3ca12020c923adc6c92 |
+------------------------------------------------------------------+
1 row in set (0.04 sec)
```

6.3.5 控制流函数

MySQL有几个函数是用来进行条件操作的。这些函数可以根据不同的条件，执行相应的流程。下面介绍几个常见的控制流函数。

1. ifnull(expr1,expr2)函数

ifnull(expr1,expr2)函数是判断参数expr1是否为null，当参数expr1为null时返回expr2，不为null时则返回expr1。ifnull(expr1,expr2)的返回值是数字或字符串。下面通过具体案例演示ifnull(expr1,expr2)函数的使用。

【例6-66】 使用ifnull(expr1,expr2)函数查看返回的数据。具体SQL语句与执行结果如下。

```
mysql> select ifnull(1,2),ifnull(null,'mysql');
+-------------+----------------------+
| ifnull(1,2)     | ifnull(null,'mysql')      |
+-------------+----------------------+
|           1     | mysql                     |
+-------------+----------------------+
1 row in set (1.86 sec)
```

2. nullif(expr1,expr2)函数

nullif(expr1,expr2)函数是检验提供的两个参数是否相等,如果相等则返回 null,如果不相等就返回第一个参数。下面通过具体案例演示 nullif(expr1,expr2)函数的使用。

【例 6-67】 使用 nullif(expr1,expr2)函数查看返回的数据。具体 SQL 语句与执行结果如下。

```
mysql> select nullif(1,2),nullif(1,1);
+-------------+-------------+
| nullif(1,2)     | nullif(1,1)     |
+-------------+-------------+
|           1     |        null     |
+-------------+-------------+
1 row in set (0.07 sec)
```

3. if(expr1,expr2,expr3)函数

if(expr1,expr2,expr3)函数可以建立一个简单的条件判断。if(expr1,expr2,expr3)函数有 3 个参数,第一个参数 expr1 是要被判断的表达式,如果为真,就会返回第二个参数 expr2;如果为假,返回第三个参数 expr3。下面通过具体案例演示 if(expr1,expr2,expr3)函数的使用。

【例 6-68】 使用 if(expr1,expr2,expr3)函数完成条件的判断。具体 SQL 语句与执行结果如下。

```
mysql> select if(1>2,3,4);
+-------------+
| if(1>2,3,4)     |
+-------------+
|           4     |
+-------------+
1 row in set (0.07 sec)
```

6.3.6 系统信息函数

为了方便查看 MySQL 服务器的系统信息,如 MySQL 版本号、登录服务器的用户名、主机地址等。MySQL 提供了一些函数查看系统本身的信息,如表 6-11 所示。

表 6-11 系统信息函数

函数名称	含 义
version()	用于获取当前 MySQL 服务实例使用的 MySQL 版本号
database()	用于获取当前操作的数据库
user()	用于获取登录服务器的主机地址及用户名
current_user()	用于获取该账户名允许通过哪些登录主机连接 MySQL 服务器
connection_id()	用于获取当前 MySQL 服务器的连接 ID
last_insert_id()	用于获取当前会话中最后一个插入的 auto_increment 列的值

下面举例说明一些常用的系统信息函数的使用。

1. version()函数

version()函数用于返回 MySQL 版本信息。下面通过具体案例演示 version()函数的使用。

【例 6-69】 使用 version()函数获取版本信息。具体 SQL 语句与执行结果如下。

```
mysql> select version();
+-----------+
| version()  |
+-----------+
| 8.0.28     |
+-----------+
1 row in set (0.06 sec)
```

2. user()函数

user()函数用于获取当前用户,下面通过具体案例演示 user()函数的使用。

【例 6-70】 使用 user()函数获取当前用户。具体 SQL 语句与执行结果如下。

```
mysql> select user();
+----------------+
| user()          |
+----------------+
| root@localhost  |
+----------------+
1 row in set (0.07 sec)
```

3. last_insert_id()函数

last_insert_id()函数用于获取最后产生的 auto_increment 列的值,下面通过具体案例演示 last_insert_id()函数的使用。

【例 6-71】 使用 last_insert_id()函数查看最后一个自动生成的列值。具体 SQL 语句与执行结果如下。

```
mysql> select last_insert_id();
```

```
+------------------+
| last_insert_id() |
+------------------+
|                0 |
+------------------+
1 row in set (0.09 sec)
```

6.4 流程控制

在 MySQL 中除了提供一些系统内置函数，还可以根据特定的条件执行指定的 SQL 语句，或根据需要循环执行某些 SQL 语句。为此，MySQL 提供了多种流程控制语句，如 if、case、loop、repeat 和 while 等。下面对其进行详细讲解。

6.4.1 判断语句

判断语句可以根据一些条件进行判断，从而决定执行指定的 SQL 语句。MySQL 常用的判断语句有 if 和 case 两种。

1. if 语句

if 语句的基本语法格式如下。

```
if 条件表达式 1 then 语句列表
[elseif 条件表达式 2 then 语句列表]…[else 语句列表]
end if
```

在上述语句中，当条件表达式 1 为真时，执行对应 then 子句后的语句列表；条件表达式 1 为假时，继续判断条件表达式 2 是否为真，若为真，则执行其对应的 then 子句后的语句列表，以此类推。若所有条件表达式都为假，则执行 else 子句后的语句列表。另外，每个语句列表必须由一个或多个 SQL 语句组成，且不允许为空。下面通过具体案例演示 if 语句的使用。

【例 6-72】 通过在存储过程中使用 if 语句来演示 if 语法的使用。具体 SQL 语句与执行结果如下。

```
mysql> delimiter $$
mysql> create procedure proc1(in val int)
    -> begin
    -> if val is null
    -> then select 'the parameter is null';
    -> else
    -> select 'the parameter is not null';
    -> end if;
    -> end
    -> $$
```

```
Query OK, 0 rows affected (0.35 sec)
mysql> delimiter ;
```

在上述代码中,if 用于判断存储过程 proc1 的参数是否为空,当使用 call 调用存储过程传递的参数为 null 时,输出"the parameter is null",传递非 null 值时,输出"the parameter is not null"。

2. case 语句

MySQL 中提供了两种不同的 case 语法,一种适用于 SQL 语句中的条件判断,另外一种用于函数、存储过程等程序中实现复杂的 SQL 操作。

1) 适用于 SQL 语句的 case 语法

语法 1:

```
case 条件表达式 when 表达式 1 then 结果 1
[when 表达式 2 then 结果 2]…[else 结果] end
```

或

语法 2:

```
case when 条件表达式 1 then 结果 1
[when 条件表达式 2 then 结果 2]…[else 结果] end
```

在上述语法中,语法 1 和语法 2 的区别在于,前者使用 case 的条件表达式与 when 后子句中的表达式进行比较,直到与其中的一个表达式相等时,则输出对应的 then 子句后的结果;而后者是直接判断 when 后的条件表达式,直到其中一个的判断结果为真时,输出对应的 then 子句后的结果;若 when 子句的表达式都不满足,则执行 else 子句后的结果,另外,当 case 语句中不含 else 子句时,判断结果直接返回 null。

下面通过具体案例演示 case 语句的使用。

【例 6-73】 通过在 select 语句中使用 case 语句来演示 case 语法的使用。具体 SQL 语句与执行结果如下。

```
mysql> select id,name,
    -> (case when sex='男' then '男同学'
    -> when sex='女' then '女同学'
    -> else '性别为 null' end) as sex
    -> from student;
+-------------+------+------------+
| id          | name | sex        |
+-------------+------+------------+
| 20224103001 | 张鹏 | 男同学     |
| 20224103002 | 王宇 | 性别为 null |
| 20224103003 | 赵鹏 | 男同学     |
| 20224103004 | 李钰 | 女同学     |
+-------------+------+------------+
```

```
4 rows in set (0.04 sec)
```

2）适用于 SQL 程序的 case 语法

```
case 条件表达式 when 表达式 1 then 语句列表
[when 表达式 2 then 语句列表]…[else 语句列表]
end case
```

或

```
case when 条件表达式 1 then 语句列表
[when 条件表达式 2 then 语句列表]…[else 语句列表]
end case
```

以上的语法与适用于 SQL 语句的 case 语法的不同之处有以下两点。

（1）then 子句后执行的内容不同。“适用于 SQL 程序的 case 语法”必须由一个或多个 SQL 语句组成，不可以为空；而“适用于 SQL 语句的 case 语法”的结果只能是一个表达式，不可以是 SQL 语句。

（2）case 的结束标识不同。“适用于 SQL 程序的 case 语法”使用 end case 结尾，而“适用于 SQL 语句的 case 语法”使用 end 结尾。

下面通过具体案例演示 case 语句的使用。

【例 6-74】 通过在存储过程中使用 case 语句来演示 case 语法的使用。具体 SQL 语句与执行结果如下。

```
mysql> delimiter $$
mysql> create procedure proc2(in score decimal(5,2))
    -> begin
    -> case
    -> when score>=90 then select '优秀';
    -> when score>=80 then select '良好';
    -> when score>=70 then select '中等';
    -> when score>=60 then select '及格';
    -> else select '不及格';
    -> end case;
    -> end
    -> $$
Query OK, 0 rows affected (0.11 sec)
mysql> delimiter ;
```

6.4.2 循环语句

循环语句指的是符合指定条件的情况下，重复执行一段代码。MySQL 提供的循环语句有 loop、repeat 和 while 三种。

1. loop 语句

loop 语句通常用于实现一个简单的循环,基本语法格式如下。

```
[标签:] loop
语句列表
end loop [标签];
```

在上述语法中,loop 用于重复执行语句列表,在语句列表中需要给出结束循环的条件,否则会出现死循环。通常情况下,使用判断语句进行条件判断,使用“leave 标签”语句退出循环。

下面通过具体案例演示 loop 语句的使用。

【例 6-75】 使用 loop 语句计算 1～10 的和。具体 SQL 语句与执行结果如下。

```
mysql> delimiter $$
mysql> create procedure proc3()
    -> begin
    -> declare i,sum int default 0;
    -> sign:loop
    -> if i>10 then
    -> select i,sum;
    -> leave sign;
    -> else
    -> set sum=sum+i;
    -> set i=i+1;
    -> end if;
    -> end loop sign;
    -> end
    -> $$
Query OK, 0 rows affected (0.09 sec)
mysql> delimiter ;
```

在上述程序中,局部变量 i 和 sum 的初始值都是 0,然后在 loop 语句中判断 i 的值是否大于 10,若是则输出当前的 i 和 sum 的值,并退出循环;若不是则将 i 的值累加到 sum 变量中,并对 i 进行加 1,再次执行 loop 中的语句。

测试以上创建的存储过程,查看 i 和 sum 的最终值,具体 SQL 语句与执行结果如下。

```
mysql> call proc3();
+------+------+
| i    | sum  |
+------+------+
|  11  |  55  |
+------+------+
1 row in set (0.04 sec)
Query OK, 0 rows affected (0.05 sec)
```

从上述执行结果中可知，当 i 等于 11 时，不对 sum 进行累加。

2. repeat 语句

MySQL 提供的 repeat 语句用于循环执行符合条件表达式的语句列表，基本语法格式如下。

```
[标签:] repeat
语句列表
until 条件表达式 end repeat [标签]
```

在上述语法中，程序会无条件执行一次 repeat 的语句列表，然后判断 until 后的条件表达式是否为真，若为真，则结束循环；否则继续循环 repeat 的语句列表。

下面通过具体案例演示 repeat 语句的使用。

【例 6-76】 使用 repeat 语句计算 1～10 的和。具体 SQL 语句与执行结果如下。

```
mysql> delimiter $$
mysql> create procedure proc4()
    -> begin
    -> declare i,sum int default 0;
    -> repeat
    -> set sum=sum+i;
    -> set i=i+1;
    -> until i>10 end repeat;
    -> select i,sum;
    -> end
    -> $$
Query OK, 0 rows affected (0.03 sec)
mysql> delimiter ;
```

下面调用存储过程查看 i 和 sum 的值。具体 SQL 语句与执行结果如下。

```
mysql> call proc4();
+------+------+
| i    | sum  |
+------+------+
|  11  |  55  |
+------+------+
1 row in set (0.00 sec)
Query OK, 0 rows affected (0.05 sec)
```

从上述执行结果可知，局部变量 i 在 repeat 循环结束后变为 11。

3. while 语句

while 语句用于创建一个带条件判断的循环过程，与 repeat 不同的是，while 在语句执行时，需要满足条件表达式的要求，才会执行对应的语句列表，基本语法格式如下。

```
[标签:] while 条件表达式 do
```

```
语句列表
end while [标签]
```

在上述语法中，只要 while 的条件表达式为真，就会重复执行 do 后的语句列表。因此，如无特殊需求，一定要在 while 的语句列表中设置循环出口，避免出现死循环。

下面通过具体案例演示 while 语句的使用。

【例 6-77】 使用 while 语句计算 1～10 的偶数和。具体 SQL 语句与执行结果如下。

```
mysql> delimiter $$
mysql> create procedure proc5()
    -> begin
    -> declare i,sum int default 0;
    -> while i<=10 do
    -> if i%2=0
    -> then set sum=sum+i;
    -> end if;
    -> set i=i+1;
    -> end while;
    -> select i,sum;
    -> end
    -> $$
Query OK, 0 rows affected (0.06 sec)
mysql> delimiter ;
```

下面调用存储过程，查看 1～10 的偶数和，具体 SQL 语句与执行结果如下。

```
mysql> call proc5();
+------+------+
| i    | sum  |
+------+------+
|  11  |  30  |
+------+------+
1 row in set (0.00 sec)
Query OK, 0 rows affected (0.01 sec)
```

从上述执行结果可以看出，局部变量 i 在 while 循环结束后变成 11，1～10 的偶数和是 30。

6.4.3 跳转语句

跳转语句用于实现程序执行过程中的流程跳转。MySQL 中常用的跳转语句有 leave 和 iterate。其基本语法格式如下。

```
{iterate|leave} 标签名;
```

在上述语法中，iterate 语句用于结束本次循环的执行，开始下一轮循环的执行操作，重新开始循环；而 leave 语句用于终止当前循环，跳出循环体。

下面通过具体实例来对比 leave 和 iterate 语句的区别。

【例 6-78】 leave 和 iterate 语句的使用。具体 SQL 语句与执行结果如下。

```
mysql> delimiter $$
mysql> create procedure proc6()
    -> begin
    -> declare num int default 0;
    -> my_loop:loop
    -> set num=num+2;
    -> if num<5 then iterate my_loop;
    -> else select num;
    -> leave my_loop;
    -> end if;
    -> end loop my_loop;
    -> end
    -> $$
Query OK, 0 rows affected (0.05 sec)
mysql> delimiter ;
```

在上述程序中，局部变量 num 的初始值为 0，在 loop 循环中，当 num 小于 5 时，利用 iterate 不执行以下操作，重新开始 loop 循环，直到 num 大于 5 时，查看 num 的具体值，并利用 leave 跳出 loop 循环。

下面通过调用存储过程，查看跳出循环时 num 的值，具体 SQL 语句与执行结果如下。

```
mysql> call proc6();
+-------+
| num   |
+-------+
|   6   |
+-------+
1 row in set (0.00 sec)
Query OK, 0 rows affected (0.01 sec)
```

需要注意的是，iterate 只能应用在循环结构的 loop、repeat 和 while 语句中，leave 除可以在循环结构中应用外，还可以在 begin…end 中使用。

习　题

一、选择题

1. 两个浮点类型数据做加法运算，1.1+1.20 的结果是(　　)。

A. 2.30　　B. 2.3　　C. 2.300　　D. 2

2. 两个浮点类型数据做乘法运算,1.1 * 1.20 的结果是(　　)。

A. 1.32　　B. 1.320　　C. 1.3200　　D. 1.3

3. 两个浮点类型数据做除法运算,5/2.0 的结果是(　　)。

A. 2.5　　B. 2.50　　C. 2.500　　D. 2.5000

4. 利用比较运算符对表达式 1＝null 进行运算的结果是(　　)。

A. 1　　B. null　　C. 0　　D. 以上都不是

5. 利用比较运算符对表达式 1＜＝＞null 进行运算的结果是(　　)。

A. 1　　B. null　　C. 0　　D. 以上都不是

二、填空题

1. 在使用 select 语句中对变量赋值时,使用赋值符号(　　)完成赋值。

2. 系统变量包括两种,分别是(　　)和(　　)。

3. 局部变量使用(　　)语句定义。

4. floor(－1.5)的结果为(　　)。

5. MySQL 中(　　)循环语句会无条件执行一次语句列表。

第7章 数据查询

CHAPTER

学习目标：

- 掌握 MySQL 基本查询语句；
- 掌握 MySQL 条件查询；
- 掌握 MySQL 常用聚合函数；
- 掌握 MySQL 分组查询；
- 掌握 MySQL 连接查询；
- 掌握 MySQL 子查询。

数据库管理系统的一个重要功能就是数据查询，数据查询不应只是简单返回数据库中存储的数据，还应该根据需要对数据进行筛选以及确定数据以什么样的格式显示。MySQL 提供了功能强大、灵活的语句来实现这些操作，本章介绍如何使用 select 语句查询数据表中的一列或多列数据、使用集合函数显示查询结果、如何使用连接查询以及子查询等。

7.1 基础查询

MySQL 从数据表中查询数据的基础语句是 select 语句，select 语句返回在一个数据库中查询的结果，该结果被看作记录的集合。在 select 语句中，用户可以根据不同的需求使用不同的查询条件。

7.1.1 select 查询语法

select 语句的基本格式如下。

```
select select_list
from table_name
[where search_condition]
[group by group_by_expression]
[having search_condition]
[order by order_expression[asc|desc]]
[limit [<offset>,]<row count>]
```

其中,各参数说明如下。

select_list:指明要查询的选择列表。列表可以包括若干列名或表达式,列名或表达式之间用逗号隔开,用来指示应该返回哪些数据。表达式可以是列名、函数或常数的列表。

from table_name:指定所查询的表或视图的名称。

where search_condition:指明查询所要满足的条件。

group by group_by_expression:根据指定列中的值对结果集进行分组。

having search_condition:对用 from、where 或 group by 子句创建的中间结果集进行的筛选。它通常与 group by 子句一起使用。

order by order_expression [asc|desc]:对查询结果集中的行重新排序。asc 和 desc 关键字分别用于指定按升序或降序排序。如果省略 asc 或 desc,则系统默认为升序。

limit [<offset>,]<row count>:每次显示查询出来的数据条数。

select 的参数比较多,读者刚开始无法完全理解。但在接下来的学习过程中,读者会对各个参数有比较清楚的认识。

为了本章的学习,创建 3 张包含数据的表用于后面的例题演示。3 张表为学生表(stu)、课程表(courses)和学生选课表(sc),如表 7-1~表 7-3 所示。

表 7-1 学生表(stu)

字 段 名	数据类型	含 义
id	char(11)	学号(主键)
name	varchar(20)	姓名
sex	char(1)	性别
age	tinyint	年龄
birthday	date	出生日期
nation	varchar(20)	民族
specialty	varchar(20)	专业

表 7-2 课程表(courses)

列 名	数据类型	含 义
courseid	char(5)	课程号(主键)
coursename	varchar(20)	课程名称
credit	tinyint	学分

表 7-3 学生选课表(sc)

列 名	数据类型	含 义
id	char(11)	学号(联合主键)
courseid	char(5)	课程号(联合主键)
score	decimal(5,2)	成绩

【例 7-1】 创建表 stu、courses 和 sc。具体 SQL 语句与执行结果如下。

```
mysql> create table stu(
    -> id char(11) primary key,
    -> name varchar(20),
    -> sex char(1),
    -> age tinyint,
    -> birthday date,
    -> nation varchar(20),
    -> specialty varchar(20));
Query OK, 0 rows affected (0.30 sec)
mysql> create table courses(
    -> courseid char(5) primary key,
    -> coursename varchar(20),
    -> credit tinyint);
Query OK, 0 rows affected (0.17 sec)
mysql> create table sc(
    -> id char(11),
    -> courseid char(5),
    -> score decimal(5,2),
    -> primary key(id,courseid));
Query OK, 0 rows affected (0.29 sec)
```

【例 7-2】 分别向表 stu、courses 和 sc 中插入数据。具体 SQL 语句与执行结果如下。

(1) 向表 stu 插入数据。

```
mysql> insert into stu values
    -> ('20154103101','刘聪','男',20,'1996-02-05','汉族','软件工程'),
    -> ('20154103102','王腾飞','男',21,'1995-06-10','汉族','大数据'),
    -> ('20154103103','张童','男',19,'1997-09-18','满族','计算机科学与技术'),
    -> ('20154103104','郭贺','男',20,'1996-09-08','汉族','软件工程'),
    -> ('20154103105','刘浩','男',19,'1997-03-07','汉族','大数据'),
    -> ('20154103106','李玉霞','男',18,'1998-09-03','汉族','计算机科学与技术'),
    -> ('20154103107','马春雨','女',20,'1996-11-12','满族','大数据'),
    -> ('20154103108','张明月','女',19,'1997-10-08','维吾尔族','软件工程');
Query OK, 8 rows affected (0.04 sec)
```

(2) 向表 courses 中插入数据。

```
mysql> insert into courses values
    -> ('20001','C 语言',3),
    -> ('20002','Java 语言',4),
    -> ('20003','HTML',4),
    -> ('20004','数据库',4),
    -> ('20005','操作系统',3);
```

```
Query OK, 5 rows affected (0.07 sec)
```

(3) 向表 sc 中插入数据。

```
mysql> insert into sc values
    -> ('20154103101','20001',84.2),
    -> ('20154103101','20002',93.2),
    -> ('20154103101','20003',67.2),
    -> ('20154103101','20004',76.3),
    -> ('20154103102','20001',75.2),
    -> ('20154103102','20002',89.2),
    -> ('20154103102','20003',98.2),
    -> ('20154103102','20004',68.7),
    -> ('20154103103','20001',56.8),
    -> ('20154103103','20002',87.9),
    -> ('20154103103','20003',78.9),
    -> ('20154103103','20004',72.5);
Query OK, 12 rows affected (0.08 sec)
```

7.1.2 查询所有字段

查询所有字段就是查询数据表中所有数据，在 MySQL 中使用 select 语句查询表中所有字段的语法格式如下。

```
select select_alllist from table_name;
```

在上述语法格式中，select_alllist 表示数据表中的所有字段名称，table_name 表示要查询的数据表名称。

【例 7-3】 查询 stu 表中所有的字段。具体 SQL 语句与执行结果如下。

```
mysql> select id, name, sex, age, birthday, nation, specialty from stu;
+-----------+------+----+----+----------+-------+------------+
| id          | name   | sex | age | birthday   | nation  | specialty
+-----------+------+----+----+----------+-------+------------+
| 20154103101 | 刘聪   | 男  | 20  | 1996-02-05 | 汉族    | 软件工程
| 20154103102 | 王腾飞 | 男  | 21  | 1995-06-10 | 汉族    | 大数据
| 20154103103 | 张童   | 男  | 19  | 1997-09-18 | 满族    | 计算机科学与技术
| 20154103104 | 郭贺   | 男  | 20  | 1996-09-08 | 汉族    | 软件工程
| 20154103105 | 刘浩   | 男  | 19  | 1997-03-07 | 汉族    | 大数据
| 20154103106 | 李玉霞 | 男  | 18  | 1998-09-03 | 汉族    | 计算机科学与技术
| 20154103107 | 马春雨 | 女  | 20  | 1996-11-12 | 满族    | 大数据
| 20154103108 | 张明月 | 女  | 19  | 1997-10-08 | 维吾尔族 | 软件工程
+-----------+------+----+----+----------+-------+------------+
8 rows in set (0.00 sec)
```

从以上执行结果可以看出，stu表中的所有数据都被查询并显示出来。但是表中字段很多，这种查询方式比较烦琐，若要查询表中的所有字段，可以使用通配符“*”，该通配符可以代替所有的字段名，便于书写，具体语法格式如下。

```
select * from table_name;
```

以上语法格式中，通配符“*”代替了所有的字段名。

【例7-4】 使用通配符“*”查询stu表中所有的字段。具体SQL语句与执行结果如下。

```
mysql> select * from stu;
+-----------+------+----+----+----------+-------+------------+
| id          | name   | sex | age | birthday    | nation  | specialty
+-----------+------+----+----+----------+-------+------------+
| 20154103101 | 刘聪   | 男  | 20  | 1996-02-05 | 汉族    | 软件工程
| 20154103102 | 王腾飞 | 男  | 21  | 1995-06-10 | 汉族    | 大数据
| 20154103103 | 张童   | 男  | 19  | 1997-09-18 | 满族    | 计算机科学与技术
| 20154103104 | 郭贺   | 男  | 20  | 1996-09-08 | 汉族    | 软件工程
| 20154103105 | 刘浩   | 男  | 19  | 1997-03-07 | 汉族    | 大数据
| 20154103106 | 李玉霞 | 男  | 18  | 1998-09-03 | 汉族    | 计算机科学与技术
| 20154103107 | 马春雨 | 女  | 20  | 1996-11-12 | 满族    | 大数据
| 20154103108 | 张明月 | 女  | 19  | 1997-10-08 | 维吾尔族 | 软件工程
+-----------+------+----+----+----------+-------+------------+
8 rows in set (0.00 sec)
```

从以上执行结果可以看出，使用通配符“*”同样可以查询出表中的所有数据。这种方式简单很多，不必把所有字段都罗列出来，但是这种方式查询出来的结果集中字段顺序不能改变，和数据表中的顺序是一致的。

7.1.3　查询指定字段

前面讲解了查询数据表中的所有数据，但一般很少这样查询数据，大多数时候是查询表中的部分数据。在使用select语句时还可以指定查询的字段，语法格式如下。

```
select select_list from table_name;
```

在以上语法格式中，select_list表示表中的部分字段。

【例7-5】 查询stu表中学号、姓名、专业字段。具体SQL语句与执行结果如下。

```
mysql> select id,name,specialty from stu;
+-------------+--------+-----------------+
| id          | name   | specialty       |
+-------------+--------+-----------------+
| 20154103101 | 刘聪   | 软件工程        |
| 20154103102 | 王腾飞 | 大数据          |
```

```
| 20154103103       | 张童      | 计算机科学与技术      |
| 20154103104       | 郭贺      | 软件工程              |
| 20154103105       | 刘浩      | 大数据                |
| 20154103106       | 李玉霞    | 计算机科学与技术      |
| 20154103107       | 马春雨    | 大数据                |
| 20154103108       | 张明月    | 软件工程              |
+-------------+--------+------------------+
8 rows in set (0.00 sec)
```

从以上执行结果可以看出，在查询的结果集中只有 id，name，specialty 三个字段，表示查询成功。

7.2 条件查询

数据库中包含大量的数据，根据特殊要求，可能只需要查询表中的指定数据，即对数据进行条件查询。在 select 语句中，通过 where 子句可以对数据进行筛选，下面详细讲解条件查询。

7.2.1 带比较运算符的查询

在 select 语句中可以使用 where 子句指定查询条件，具体语法格式如下。

```
select select_list from table_name where search_condition;
```

在以上语法中，select_list 表示要查询的字段名称，search_condition 表示筛选数据的条件。MySQL 提供了一系列比较运算符，这些比较运算符可以在 search_condition 中使用，常见的比较运算符如表 7-4 所示。

表 7-4 常用比较运算符

运算符	含义
=	等于
<=>	可以进行 null 比较的等于
>	大于
<	小于
>=	大于或等于
<=	小于或等于
<>、!=	不等于

【例 7-6】 在 stu 表中查询软件工程专业学生的学号、姓名和专业。具体 SQL 语句与执行结果如下。

```
mysql> select id,name,specialty from stu where specialty='软件工程';
```

```
+-------------+--------+-----------+
| id          | name   | specialty |
+-------------+--------+-----------+
| 20154103101 | 刘聪   | 软件工程  |
| 20154103104 | 郭贺   | 软件工程  |
| 20154103108 | 张明月 | 软件工程  |
+-------------+--------+-----------+
3 rows in set (0.04 sec)
```

从以上执行结果可以看出,只有软件工程的学生被查询出来,其他数据均不满足查询条件。

【例 7-7】 在 stu 表中查询年龄在 20 岁以上的学生的学号、姓名和年龄。具体 SQL 语句与执行结果如下。

```
mysql> select id,name,age from stu where age>20;
+-------------+--------+------+
| id          | name   | age  |
+-------------+--------+------+
| 20154103102 | 王腾飞 |   21 |
+-------------+--------+------+
1 row in set (0.06 sec)
```

7.2.2 带 and 的多条件查询

使用 select 查询时,可以增加查询的限制条件,这样可以使查询的结果更加准确。MySQL 在 where 子句中使用 and 关键字限定只有满足所有查询条件的记录才会被返回。可以使用 and 连接两个或多个查询条件,多个查询条件表达式之间用 and 分开。具体语法格式如下。

```
select select_list from table_name
where search_condition1 and search_condition2 …
```

在以上语法中,select_list 表示要查询的字段名称,在 where 子句中可以有多个筛选数据的条件,使用 and 关键字连接。

【例 7-8】 在 stu 表中查询软件工程专业性别为女的学生的信息。具体 SQL 语句与执行结果如下。

```
mysql> select * from stu where specialty='软件工程' and sex='女';
+-------------+--------+-----+-----+------------+--------+-----------+
| id          | name   | sex | age | birthday   | nation | specialty |
+-------------+--------+-----+-----+------------+--------+-----------+
| 20154103108 | 张明月 | 女  |  19 | 1997-10-08 | 维吾尔族 | 软件工程 |
+-------------+--------+-----+-----+------------+--------+-----------+
1 row in set (0.16 sec)
```

从以上执行结果可以看出，只有软件工程专业的性别为女的学生被查询出来，其他数据均不满足查询条件。

【例 7-9】 在 stu 表中查询软件工程专业年龄大于 19 岁的学生的信息。具体 SQL 语句与执行结果如下。

```
mysql> select * from stu where specialty='软件工程' and age>19;
+-----------+------+----+----+----------+-------+-----------+
| id        | name | sex| age| birthday | nation| specialty |
+-----------+------+----+----+----------+-------+-----------+
| 20154103101 | 刘聪 | 男 |  20 | 1996-02-05 | 汉族 | 软件工程 |
| 20154103104 | 郭贺 | 男 |  20 | 1996-09-08 | 汉族 | 软件工程 |
+-----------+------+----+----+----------+-------+-----------+
2 rows in set (0.04 sec)
```

从以上执行结果可以看出，只有软件工程专业年龄大于 19 岁的学生的信息被查询出来，其他数据均不满足查询条件。

7.2.3 带 or 的多条件查询

7.2.2 节讲解了使用 and 关键字连接多个查询条件，在查询时要满足所有查询条件。MySQL 还提供了 or 关键字，使用 or 也可以连接多个查询条件，但是在查询时只要满足其中一个条件即可，具体语法格式如下。

```
select select_list from table_name
where search_condition1 or search_condition2 …;
```

在以上语法中，select_list 表示要查询的字段名称，在 where 子句中可以有多个筛选数据的条件，使用 or 关键字连接，表示只要满足其中一个条件即可。

【例 7-10】 在 stu 表中查询年龄是 20 岁或者性别为女的学生的信息。具体 SQL 语句与执行结果如下。

```
mysql> select * from stu where age=20 or sex='女';
+-----------+------+----+----+----------+-------+-----------+
| id        | name | sex| age| birthday | nation| specialty |
+-----------+------+----+----+----------+-------+-----------+
| 20154103101 | 刘聪   | 男 |  20 | 1996-02-05 | 汉族     | 软件工程 |
| 20154103104 | 郭贺   | 男 |  20 | 1996-09-08 | 汉族     | 软件工程 |
| 20154103107 | 马春雨 | 女 |  20 | 1996-11-12 | 满族     | 大数据   |
| 20154103108 | 张明月 | 女 |  19 | 1997-10-08 | 维吾尔族 | 软件工程 |
+-----------+------+----+----+----------+-------+-----------+
4 rows in set (0.00 sec)
```

从以上执行结果可以看出，前 3 条数据是年龄为 20 岁的学生信息，最后一条数据是性别为女的学生信息，其他数据均不满足查询条件。

7.2.4　带 between and 关键字的查询

between and 用来查询某个范围内的值，该关键字需要两个参数，即范围的开始值和结束值，如果字段值满足指定的查询条件，则这些记录被返回。具体语法格式如下。

```
select select_list from table_name
where field_name [not] between value1 and value2;
```

在以上语法中，select_list 表示要查询的字段名称，在 where 子句中的 field_name 表示要进行筛选的字段名称，not 是可选项，使用 not 表示不在指定范围内。value1 和 value2 表示范围，其中 value1 表示范围的起始值，value2 表示范围的结束值。

【例 7-11】 在 stu 表中查询年龄在 18 岁到 20 岁的学生的学号、姓名和年龄。具体 SQL 语句与执行结果如下。

```
mysql> select id,name,age from stu where age between 18 and 20;
+-------------+--------+------+
| id          | name   | age  |
+-------------+--------+------+
| 20154103101 | 刘聪   |  20  |
| 20154103103 | 张童   |  19  |
| 20154103104 | 郭贺   |  20  |
| 20154103105 | 刘浩   |  19  |
| 20154103106 | 李玉霞 |  18  |
| 20154103107 | 马春雨 |  20  |
| 20154103108 | 张明月 |  19  |
+-------------+--------+------+
7 rows in set (0.10 sec)
```

从以上执行结果可以看出，查询出的数据都满足年龄在 18 到 20 岁。

【例 7-12】 在 stu 表中查询年龄不在 18 岁到 20 岁的学生的学号、姓名和年龄。具体 SQL 语句与执行结果如下。

```
mysql> select id,name,age from stu where age not between 18 and 20;
+-------------+--------+------+
| id          | name   | age  |
+-------------+--------+------+
| 20154103102 | 王腾飞 |  21  |
+-------------+--------+------+
1 row in set (0.00 sec)
```

7.2.5　带 in 关键字的查询

in 关键字用来查询满足指定范围内的条件的记录。使用 in 关键字，将所有检索条件用括号括起来，检索条件之间用逗号隔开，只要满足条件范围内的一个值即匹配成功。具体语法格式如下。

```
select select_list from table_name
where field_name [not] in (value1,value2,…,valuen);
```

在以上语法中，select_list 表示要查询的字段名称，在 where 子句中的 field_name 表示要进行筛选的字段名称，not 是可选项，使用 not 表示不在指定范围内。value1、value2 以及 valuen 表示检索条件内的多个值。

【例 7-13】 在 stu 表中查询"民族"是"汉族"或"满族"的学生的学号、姓名和民族。具体 SQL 语句与执行结果如下。

```
mysql> select id,name,nation from stu where nation in('汉族','满族');
+-------------+--------+--------+
| id          | name   | nation |
+-------------+--------+--------+
| 20154103101 | 刘聪   | 汉族   |
| 20154103102 | 王腾飞 | 汉族   |
| 20154103103 | 张童   | 满族   |
| 20154103104 | 郭贺   | 汉族   |
| 20154103105 | 刘浩   | 汉族   |
| 20154103106 | 李玉霞 | 汉族   |
| 20154103107 | 马春雨 | 满族   |
+-------------+--------+--------+
7 rows in set (0.08 sec)
```

从以上执行结果可以看出，查询出的数据的民族都是"汉族"或"满族"。

【例 7-14】 在 stu 表中查询"民族"不是"汉族"也不是"满族"的学生的学号、姓名和民族。具体 SQL 语句与执行结果如下。

```
mysql> select id,name,nation from stu where nation not in('汉族','满族');
+-------------+--------+----------+
| id          | name   | nation   |
+-------------+--------+----------+
| 20154103108 | 张明月 | 维吾尔族 |
+-------------+--------+----------+
1 row in set (0.00 sec)
```

7.2.6 查询空值

在数据表中可能存在空值，空值与 0 不同，也不同于空字符串。在 MySQL 中使用 is null 或 is not null 关键字判断是否为空值，具体语法格式如下。

```
select select_list from table_name
where field_name is [not] null;
```

在以上语法中,select_list 表示要查询的字段名称,在 where 子句中的 field_name 表示要进行筛选的字段名称,not 是可选项,使用 not 关键字可以判断不为 null。

为了查询"民族"为 null 的数据,需要向 stu 表中插入一条记录,具体代码如下。

```
mysql> insert into stu(id,name,sex,age,specialty)
    -> values('20154103109','王雪','女',20,'软件工程');
Query OK, 1 row affected (0.65 sec)
```

【例 7-15】 在 stu 表中查询"民族"为 null 的学生的学号、姓名和民族。具体 SQL 语句与执行结果如下。

```
mysql> select id,name,nation from stu where nation is null;
+-------------+------+--------+
| id          | name | nation |
+-------------+------+--------+
| 20154103109 | 王雪 | null   |
+-------------+------+--------+
1 row in set (0.04 sec)
```

从以上执行结果可以看出,查询出的数据中的"民族"为 null。

【例 7-16】 在 stu 表中查询"民族"不为 null 的学生的学号、姓名和民族。具体 SQL 语句与执行结果如下。

```
mysql> select id,name,nation from stu where nation is not null;
+-------------+--------+----------+
| id          | name   | nation   |
+-------------+--------+----------+
| 20154103101 | 刘聪   | 汉族     |
| 20154103102 | 王腾飞 | 汉族     |
| 20154103103 | 张童   | 满族     |
| 20154103104 | 郭贺   | 汉族     |
| 20154103105 | 刘浩   | 汉族     |
| 20154103106 | 李玉霞 | 汉族     |
| 20154103107 | 马春雨 | 满族     |
| 20154103108 | 张明月 | 维吾尔族 |
+-------------+--------+----------+
8 rows in set (0.00 sec)
```

7.2.7 去掉重复值查询

MySQL 提供 distinct 关键字用于去掉重复的数据,具体语法格式如下。

```
select distinct field_name from table_name;
```

在以上语法中,field_name 表示要去掉重复数据的字段名。

【例 7-17】 在 stu 表中查询所有学生的专业，并去掉重复值。具体 SQL 语句与执行结果如下。

```
mysql> select distinct specialty from stu;
+------------------+
| specialty        |
+------------------+
| 软件工程          |
| 大数据            |
| 计算机科学与技术   |
+------------------+
3 rows in set (0.21 sec)
```

从以上执行结果可以看出，查询出 3 条数据，表示所有学生的专业，且没有重复值。

7.2.8 带 like 关键字的模糊查询

前面讲解了对某一字段进行精确的查询，但在某些情况下可能需要进行模糊查询，如查询名字中带有某个汉字的学生，这就需要使用 like 关键字来完成，具体语法格式如下。

```
select select_list from table_name
where field_name [not] like '匹配字符串';
```

在以上语法中，select_list 表示要查询的字段名称，在 where 子句中的 field_name 表示要进行筛选的字段名称，not 是可选项，使用 not 关键字表示查询与字符串不匹配的数据。“匹配字符串”通常使用通配符，通配符是一种在 SQL 的 where 条件子句中有特殊意思的字符，MySQL 中可以和 like 一起使用的通配符有%和_。

(1) 通配符%，表示 0 个或任意多个字符。

【例 7-18】 在 stu 表中查询姓“王”的学生的学号、姓名和性别。具体 SQL 语句与执行结果如下。

```
mysql> select id,name,sex from stu where name like '王%';
+-------------+-------+------+
| id          | name  | sex  |
+-------------+-------+------+
| 20154103102 | 王腾飞 | 男   |
| 20154103109 | 王雪   | 女   |
+-------------+-------+------+
2 rows in set (0.04 sec)
```

从以上执行结果可以看出，查询出的数据都是姓“王”的学生数据，这里使用通配符%，因为名字可能由多个字组成。

(2) 通配符_，表示任意一个字符。

【例 7-19】 在 stu 表中查询姓“王”且名字只有两个字的学生的学号、姓名和性别。具体 SQL 语句与执行结果如下。

```
mysql> select id,name,sex from stu where name like '王_';
+-------------+------+------+
| id          | name | sex  |
+-------------+------+------+
| 20154103109 | 王雪 | 女   |
+-------------+------+------+
1 row in set (0.00 sec)
```

从以上执行结果可以看出,查询出的数据是姓“王”且名字只有两个字的学生数据,这里使用通配符_,因为_表示任意一个字符。

【例 7-20】 在 stu 表中查询名字的第 2 个字是“玉”的学生的学号、姓名和性别。具体 SQL 语句与执行结果如下。

```
mysql> select id,name,sex from stu where name like '_玉%';
+-------------+--------+------+
| id          | name   | sex  |
+-------------+--------+------+
| 20154103106 | 李玉霞 | 男   |
+-------------+--------+------+
1 row in set (0.00 sec)
```

从以上执行结果可以看出,查询出的数据是名字的第 2 个字是“玉”的学生数据,这里使用两个通配符,第一个通配符_表示名字的第 1 个字,第二个通配符%表示“玉”后面可能有 0 或多个字符。

7.2.9 对查询结果排序

对于前面的数据查询,在查询完成后,结果集中的数据是按默认顺序排序的。为了方便用户自定义结果集中数据的顺序,MySQL 提供了 order by 用于对查询结果进行排序,具体语法格式如下。

```
select select_list from table_name
order by field_name1 [asc|desc], field_name2 [asc|desc]…;
```

在以上语法中, select_list 表示需要查询的字段名称,order by 关键字后的字段名表示指定排序的字段,asc 和 desc 参数是可选的,其中 asc 表示升序排序,desc 表示降序排序,如果不写该参数,则默认按升序排序。

【例 7-21】 在 stu 表中查询学生的学号、姓名、性别和年龄,并按照年龄的升序进行排序。具体 SQL 语句与执行结果如下。

```
mysql> select id,name,sex,age from stu order by age asc;
+-------------+--------+------+------+
| id          | name   | sex  | age  |
```

```
+-------------+--------+------+------+
| 20154103106   | 李玉霞   | 男    |  18  |
| 20154103103   | 张童    | 男    |  19  |
| 20154103105   | 刘浩    | 男    |  19  |
| 20154103108   | 张明月   | 女    |  19  |
| 20154103101   | 刘聪    | 男    |  20  |
| 20154103104   | 郭贺    | 男    |  20  |
| 20154103107   | 马春雨   | 女    |  20  |
| 20154103109   | 王雪    | 女    |  20  |
| 20154103102   | 王腾飞   | 男    |  21  |
+-------------+--------+------+------+
9 rows in set (0.53 sec)
```

从以上执行结果可以看出，查询结果中的学生信息按 age 字段升序排序。如果省略 asc，则使用默认排序方式。

按照某一个字段排序是最简单的排序，有时候需要按多个字段进行排序，例如按照某个字段排序时，该字段的值可能出现相同的情况，此时按照另一个字段排序。

【例 7-22】 在 stu 表中查询学生的学号、姓名、性别和年龄，并按照年龄的升序进行排序，当年龄相同时，按照学号的降序进行排序。具体 SQL 语句与执行结果如下。

```
mysql> select id,name,sex,age from stu order by age asc,id desc;
+-------------+--------+------+------+
| id            | name   | sex  | age  |
+-------------+--------+------+------+
| 20154103106   | 李玉霞   | 男    |  18  |
| 20154103108   | 张明月   | 女    |  19  |
| 20154103105   | 刘浩    | 男    |  19  |
| 20154103103   | 张童    | 男    |  19  |
| 20154103109   | 王雪    | 女    |  20  |
| 20154103107   | 马春雨   | 女    |  20  |
| 20154103104   | 郭贺    | 男    |  20  |
| 20154103101   | 刘聪    | 男    |  20  |
| 20154103102   | 王腾飞   | 男    |  21  |
+-------------+--------+------+------+
9 rows in set (0.04 sec)
```

从以上执行结果可以看出，查询结果中的学生信息按 age 字段升序排序，当 age 出现相同值时，按照 id 字段的降序进行排序，这就是多字段排序的情况。

7.2.10 使用 limit 限制查询结果的数量

若查询结果仅仅需要返回第一行或者前几行，可以使用 limit 关键字，基本语法格式如下。

```
limit [位置偏移量,] 行数
```

在以上语法中，第一个“位置偏移量”参数指示 MySQL 从哪一行开始显示，是一个可选参数，如果不指定“位置偏移量”，将会从表中的第一条记录开始(第一条记录的位置偏移量是 0，第二条记录的位置偏移量是 1，以此类推)；第二个参数“行数”指示返回的记录条数。

【例 7-23】 在 stu 表中查询前 5 条数据的学号、姓名、性别和年龄。具体 SQL 语句与执行结果如下。

```
mysql> select id,name,sex,age from stu limit 5;
+-------------+--------+------+------+
| id          | name   | sex  | age  |
+-------------+--------+------+------+
| 20154103101 | 刘聪   | 男   |   20 |
| 20154103102 | 王腾飞 | 男   |   21 |
| 20154103103 | 张童   | 男   |   19 |
| 20154103104 | 郭贺   | 男   |   20 |
| 20154103105 | 刘浩   | 男   |   19 |
+-------------+--------+------+------+
5 rows in set (0.00 sec)
```

从以上执行结果可以看出，该语句没有指定返回记录的“位置偏移量”参数，显示结果从第一行开始，“行数”参数为 5，因此返回的结果为表中的前 5 行记录。

如果指定返回记录的开始位置，那么返回结果为从“位置偏移量”参数开始的指定行数，“行数”参数指定返回的记录条数。

【例 7-24】 在 stu 表中查询从第 4 条数据开始之后的 3 条数据的学生的学号、姓名、性别和年龄。具体 SQL 语句与执行结果如下。

```
mysql> select id,name,sex,age from stu limit 3,3;
+-------------+--------+------+------+
| id          | name   | sex  | age  |
+-------------+--------+------+------+
| 20154103104 | 郭贺   | 男   |   20 |
| 20154103105 | 刘浩   | 男   |   19 |
| 20154103106 | 李玉霞 | 男   |   18 |
+-------------+--------+------+------+
3 rows in set (0.00 sec)
```

从以上执行结果可以看出，该语句返回从第 4 条记录开始之后的 3 条记录。第一个数字 3 表示从第 4 行开始，第二个数字 3 表示返回的行数。

7.3　常用聚合函数查询

有时并不需要返回实际表中的数据，而只是对数据进行汇总。MySQL 提供了一些函数，可以对数据进行分析和统计，例如获得年龄的最大值，统计每名学生的平均分，这些函数称为聚合函数，具体如表 7-5 所示。

表 7-5 常用聚合函数

函 数 名	含 义
sum()	返回参数字段的和
avg()	返回参数字段的平均值
max()	返回参数字段的最大值
min()	返回参数字段的最小值
count()	返回参数字段的行数

表 7-5 列出了常用聚合函数的名称和作用，下面详细讲解这些函数的使用。

7.3.1 sum()函数

sum()函数用于计算指定字段的数值和，如果指定字段的类型不是数值类型，那么计算结果为 0，具体语法格式如下。

```
select sum(field_name) from table_name;
```

在以上语法中，field_name 表示字段名。

【例 7-25】 在 sc 表中查询学号是 20154103101 的学生的总成绩。具体 SQL 语句与执行结果如下。

```
mysql> select sum(score) from sc where id='20154103101';
+------------+
| sum(score)     |
+------------+
|     320.90     |
+------------+
1 row in set (0.19 sec)
```

从以上执行结果可以看出，where 子句指定了查询的条件，sum()函数根据条件计算了学号为 20154103101 的学生的总成绩。

7.3.2 avg()函数

avg()函数用于计算指定字段的平均值，如果指定字段的类型不是数值类型，那么计算结果为 0，具体语法格式如下。

```
select avg(field_name) from table_name;
```

在以上语法中，field_name 表示字段名。

【例 7-26】 在 sc 表中查询学号是 20154103101 的学生成绩的平均分。具体 SQL 语句与执行结果如下。

```
mysql> select avg(score) from sc where id='20154103101';
+------------+
| avg(score)    |
+------------+
|  80.225000    |
+------------+
1 row in set (0.26 sec)
```

从以上执行结果可以看出,where 子句指定了查询的条件,avg()函数根据条件计算了学号为 20154103101 的学生成绩的平均分。

7.3.3　max()函数

max()函数用于计算指定字段的最大值,如果指定字段是字符串类型,那么根据字符串排序的结果获得最大值,具体语法格式如下。

```
select max(field_name) from table_name;
```

在以上语法中, field_name 表示字段名。

【例 7-27】　在 sc 表中查询所有学生成绩的最大值。具体 SQL 语句与执行结果如下。

```
mysql> select max(score) from sc;
+------------+
| max(score)    |
+------------+
|      98.20    |
+------------+
1 row in set (0.00 sec)
```

从以上执行结果可以看出,使用 max()函数计算出所有成绩的最大值。

7.3.4　min()函数

min()函数用于计算指定字段的最小值,如果指定字段是字符串类型,那么根据字符串排序的结果获得最小值,具体语法格式如下。

```
select min(field_name) from table_name;
```

在以上语法中, field_name 表示字段名。

【例 7-28】　在 sc 表中查询所有学生成绩的最小值。具体 SQL 语句与执行结果如下。

```
mysql> select min(score) from sc;
+------------+
| min(score)    |
+------------+
|      56.80    |
```

```
+------------+
1 row in set (0.00 sec)
```

从以上执行结果可以看出，使用min()函数计算出所有成绩的最小值。

7.3.5 count()函数

count()函数用于返回指定字段的行数，具体语法格式如下。

```
select count(* |1|field_name) from table_name;
```

在以上语法中，count()函数有3个可选参数，其中count(*)返回行数，包含null；count(field_name)返回指定字段的值具有的行数，不包含null；还有一种是count(1)，它与count(*)返回的结果是一样的，如果数据表没有主键，则count(1)的执行效率会高一些。

【例7-29】 查询stu表中的所有记录数。具体SQL语句与执行结果如下。

```
mysql> select count(*) from stu;
+----------+
| count(*) |
+----------+
|        9 |
+----------+
1 row in set (0.00 sec)
```

从以上执行结果可以看出，stu表中共有9条数据。下面使用count(1)做同样的操作。

```
mysql> select count(1) from stu;
+----------+
| count(1) |
+----------+
|        9 |
+----------+
1 row in set (0.00 sec)
```

从以上执行结果可以看出，count(*)和count(1)的查询结果一致，它们只是在某些情况下执行效率不同。

【例7-30】 在stu表中查询字段nation的值的数量。具体SQL语句与执行结果如下。

```
mysql> select count(nation) from stu;
+---------------+
| count(nation) |
+---------------+
|             8 |
+---------------+
1 row in set (0.00 sec)
```

从以上执行结果可以看出，虽然 stu 表中共有 9 条数据，但使用 count(*)函数根据 nation 字段进行统计时，并不包括 null 值，因此查询的结果为 8。

7.4 分组查询

在查询数据时，如果需要按某一列数据的值进行分类，在分类的基础上再进行查询。在 MySQL 中可以使用 group by 关键字进行分组查询，基本语法格式如下。

```
group by field_name[having <expression>]
```

field_name 为进行分组时所依据的字段名称；having <expression>指定满足表达式限定条件的结果才能被显示。

7.4.1 普通分组

group by 关键字通常和聚合函数一起使用，如 sum()、avg()、max()、min()和 count()。

【例 7-31】 在 stu 表中查询不同专业学生的人数。具体 SQL 语句与执行结果如下。

```
mysql> select specialty,count(*) as '人数' from stu group by specialty;
+------------------+------+
| specialty        | 人数 |
+------------------+------+
| 软件工程         |    4 |
| 大数据           |    3 |
| 计算机科学与技术 |    2 |
+------------------+------+
3 rows in set (0.03 sec)
```

从以上执行结果可以看出，按照专业对数据进行分组，分别统计不同专业的学生的人数，这里对 count(*)函数在结果中进行了重命名，命名为"人数"。

【例 7-32】 在 sc 表中查询每名学生的平均分。具体 SQL 语句与执行结果如下。

```
mysql> select id,avg(score) as '平均分' from sc group by id;
+-------------+-----------+
| id          | 平均分    |
+-------------+-----------+
| 20154103101 | 80.225000 |
| 20154103102 | 82.825000 |
| 20154103103 | 74.025000 |
+-------------+-----------+
3 rows in set (0.33 sec)
```

从以上执行结果可以看出，按照学号对数据进行分组，分别统计每名学生的成绩的平均分，这里对 avg(score)函数在结果中进行了重命名，命名为"平均分"。

注意：通常会把 group by 后面分组字段在 select 中显示出来，这样可以在结果中显示分组的依据。

【例 7-33】 在 stu 表中查询不同专业不同性别的学生人数。具体 SQL 语句与执行结果如下。

```
mysql> select specialty,sex,count(*) from stu group by specialty,sex;
+------------------+------+----------+
| specialty        | sex  | count(*) |
+------------------+------+----------+
| 软件工程         | 男   |        2 |
| 大数据           | 男   |        2 |
| 计算机科学与技术 | 男   |        2 |
| 大数据           | 女   |        1 |
| 软件工程         | 女   |        2 |
+------------------+------+----------+
5 rows in set (0.00 sec)
```

从以上执行结果可以看出，统计不同专业、不同性别的学生人数是对两个字段进行分组，因此 group by 后面是两个分组的字段 specialty 和 sex，此例题是在专业分组的基础上按照性别再分组进行人数的统计。

7.4.2　带 having 子句的分组查询

当完成数据结果的查询和统计后，可以使用 having 关键字来对查询和统计的结果进行进一步筛选。

【例 7-34】 在 sc 表中查询平均成绩大于 80 分的学生的学号和平均成绩。具体 SQL 语句与执行结果如下。

```
mysql> select id,avg(score) from sc group by id having avg(score)>80;
+-------------+------------+
| id          | avg(score) |
+-------------+------------+
| 20154103101 |  80.225000 |
| 20154103102 |  82.825000 |
+-------------+------------+
2 rows in set (0.17 sec)
```

从以上执行结果可以看出，分组的字段是 id，对每名学生求平均成绩，但结果集中并不是显示所有学生的平均成绩，而是按要求显示平均成绩大于 80 分的学生的学号和平均成绩，这里使用 having 关键字对统计的结果进行进一步筛选。

having 与 where 子句的区别是，where 子句是对整张表中满足条件的记录进行筛选；而 having 子句是对 group by 分组查询后产生的记录增加条件，筛选出满足条件的记录。having 子句中的条件一般都直接使用聚合函数，where 子句中的条件不能直接使用聚合函数。

7.4.3　带有 with rollup 的分组查询

with rollup 指定在结果集内不仅包含由 group by 提供的行，还包含汇总行。在所有查询出的分组记录之后增加一条记录，该记录计算查询出的所有记录的总和，即统计记录数量。

【例 7-35】　在 stu 表中查询不同专业学生的人数，并统计总人数。具体 SQL 语句与执行结果如下。

```
mysql> select specialty,count(*) from stu group by specialty with rollup;
+------------------+----------+
| specialty        | count(*) |
+------------------+----------+
| 大数据           |        3 |
| 计算机科学与技术 |        2 |
| 软件工程         |        4 |
| null             |        9 |
+------------------+----------+
4 rows in set (0.25 sec)
```

从以上执行结果可以看出，按照专业对数据进行分组，分别统计不同专业的学生的人数，并在最后统计了所有专业的学生人数。

【例 7-36】　在 stu 表中查询不同专业不同性别的学生人数，并按照第一个分组的字段进行汇总统计。具体 SQL 语句与执行结果如下。

```
mysql> select specialty, sex,count(*) from stu group by specialty,sex
    -> with rollup;
+------------------+------+----------+
| specialty        | sex  | count(*) |
+------------------+------+----------+
| 大数据           | 女   |        1 |
| 大数据           | 男   |        2 |
| 大数据           | null |        3 |
| 计算机科学与技术 | 男   |        2 |
| 计算机科学与技术 | null |        2 |
| 软件工程         | 女   |        2 |
| 软件工程         | 男   |        2 |
| 软件工程         | null |        4 |
| null             | null |        9 |
+------------------+------+----------+
9 rows in set (0.00 sec)
```

从以上执行结果可以看出，该结果集不但统计了不同专业、不同性别的学生人数，还根据分组的第一个字段（专业）进行了数据汇总。

7.5 连接查询

前面所做的查询大多是对单个表进行的查询，而在数据库的应用中，经常需要从多个相关的表中查询数据，这就需要使用连接查询。实现从两个或两个以上表中检索数据且结果集中出现的列来自两个或两个以上表中的检索操作被称为连接技术。本节介绍多表之间的内连接、外连接、自然连接和自连接。

7.5.1 内连接

内连接(inner join)使用比较运算符进行表间某些列数据的比较操作，并列出这些表中与连接条件相匹配的数据行，组合成新的记录，也就是说，在内连接查询中，只有满足条件的记录才能出现在结果关系中。MySQL 中默认的连接方式就是内连接。

内连接的语法格式如下：

```
select select_list from table_name1 [inner] join table_name2
on join_condition;
```

或

```
select select_list from table_name1,table_name2
where search_condition;
```

在以上语法中，inner join 用于连接两个表，其中的 inner 可以省略，因为 MySQL 默认的连接方式就是内连接，on 用于指定连接条件，类似于 where 关键字。也可以采用第二种连接语法，这种语法采用 where 指定连接的条件。

【例 7-37】 查询学生的学号、姓名以及所选课程的课程号和成绩。具体 SQL 语句与执行结果如下。

(1) 本例可以使用的一种语法格式如下。

```
mysql> select stu.id,name,courseid,score from stu inner join sc
    -> on stu.id=sc.id;
+------------+--------+----------+-------+
| id         | name   | courseid | score |
+------------+--------+----------+-------+
| 20154103101 | 刘聪   | 20001    | 84.20 |
| 20154103101 | 刘聪   | 20002    | 93.20 |
| 20154103101 | 刘聪   | 20003    | 67.20 |
| 20154103101 | 刘聪   | 20004    | 76.30 |
| 20154103102 | 王腾飞 | 20001    | 75.20 |
| 20154103102 | 王腾飞 | 20002    | 89.20 |
| 20154103102 | 王腾飞 | 20003    | 98.20 |
| 20154103102 | 王腾飞 | 20004    | 68.70 |
```

```
| 20154103103      | 张童   | 20001      | 56.80   |
| 20154103103      | 张童   | 20002      | 87.90   |
| 20154103103      | 张童   | 20003      | 78.90   |
| 20154103103      | 张童   | 20004      | 72.50   |
+-------------+--------+----------+-------+
12 rows in set (0.23 sec)
```

从以上执行结果可以看出，学号和姓名来自 stu 表、课程号和成绩来自 sc 表，所以本查询要同时用到 stu 表和 sc 表，这两个表通过相同的属性“学号”进行连接，即通过“学号”的相等进行等值连接。

（2）本例可以使用的另一种语法格式如下。

```
mysql> select stu.id,name,courseid,score from stu,sc where stu.id=sc.id;
+-------------+--------+----------+-------+
| id          | name   | courseid | score |
+-------------+--------+----------+-------+
| 20154103101 | 刘聪   | 20001    | 84.20 |
| 20154103101 | 刘聪   | 20002    | 93.20 |
| 20154103101 | 刘聪   | 20003    | 67.20 |
| 20154103101 | 刘聪   | 20004    | 76.30 |
| 20154103102 | 王腾飞 | 20001    | 75.20 |
| 20154103102 | 王腾飞 | 20002    | 89.20 |
| 20154103102 | 王腾飞 | 20003    | 98.20 |
| 20154103102 | 王腾飞 | 20004    | 68.70 |
| 20154103103 | 张童   | 20001    | 56.80 |
| 20154103103 | 张童   | 20002    | 87.90 |
| 20154103103 | 张童   | 20003    | 78.90 |
| 20154103103 | 张童   | 20004    | 72.50 |
+-------------+--------+----------+-------+
12 rows in set (0.21 sec)
```

从以上执行结果可以看出，结果和第一种语法查询的结果完全一致。

【例 7-38】 查询选修了 20001 课程且成绩在 75 分以上的学生的学号、姓名、课程号和成绩。用两种语法实现的具体 SQL 语句与执行结果如下。

```
mysql> select stu.id,name,courseid,score from stu inner join sc
    -> on stu.id=sc.id where courseid='20001' and score>75;
+-------------+--------+----------+-------+
| id          | name   | courseid | score |
+-------------+--------+----------+-------+
| 20154103101 | 刘聪   | 20001    | 84.20 |
| 20154103102 | 王腾飞 | 20001    | 75.20 |
+-------------+--------+----------+-------+
2 rows in set (0.13 sec)
```

```
mysql> select stu.id,name,courseid,score from stu, sc
    -> where stu.id=sc.id and courseid='20001' and score>75;
+-------------+--------+----------+-------+
| id          | name   | courseid | score |
+-------------+--------+----------+-------+
| 20154103101 | 刘聪   | 20001    | 84.20 |
| 20154103102 | 王腾飞 | 20001    | 75.20 |
+-------------+--------+----------+-------+
2 rows in set (0.00 sec)
```

从以上执行结果可以看出,两种查询结果完全一致。

7.5.2 外连接

7.5.1 节讲解了内连接的查询,返回的结果只包含符合查询条件和连接条件的数据,有时还需要包含没有关联的数据,返回的查询结果中不仅包含符合条件的数据,还包含左表或右表中的所有数据,此时就需要使用外连接。外连接查询包括左外连接和右外连接两种查询类型,下面分别进行详细讲解。

1. 左外连接

左外连接返回包括左表中的所有数据和右表中连接字段相等的数据。如果左表的某行数据在右表中没有匹配行,则在相关联的结果行中,右表的所有选择列表均为空值。

左外连接的基本语法格式如下。

```
select select_list from table_name1 left [outer] join table_name2
on join_condition;
```

在以上语法中,left [outer] join 用于返回包括左表中的所有数据和右表中连接字段相等的数据,其中的 outer 可以省略。

【例 7-39】 查询每名学生的学号、姓名及其选修课程的课程号和成绩(含未选课的学生的学号和姓名)。具体 SQL 语句与执行结果如下。

```
mysql> select stu.id,name,courseid,score from stu left join sc on stu.id=sc.id;
+-------------+--------+----------+-------+
| id          | name   | courseid | score |
+-------------+--------+----------+-------+
| 20154103101 | 刘聪   | 20001    | 84.20 |
| 20154103101 | 刘聪   | 20002    | 93.20 |
| 20154103101 | 刘聪   | 20003    | 67.20 |
| 20154103101 | 刘聪   | 20004    | 76.30 |
| 20154103102 | 王腾飞 | 20001    | 75.20 |
| 20154103102 | 王腾飞 | 20002    | 89.20 |
| 20154103102 | 王腾飞 | 20003    | 98.20 |
| 20154103102 | 王腾飞 | 20004    | 68.70 |
| 20154103103 | 张童   | 20001    | 56.80 |
```

```
| 20154103103      | 张童      | 20002        | 87.90    |
| 20154103103      | 张童      | 20003        | 78.90    |
| 20154103103      | 张童      | 20004        | 72.50    |
| 20154103104      | 郭贺      | null         |  null    |
| 20154103105      | 刘浩      | null         |  null    |
| 20154103106      | 李玉霞    | null         |  null    |
| 20154103107      | 马春雨    | null         |  null    |
| 20154103108      | 张明月    | null         |  null    |
| 20154103109      | 王雪      | null         |  null    |
+-------------+--------+----------+-------+
18 rows in set (0.00 sec)
```

从以上执行结果可以看出,结果集中包含左表 stu 中的所有数据和右表 sc 中满足连接条件的数据。

2. 右外连接

右外连接返回包括右表中的所有数据和左表中连接字段相等的数据。如果右表的某行数据在左表中没有匹配行,则在相关联的结果行中,左表的所有选择列表均为空值。

右外连接的基本语法格式如下。

```
select select_list from table_name1 right [outer] join table_name2
on join_condition
```

在以上语法中,right [outer] join 用于返回包括右表中的所有数据和左表中连接字段相等的数据,其中的 outer 可以省略。

【例 7-40】 查询每门课的课程号、课程名以及选修这门课的学生的学号(包括未被选修的课程信息)。具体 SQL 语句与执行结果如下。

```
mysql> select id,courses.courseid,coursename from sc right outer join courses
    -> on sc.courseid=courses.courseid;
+-------------+----------+------------+
| id          | courseid | coursename |
+-------------+----------+------------+
| 20154103103 | 20001    | C语言      |
| 20154103102 | 20001    | C语言      |
| 20154103101 | 20001    | C语言      |
| 20154103103 | 20002    | Java语言   |
| 20154103102 | 20002    | Java语言   |
| 20154103101 | 20002    | Java语言   |
| 20154103103 | 20003    | HTML       |
| 20154103102 | 20003    | HTML       |
| 20154103101 | 20003    | HTML       |
| 20154103103 | 20004    | 数据库     |
| 20154103102 | 20004    | 数据库     |
| 20154103101 | 20004    | 数据库     |
```

```
| null             | 20005      | 操作系统     |
+------------+----------+------------+
13 rows in set (0.00 sec)
```

从以上执行结果可以看出，结果集中包含右表 courses 中的所有数据和左表 sc 中满足连接条件的数据。

7.5.3 自然连接

前两节学习的表的连接查询需要指定表与表之间的连接字段，MySQL 还有一种自然连接，不需要指定连接字段，表与表之间字段名和数据类型相同的字段会自动匹配。自然连接默认按内连接的方式进行查询，基本语法格式如下。

```
select select_list from table_name1 natural join table_name2;
```

在以上语法中，通过 natural 关键字使两个表进行自然连接，默认按内连接的方式进行查询。

【例 7-41】 使用自然连接查询学生的学号、姓名以及所选课程的课程号和成绩。具体 SQL 语句与执行结果如下。

```
mysql> select stu.id,name,courseid,score from stu natural join sc;
+------------+--------+----------+-------+
| id         | name   | courseid | score |
+------------+--------+----------+-------+
| 20154103101 | 刘聪   | 20001    | 84.20 |
| 20154103101 | 刘聪   | 20002    | 93.20 |
| 20154103101 | 刘聪   | 20003    | 67.20 |
| 20154103101 | 刘聪   | 20004    | 76.30 |
| 20154103102 | 王腾飞 | 20001    | 75.20 |
| 20154103102 | 王腾飞 | 20002    | 89.20 |
| 20154103102 | 王腾飞 | 20003    | 98.20 |
| 20154103102 | 王腾飞 | 20004    | 68.70 |
| 20154103103 | 张童   | 20001    | 56.80 |
| 20154103103 | 张童   | 20002    | 87.90 |
| 20154103103 | 张童   | 20003    | 78.90 |
| 20154103103 | 张童   | 20004    | 72.50 |
+------------+--------+----------+-------+
12 rows in set (0.03 sec)
```

从以上执行结果可以看出，通过自然连接不需要指定连接字段就可以查询出结果，这是自然连接默认的连接查询方式。

自然连接也可以指定使用左外连接或右外连接的方式进行查询。基本语法格式如下。

```
select select_list from table_name1 natural [left|right] join table_name2;
```

在以上语法中，如需要指定左外连接或右外连接，只需要添加 left 或 right 关键字即可。

【例 7-42】 使用自然连接完成例 7-39 的要求。具体 SQL 语句与执行结果如下。

```
mysql> select stu.id,name,courseid,score from stu natural left join sc;
+-------------+--------+----------+-------+
| id          | name   | courseid | score |
+-------------+--------+----------+-------+
| 20154103101 | 刘聪   | 20001    | 84.20 |
| 20154103101 | 刘聪   | 20002    | 93.20 |
| 20154103101 | 刘聪   | 20003    | 67.20 |
| 20154103101 | 刘聪   | 20004    | 76.30 |
| 20154103102 | 王腾飞 | 20001    | 75.20 |
| 20154103102 | 王腾飞 | 20002    | 89.20 |
| 20154103102 | 王腾飞 | 20003    | 98.20 |
| 20154103102 | 王腾飞 | 20004    | 68.70 |
| 20154103103 | 张童   | 20001    | 56.80 |
| 20154103103 | 张童   | 20002    | 87.90 |
| 20154103103 | 张童   | 20003    | 78.90 |
| 20154103103 | 张童   | 20004    | 72.50 |
| 20154103104 | 郭贺   | null     |  null |
| 20154103105 | 刘浩   | null     |  null |
| 20154103106 | 李玉霞 | null     |  null |
| 20154103107 | 马春雨 | null     |  null |
| 20154103108 | 张明月 | null     |  null |
| 20154103109 | 王雪   | null     |  null |
+-------------+--------+----------+-------+
18 rows in set (0.00 sec)
```

从以上执行结果可以看出，和例 7-39 执行的结果完全一致。

7.5.4 自连接

在 MySQL 中还有一种特殊的连接查询——自连接。在自连接时连接的两张表是同一张表，通过起别名进行区分，基本语法格式如下。

```
select select_list from table_name [别名 1],table_name [别名 2]
where search_condition;
```

在以上语法中，通过给表名起多个别名实现自连接查询。

【例 7-43】 查询学生表 stu 中同名的学生的学号、姓名、年龄和性别。具体 SQL 语句与执行结果如下。

在进行查询之前可以对 stu 表中的数据进行修改，把两个同学的姓名改成一致。

```
mysql> update stu set name='刘聪' where id='20154103109';
Query OK, 1 row affected (0.42 sec)
```

```
Rows matched: 1  Changed: 1  Warnings: 0
```

下面进行查询。

```
mysql> select a.id,a.name,a.sex,a.age from stu a,stu b
    -> where a.id<>b.id and a.name=b.name;
+-------------+------+------+------+
| id          | name | sex  | age  |
+-------------+------+------+------+
| 20154103109 | 刘聪 | 女   |   20 |
| 20154103101 | 刘聪 | 男   |   20 |
+-------------+------+------+------+
2 rows in set (0.04 sec)
```

从以上执行结果可以看出，使用自连接查询出同名的学生的信息。

7.6 子 查 询

子查询指一个查询语句嵌套在另一个查询语句内部的查询，在 select 子句中先计算子查询，子查询结果作为外层另一个查询的过滤条件，查询可以基于一个表或者多个表。子查询中常用的操作符有 any(some)、all、in、exists 等。子查询中可以使用比较运算符，如=、>、>=、<、<=和!=等。本节详细介绍子查询。

1. 使用比较运算符的子查询

使用子查询进行比较测试时，一般会用到=、>、>=、<、<=和!=等比较运算符，将一个表达式的值与子查询返回的单值比较。

【例 7-44】 查询学生表 stu 中与学号是 20154103103 的学生年龄相同的学生的学号、姓名、年龄和性别。具体 SQL 语句与执行结果如下。

```
mysql> select id,name,age,sex from stu
    -> where age=(select age from stu where id='20154103103');
+-------------+--------+------+------+
| id          | name   | age  | sex  |
+-------------+--------+------+------+
| 20154103103 | 张童   |   19 | 男   |
| 20154103105 | 刘浩   |   19 | 男   |
| 20154103108 | 张明月 |   19 | 女   |
+-------------+--------+------+------+
3 rows in set (0.00 sec)
```

从以上执行结果可以看出，在 SQL 语句中首先使用子查询查询出学号为 20154103103 的学生的年龄，然后将结果作为外层查询的查询条件，从而查询出与学号为 20154103103 学生相同年龄学生的学号、姓名、年龄和性别。

【例 7-45】 查询成绩高于学号为 20154103103 学生 20001 课程成绩的学生的学号、课程号和成绩。具体SQL语句与执行结果如下。

```
mysql> select * from sc
    -> where score>(select score from sc where id='20154103103'
    -> and courseid='20001') and courseid='20001';
+-------------+----------+-------+
| id          | courseid | score |
+-------------+----------+-------+
| 20154103101 | 20001    | 84.20 |
| 20154103102 | 20001    | 75.20 |
+-------------+----------+-------+
2 rows in set (0.00 sec)
```

从以上执行结果可以看出,在SQL语句中首先使用子查询查询出学号为20154103103学生选修20001课程的成绩,然后将结果作为外层查询的查询条件,从而查询出成绩高于此成绩的学生的学号、课程号和成绩。

2. 使用in关键字的子查询

用in关键字进行子查询时,内层查询语句返回一个数据列,这个数据列里的值将提供给外层查询语句进行比较操作。

【例7-46】 查询选修了20001课程的学生的学号和姓名。具体SQL语句与执行结果如下。

```
mysql> select id,name from stu
    -> where id in(select id from sc where courseid='20001');
+-------------+--------+
| id          | name   |
+-------------+--------+
| 20154103101 | 刘聪   |
| 20154103102 | 王腾飞 |
| 20154103103 | 张童   |
+-------------+--------+
3 rows in set (0.04 sec)
```

从以上执行结果可以看出,使用子查询获得选修了20001课程学生的学号,由于查询的结果是多条数据,在外层查询设置查询条件时,使用关键字in,表示等于子查询中的任何一个值即可。

select语句中使用not in关键字,其作用和in正好相反。

3. 使用some、any关键字的子查询

any和some关键字是同义词,表示满足其中任一条件,它们允许创建一个表达式对子查询的返回值列表进行比较,只要满足子查询中的任何一个比较条件,就返回一个结果作为外层查询的条件。

【例7-47】 查询与软件工程专业学生同民族的学生的学号、姓名、民族和专业。具体SQL语句与执行结果如下。

```
mysql> select id,name,nation,specialty from stu
    -> where nation=any(select nation from stu where specialty='软件工程');
+-------------+--------+----------+------------------+
| id          | name   | nation   | specialty        |
+-------------+--------+----------+------------------+
| 20154103101 | 刘聪   | 汉族     | 软件工程         |
| 20154103102 | 王腾飞 | 汉族     | 大数据           |
| 20154103104 | 郭贺   | 汉族     | 软件工程         |
| 20154103105 | 刘浩   | 汉族     | 大数据           |
| 20154103106 | 李玉霞 | 汉族     | 计算机科学与技术 |
| 20154103108 | 张明月 | 维吾尔族 | 软件工程         |
+-------------+--------+----------+------------------+
6 rows in set (0.05 sec)
```

从以上执行结果可以看出，使用子查询获得了软件工程专业所有学生的民族，由于查询的结果是多条数据，在外层查询设置查询条件时，使用关键字 any，表示等于子查询中的任何一个值即可。

注意：关键字 some 和 any 的作用是一样的。

4. 使用 all 关键字的子查询

all 关键字与 any 和 some 不同，使用 all 时需要同时满足所有子查询的条件，all 关键字接在一个比较运算符的后面。

【例 7-48】 查询大数据专业年龄最大的学生的学号、姓名、年龄和专业。具体 SQL 语句与执行结果如下。

```
mysql> select id,name,age,specialty from stu
    -> where age>=all(select age from stu where specialty='大数据')
    -> and specialty='大数据';
+-------------+--------+------+-----------+
| id          | name   | age  | specialty |
+-------------+--------+------+-----------+
| 20154103102 | 王腾飞 |   21 | 大数据    |
+-------------+--------+------+-----------+
1 row in set (0.04 sec)
```

从以上执行结果可以看出，使用子查询获得了大数据专业所有学生的年龄，由于查询的结果是多条数据，在外层查询设置查询条件时，使用关键字“>=all”，表示需要大于或等于所有子查询中的值。

5. 使用 exists 关键字的子查询

exists 关键字后面的参数是一个任意的子查询，对子查询进行运算以判断它是否返回行，如果至少返回一行，那么 exists 的结果都为 true，此时外层查询语句将进行查询；如果子查询没有返回任何行，那么 exists 返回的结果是 false，此时外层语句将不进行查询。

【例 7-49】 查询哪些学生选修了课程，列出学生的学号和姓名。具体 SQL 语句与执行结果如下。

```
mysql> select id,name from stu
    -> where exists(select id from sc where stu.id=sc.id);
+-------------+--------+
| id          | name   |
+-------------+--------+
| 20154103101 | 刘聪   |
| 20154103102 | 王腾飞 |
| 20154103103 | 张童   |
+-------------+--------+
3 rows in set (0.12 sec)
```

从以上执行结果可以看出，使用关键字 exists 判断子查询中是否有数据，如果有数据，那么根据查询条件，外层查询语句被执行，如果没有数据，外层查询语句不执行。

注意：not exists 和 exists 的使用方法相同，返回的结果相反。

【例 7-50】 查询哪些课程没有被选修，列出课程号和课程名。具体 SQL 语句与执行结果如下。

```
mysql> select courseid,coursename from courses
    -> where not exists(select courseid from sc
    -> where sc.courseid=courses.courseid);
+----------+------------+
| courseid | coursename |
+----------+------------+
| 20005    | 操作系统   |
+----------+------------+
1 row in set (0.13 sec)
```

7.7　合并查询结果

利用 union 关键字，可以给出多条 select 语句，并将它们的结果组合成单个结果集。合并时两个表对应的列数和数据类型必须相同。各个 select 语句之间使用 union 或 union all 关键字分隔。union 不使用关键字 all，执行时删除重复记录，所有返回的行都是唯一的；使用关键字 all 的作用是不删除重复行也不对结果进行自动排序。基本语法格式如下。

```
select select_list from table_name
union [all]
select select_list from table_name
```

【例 7-51】 查询选修了 20001 课程或者 20002 课程的学生的学号。具体 SQL 语句与执行结果如下。

```
mysql> select id from sc where courseid='20001'
    -> union
```

```
    -> select id from sc where courseid='20002';
+-------------+
| id          |
+-------------+
| 20154103101 |
| 20154103102 |
| 20154103103 |
+-------------+
3 rows in set (0.26 sec)
```

从以上执行结果可以看出，使用 union 关键字把两个查询结果合并为一个结果集，并删除重复的记录。

【例 7-52】 查询选修了 20001 课程或者 20002 课程的学生的学号，使用 union all 关键字进行合并。具体 SQL 语句与执行结果如下。

```
mysql> select id from sc where courseid='20001'
    -> union all
    -> select id from sc where courseid='20002';
+-------------+
| id          |
+-------------+
| 20154103101 |
| 20154103102 |
| 20154103103 |
| 20154103101 |
| 20154103102 |
| 20154103103 |
+-------------+
6 rows in set (0.04 sec)
```

从以上执行结果可以看出，使用 union all 关键字把两个查询结果合并为一个结果集，结果集中并没有删除重复的记录。

习　题

一、选择题

1. 对结果集的记录进行排序，若升序排列，则用到的关键字是(　　)。

A. asc　　B. acs　　C. desc　　D. dsec

2. 在 MySQL 语句中，可以匹配任何单个字符的通配符是(　　)。

A. _　　B. %　　C. ?　　D. ^

3. 对数据进行统计时，求最小值的函数是(　　)。

A. max()　　B. count()　　C. min()　　D. sum()

4. MySQL 中表间默认的连接方式是(　　)。

A. 内连接　　B. 左外连接　　C. 右外连接　　D. 自然连接

5. 当使用分组查询统计后,可以使用(　　)关键字来对查询和统计的结果进行进一步筛选。

A. having　　B. where　　C. like　　D. with rollup

二、填空题

1. 若要查询表中的所有字段,可以使用通配符(　　)。

2. MySQL 在查询时,可以使用(　　)关键字用于去掉重复的数据。

3. MySQL 使用(　　)关键字限制查询结果的数量。

4. 在 MySQL 中使用(　　)关键字判断字段是否为空值。

5. 分组查询用到的关键字为(　　)。

第8章 视图和索引

CHAPTER

学习目标：

- 掌握视图的创建；
- 掌握视图的查看和修改；
- 掌握视图的使用和删除；
- 掌握索引的分类；
- 掌握索引的创建；
- 掌握索引的删除。

视图是从一个或多个表中导出的表，是一种虚拟存在的表。视图就像一个窗口，通过这个窗口可以看到系统专门提供的数据。这样，用户可以不用看到整个数据表中的数据，而只关心对自己有用的数据。视图可以使用户的操作更方便，并且可以保障数据库系统的安全，提高对表操作的快捷性和安全性。

索引是一种特殊的数据库结构，其作用相当于一本书的目录，可以用来快速查询数据库表中的特定记录。索引是提高数据库性能的重要方式。

8.1 视 图

作为常用的数据库对象，视图（view）为数据查询提供了一条捷径。视图是一个虚拟表，其内容由查询定义，即视图中的数据并不像表那样需要占用存储空间，视图中保存的仅仅是一条 select 语句，其数据源来自数据表，或者其他视图。不过它同真实的表一样，视图包含一系列带有名称的列和行数据。但是视图并不在数据库中以存储数据的形式存在。行和列数据来自定义视图的查询所引用的表，且在引用视图时动态生成。当基本表发生变化时，视图的数据会随之变化。

8.1.1 视图的优点

对其所引用的基础表来说，视图的作用类似于筛选。定义视图的筛选可以来自当前或其他数据库的一个或多个表，或者是其他视图。通过视图进行查询没有任何限制，通过它们进行数据修改时的限制也很少。

视图主要有以下优点。

(1) 简化查询语句。通过视图可以简化查询语句，简化用户的查询操作，使查询更加快捷。日常开发中可以将经常使用的查询定义为视图，从而避免大量重复的操作。

(2) 安全性。通过视图可以更方便地进行权限控制，能够使特定用户只能查询和修改他们所能见到的数据，数据库中的其他数据则既看不到也取不到。

(3) 逻辑数据独立性。视图可以屏蔽真实表结构变化带来的影响。例如，当其他应用程序查询数据时，若直接查询数据表，一旦数据表结构发生变化，查询的SQL语句就会发生改变，应用程序也必须随之更改。但若为应用程序提供视图，修改表结构后只需修改视图对应的select语句，就不必更改应用程序。

8.1.2 创建视图

创建视图使用create view语句，该语句的基本语法格式如下。

```
create [or replace] [algorithm={undefined|merge|temptable}]
[definer={user|current_user}]
[sql security{definer|invoker}]
view view_name [(column_list)]
as select_statement
[with[cascaded|local] check option]
```

从上述语法格式可以看出，创建视图的语句是由多条子句构成的。下面对语法格式中的每个部分进行解释，具体如下。

create：表示创建视图的关键字。

or replace：可选，表示替换已有视图。

algorithm：可选，表示视图算法，会影响查询语句的解析方式，它的取值有如下3个，一般情况下使用undefined即可。

- undefined：由MySQL自动选择算法。
- merge：将select_statement和查询视图时的select语句合并起来查询。
- temptable：先将select_statement的查询结果存入临时表，然后用临时表进行查询。

definer：可选，表示定义视图的用户，与安全控制有关，默认为当前用户。

sql security：可选，用于视图的安全控制，它的取值有如下两个。

- definer：由定义者指定的用户的权限来执行。
- invoker：由调用视图的用户的权限来执行。

view_name：表示要创建的视图名称。

column_list：可选，用于指定视图中的各个列的名称。默认情况下，与select语句查询的列相同。

as：表示视图要执行的操作。

select_statement：一个完整的查询语句，表示从某些表或视图中查出某些满足条件的记录,将这些记录导入视图中。

with check option:可选,用于视图数据操作时的检查条件。若省略此子句,则不进行检查。它的取值有如下两个。

- cascaded(默认):操作数据时要满足所有相关视图和表定义的条件。例如,当在一个视图的基础上创建另一个视图时,进行级联检查。
- local:操作数据时满足该视图本身定义的条件即可。

1. 在单表上创建视图

【例 8-1】 在学生表 stu 上创建视图 stu_view1,包括学生的学号、姓名、年龄和性别。具体 SQL 语句与执行结果如下。

```
mysql> create view stu_view1
    -> as
    -> select id,name,age,sex from stu;
Query OK, 0 rows affected (1.43 sec)
```

以上结果代表视图创建成功。视图定义后,就可以像查询表一样对视图进行查询。

【例 8-2】 使用视图 stu_view1 查看学生的学号、姓名、年龄和性别。具体 SQL 语句与执行结果如下。

```
mysql> select * from stu_view1;
+-------------+--------+------+------+
| id          | name   | age  | sex  |
+-------------+--------+------+------+
| 20154103101 | 刘聪   |   20 | 男   |
| 20154103102 | 王腾飞 |   21 | 男   |
| 20154103103 | 张童   |   19 | 男   |
| 20154103104 | 郭贺   |   20 | 男   |
| 20154103105 | 刘浩   |   19 | 男   |
| 20154103106 | 李玉霞 |   18 | 男   |
| 20154103107 | 马春雨 |   20 | 女   |
| 20154103108 | 张明月 |   19 | 女   |
| 20154103109 | 刘聪   |   20 | 女   |
+-------------+--------+------+------+
9 rows in set (0.13 sec)
```

从以上执行结果可以看出,stu_view1 和数据表 stu 是不同的,该视图只展示了 stu 表的部分数据,隐藏了一部分数据,这样便可以对一些数据提供保护。

2. 在多表上创建视图

除了在单表上创建视图,还可以在两个或两个以上的数据表上创建视图。

【例 8-3】 在学生表 stu 和选课表 sc 上创建视图 stu_sc_view,包括学生的学号、姓名、课程号和成绩。具体 SQL 语句与执行结果如下。

```
mysql> create view stu_sc_view
    -> as
```

```
    -> select stu.id,name,courseid,score from stu,sc
    -> where stu.id=sc.id;
Query OK, 0 rows affected (0.05 sec)
```

以上结果代表视图创建成功。创建基于多表的视图与创建基于单表的视图类似，区别在于需要进行多表的连接查询。

【例 8-4】 使用视图 stu_sc_view 查看学生的姓名、课程号和成绩。具体 SQL 语句与执行结果如下。

```
mysql> select name,courseid,score from stu_sc_view;
+--------+----------+-------+
| name   | courseid | score |
+--------+----------+-------+
| 刘聪   | 20001    | 84.20 |
| 刘聪   | 20002    | 93.20 |
| 刘聪   | 20003    | 67.20 |
| 刘聪   | 20004    | 76.30 |
| 王腾飞 | 20001    | 75.20 |
| 王腾飞 | 20002    | 89.20 |
| 王腾飞 | 20003    | 98.20 |
| 王腾飞 | 20004    | 68.70 |
| 张童   | 20001    | 56.80 |
| 张童   | 20002    | 87.90 |
| 张童   | 20003    | 78.90 |
| 张童   | 20004    | 72.50 |
+--------+----------+-------+
12 rows in set (0.00 sec)
```

从以上执行结果可以看出，通过视图可以直接查询学生的姓名、课程号和成绩，不必进行多表连接了。

8.1.3　查看视图

对于查看视图的操作，要求当前登录的用户具有查看视图的权限。当前登录的用户是root，查看该用户是否具有查看视图的权限。

【例 8-5】 查看用户 root 是否有查看视图的权限。具体 SQL 语句与执行结果如下。

```
mysql> select Show_view_priv from mysql.user where User='root';
+----------------+
| Show_view_priv |
+----------------+
| Y              |
+----------------+
1 row in set (0.10 sec)
```

从以上执行结果可以看出，当前用户具有查看视图的权限，即可以进行查看视图的操作。查看视图有3种方式，下面对这3种方式分别进行讲解。

1. 查看视图的字段信息

MySQL提供的describe(desc)语句不仅可以查看数据表的字段信息，还可以查看视图的字段信息。

【例8-6】 使用describe语句查看视图stu_view1的字段信息。具体SQL语句与执行结果如下。

```
mysql> desc stu_view1;
+-------+-------------+------+-----+---------+-------+
| Field | Type        | Null | Key | Default | Extra |
+-------+-------------+------+-----+---------+-------+
| id    | char(11)    | NO   |     | null    |       |
| name  | varchar(20) | YES  |     | null    |       |
| age   | tinyint     | YES  |     | null    |       |
| sex   | char(1)     | YES  |     | null    |       |
+-------+-------------+------+-----+---------+-------+
4 rows in set (0.35 sec)
```

从以上执行结果可以看到stu_view1视图的字段信息，包括字段名、字段类型等。

2. 查看视图的状态信息

MySQL提供的show table status语句不仅可以查看数据表的状态信息，还可以查看视图的状态信息。

【例8-7】 使用show table status语句查看视图stu_view1的状态信息。具体SQL语句与执行结果如下。

```
mysql> show table status like 'stu_view1' \G;
*************************** 1. row ***************************
           Name: stu_view1
         Engine: null
        Version: null
     Row_format: null
           Rows: null
 Avg_row_length: null
    Data_length: null
Max_data_length: null
   Index_length: null
      Data_free: null
 Auto_increment: null
    Create_time: 2022-05-20 12:30:26
    Update_time: null
     Check_time: null
      Collation: null
       Checksum: null
```

```
 Create_options: null
        comment: view
1 row in set (0.01 sec)
```

从以上执行结果可以看出，stu_view1 视图的 comment 值为 view，其他大多数值都是 null。因为视图并不是具体的数据表，而是一张虚拟表，所以存储引擎、数据长度等信息都显示为 null。

3. 查看视图的创建语句

使用 show create view 语句可以查看创建视图时的语句以及视图的字符编码。

【例 8-8】 使用 show create view 语句查看视图 stu_view1 的详细信息。具体 SQL 语句与执行结果如下。

```
mysql> show create view stu_view1 \G;
*************************** 1. row ***************************
                View: stu_view1
         Create View: create algorithm=undefined definer=`root`@`localhost` SQL
security definer view `stu_view1` as select `stu`.`id` as `id`,`stu`.`name` as
name`,`stu`.`age` as `age`,`stu`.`sex` as `sex` from `stu`
character_set_client: gbk
collation_connection: gbk_chinese_ci
1 row in set (0.00 sec)
```

从以上执行结果可以看出，使用 show create view 语句查看了视图的名称、创建语句、字符编码等信息。

8.1.4 修改视图

修改视图是指修改数据库中已存在视图的定义。当基本表的某些字段发生变化，视图必须修改才能正常使用。在 MySQL 中修改视图的方式有两种，具体介绍如下。

1. 替换已有的视图

通过 create or replace view 语句可以在创建视图时替换已有的同名视图，如果视图不存在，则创建一个视图。

【例 8-9】 使用 create or replace view 语句对视图 stu_view1 进行修改，视图包括学生的学号、姓名和年龄。具体 SQL 语句与执行结果如下。

```
mysql> create or replace view stu_view1
    -> as
    -> select id,name,age from stu;
Query OK, 0 rows affected (0.05 sec)
```

以上执行结果证明视图修改成功。然后使用 select 语句查看视图。

```
mysql> select * from stu_view1;
```

```
+-------------+--------+------+
| id          | name   | age  |
+-------------+--------+------+
| 20154103101 | 刘聪   |  20  |
| 20154103102 | 王腾飞 |  21  |
| 20154103103 | 张童   |  19  |
| 20154103104 | 郭贺   |  20  |
| 20154103105 | 刘浩   |  19  |
| 20154103106 | 李玉霞 |  18  |
| 20154103107 | 马春雨 |  20  |
| 20154103108 | 张明月 |  19  |
| 20154103109 | 刘聪   |  20  |
+-------------+--------+------+
9 rows in set (0.07 sec)
```

从以上执行结果可以看出，使用 create or replace view 语句对视图 stu_view1 修改成功。

2. 使用 alter view 语句修改视图

使用 alter view 语句可以修改视图，具体语法格式如下。

```
alter [algorithm={undefined|merge|temptable}]
[definer={user|current_user}]
[sql security{definer|invoker}]
view view_name [(column_list)]
as select_statement
[with[cascaded|local] check option]
```

上述语法格式中，alter 后面的各部分子句与 create view 语句中的子句含义相同。

【例 8-10】 使用 alter 语句对视图 stu_view1 进行修改，视图包括学生的学号、姓名、年龄和性别。具体 SQL 语句与执行结果如下。

```
mysql> alter view stu_view1
    -> as
    -> select id,name,age,sex from stu;
Query OK, 0 rows affected (0.09 sec)
```

以上执行结果证明视图修改成功。然后使用 select 语句查看视图。

```
mysql> select * from stu_view1;
+-------------+--------+------+------+
| id          | name   | age  | sex  |
+-------------+--------+------+------+
| 20154103101 | 刘聪   |  20  | 男   |
| 20154103102 | 王腾飞 |  21  | 男   |
| 20154103103 | 张童   |  19  | 男   |
```

```
| 20154103104        | 郭贺     |  20   | 男     |
| 20154103105        | 刘浩     |  19   | 男     |
| 20154103106        | 李玉霞   |  18   | 男     |
| 20154103107        | 马春雨   |  20   | 女     |
| 20154103108        | 张明月   |  19   | 女     |
| 20154103109        | 刘聪     |  20   | 女     |
+-------------+--------+------+------+
9 rows in set (0.10 sec)
```

从以上执行结果可以看出,使用 alter 语句对视图 stu_view1 修改成功。

8.1.5 视图数据操作

视图数据操作就是通过视图来查看、添加、修改或删除表中的数据。因为视图是一个虚拟表,不保存数据,当通过视图操作数据时,实际操作的是基本表中的数据。本节对视图的添加、修改和删除数据进行详细讲解。

1. 通过视图添加数据

使用 insert 语句可以通过视图向基本表添加数据。

【例 8-11】 通过视图 stu_view1 向数据表 stu 中插入数据。具体 SQL 语句与执行结果如下。

```
mysql> insert into stu_view1 values('20154103110','李飞',22,'男');
Query OK, 1 row affected (0.08 sec)
```

从以上执行结果可以看出,使用 insert 语句向视图 stu_view1 插入数据成功。使用 select 语句查看视图。

```
mysql> select * from stu_view1;
+-------------+--------+------+------+
| id                 | name     | age   | sex    |
+-------------+--------+------+------+
| 20154103101        | 刘聪     |  20   | 男     |
| 20154103102        | 王腾飞   |  21   | 男     |
| 20154103103        | 张童     |  19   | 男     |
| 20154103104        | 郭贺     |  20   | 男     |
| 20154103105        | 刘浩     |  19   | 男     |
| 20154103106        | 李玉霞   |  18   | 男     |
| 20154103107        | 马春雨   |  20   | 女     |
| 20154103108        | 张明月   |  19   | 女     |
| 20154103109        | 刘聪     |  20   | 女     |
| 20154103110        | 李飞     |  22   | 男     |
+-------------+--------+------+------+
10 rows in set (0.00 sec)
```

从以上执行结果可以看出,在 stu_view1 视图中多出一条数据,实际上这是直接向基本表中插入了数据。

2. 通过视图修改数据

使用 update 语句可以通过视图修改基本表中的数据。

【例 8-12】 通过视图 stu_view1 把学号是 20154103110 的学生的年龄改为 20。具体 SQL 语句与执行结果如下。

```
mysql> update stu_view1 set age=20 where id='20154103110';
Query OK, 1 row affected (0.07 sec)
```

从以上执行结果可以看出,使用 update 语句通过视图 stu_view1 修改数据成功。使用 select 语句查看视图。

```
mysql> select * from stu_view1;
+-------------+--------+------+------+
| id          | name   | age  | sex  |
+-------------+--------+------+------+
| 20154103101 | 刘聪   |  20  | 男   |
| 20154103102 | 王腾飞 |  21  | 男   |
| 20154103103 | 张童   |  19  | 男   |
| 20154103104 | 郭贺   |  20  | 男   |
| 20154103105 | 刘浩   |  19  | 男   |
| 20154103106 | 李玉霞 |  18  | 男   |
| 20154103107 | 马春雨 |  20  | 女   |
| 20154103108 | 张明月 |  19  | 女   |
| 20154103109 | 刘聪   |  20  | 女   |
| 20154103110 | 李飞   |  20  | 男   |
+-------------+--------+------+------+
10 rows in set (0.00 sec)
```

从以上执行结果可以看出,学号是 20154103110 的学生的年龄改为 20 了,实际上基本表中的数据也已修改。

3. 通过视图删除数据

使用 delete 语句可以通过视图删除基本表中的数据。

【例 8-13】 通过视图 stu_view1 删除学号是 20154103110 的学生数据。具体 SQL 语句与执行结果如下。

```
mysql> delete from stu_view1 where id='20154103110';
Query OK, 1 row affected (0.05 sec)
```

从以上执行结果可以看出,使用 delete 语句通过视图 stu_view1 删除数据成功。使用 select 语句查看视图。

```
mysql> select * from stu_view1;
+-------------+--------+------+------+
```

```
| id            | name    | age   | sex   |
+---------------+---------+-------+-------+
| 20154103101   | 刘聪     |  20   | 男    |
| 20154103102   | 王腾飞   |  21   | 男    |
| 20154103103   | 张童     |  19   | 男    |
| 20154103104   | 郭贺     |  20   | 男    |
| 20154103105   | 刘浩     |  19   | 男    |
| 20154103106   | 李玉霞   |  18   | 男    |
| 20154103107   | 马春雨   |  20   | 女    |
| 20154103108   | 张明月   |  19   | 女    |
| 20154103109   | 刘聪     |  20   | 女    |
+---------------+---------+-------+-------+
9 rows in set (0.04 sec)
```

从以上执行结果可以看出，学号是20154103110的学生数据被删除了，实际上基本表中的数据也已删除。

注意：在进行视图数据操作时，如果遇到如下情况，操作可能会失败。

(1) 操作的视图定义在多个表上。

(2) 没有满足视图的基本表对字段的约束条件。

(3) 在定义视图的select语句后的字段列表中使用了数学表达式或聚合函数。

(4) 在定义视图的select语句中使用了distinct、union、group by等子句。

8.1.6 删除视图

当视图不再需要时，可以将其删除，在删除时不会删除基本表中的数据。删除一个或多个视图使用drop view语句，该语句的基本语法格式如下。

```
drop view [if exists] view_name [, view name1]…
```

上述语法中，view_name是要删除的视图的名称，视图名称可以添加多个，使用逗号分隔。

【例8-14】 删除视图stu_view1。具体SQL语句与执行结果如下。

```
mysql> drop view stu_view1;
Query OK, 0 rows affected (0.12 sec)
```

从以上执行结果可以看出，视图stu_view1删除成功。再次查询视图stu_view1会显示该视图不存在。

8.2 索　　引

在关系数据库中，索引是一种独立存在的，对数据库表中一列或多列的值进行排序的存储结构。通俗地讲，数据库中的索引类似词典的索引，当需要查找某个词语时，首先查找索引，因为索引是有序的，能够快速地找到，当在索引中找到需要查找的词语后，便能快速找到该词语所在的页，以及需要的内容。

索引提供指向存储在表的指定列中的数据值的指针，根据指定的排序顺序对指针排序。数据库使用索引找到特定值，然后通过指针找到包含该值所在的行。

当表中有大量记录时，若要对表进行查询，第一种搜索信息方式是全表搜索，即将需要记录均取出，和查询条件进行对比，返回满足条件的记录，这样做会消耗大量数据库系统时间。第二种就是在表中建立索引，在索引中找到符合查询条件的索引值，通过保持在索引中的指针快速找到表中对应的记录。

MySQL 中几乎所有数据类型都可进行索引，而且索引是在存储引擎中实现的，因此每种存储引擎的索引都不一定完全相同，并且每种存储引擎也不一定支持所有索引类型。

8.2.1　索引的特点

索引提高了数据查询的效率，但索引带来的不都是高效率。过多的索引会造成数据库维护的低效率。

1. 索引的优点

（1）通过创建唯一索引，可以保证数据库表中每一行数据的唯一性。

（2）可以大大加快数据的查询速度，这是创建索引的主要原因。

（3）在实现数据的参考完整性方面，可以加速表和表之间的连接。

（4）在使用分组和排序子句进行数据查询时，可以显著减少查询中分组和排序的时间。

2. 索引的缺点

（1）创建索引和维护索引要耗费时间，并且随着数据量的增加所耗费的时间也会增加。

（2）索引需要占磁盘空间，除了数据表占数据空间之外，每一个索引还要占一定的物理空间，如果有大量的索引，索引文件可能比数据文件更快达到最大文件尺寸。

（3）当对表中的数据进行增加、删除和修改时，索引会动态地维护，这样就降低了数据的维护速度。

3. 索引的设计原则

（1）索引并非越多越好，一个表中如有大量的索引，不仅占用磁盘空间，还会影响 insert、delete、update 等语句的性能，因为在表中的数据更改时，索引也会进行调整和更新。

（2）避免对经常更新的表创建过多的索引，并且索引中的列要尽可能少。应该在经常用于查询的字段上创建索引，但要避免添加不必要的字段。

（3）数据量小的表最好不要使用索引，由于数据较少，查询花费的时间可能比遍历索引的时间还要短，索引可能不会产生优化效果。

（4）在条件表达式中经常用到的值较多的列上建立索引。例如，在学生表的"性别"字段上只有"男"和"女"两个不同值，因此就无须建立索引，如果建立索引不但不会提高查询效率，反而会严重降低数据更新速度。

（5）当唯一性是某种数据本身的特征时，指定唯一索引。使用唯一索引需能够确保定义的列的数据完整性，以提高查询速度。

（6）在频繁进行排序和分组的列上建立索引，如果待排序的列有多个，可以在这些列上建立组合索引。

8.2.2 索引的分类

MySQL 的索引包括普通索引、唯一性索引、全文索引、单列索引、组合索引和空间索引。它们的含义和特点如下。

1. 普通索引

在创建普通索引时，不附加任何限制条件。这类索引可以创建在任何数据类型中，其值是否唯一和非空由字段本身的完整性约束条件决定。建立普通索引以后，查询时可以通过索引进行查询。

2. 唯一性索引

使用 unique 关键字设置索引为唯一性索引。在创建唯一性索引时，限制该索引的值必须是唯一的。通过唯一性索引可以更快速地确定某条记录。主键就是一种特殊的唯一性索引。

3. 全文索引

全文索引类型为 fulltext，在定义索引的字段上支持值的全文查找，允许在这些索引字段中插入重复值和空值。全文索引可以在 char、varchar 或 text 类型字段上建立。MySQL 中只有 MyISAM 存储引擎支持全文索引。

4. 单列索引

在表中的单个字段上创建索引。单列索引只根据该字段进行索引。单列索引可以是普通索引，也可以是唯一性索引，还可以是全文索引。只要保证该索引只对应一个字段即可。

5. 组合索引

组合索引是在表的多个字段上创建一个索引。该索引指向创建时对应的多个字段，可以通过这几个字段进行查询。但是，只有查询条件中使用了这些字段中第一个字段时，索引才会被使用。

6. 空间索引

使用 spatial 参数可以设置索引为空间索引。空间索引只能建立在空间数据类型上，这样可以提高系统获取空间数据的效率。MySQL 中的空间数据类型包括 geometry 和 point、linestring 和 polygon 等。目前只有 MyISAM 存储引擎支持空间索引，而且索引的字段不能为空。对于初学者来说，很少会用到这类索引。

8.2.3 创建索引

MySQL 支持多种方法在单个或多个列上创建索引。在创建表的定义语句 create table 中指定索引列，使用 alter table 语句在存在的表上创建索引，或者使用 create index 语句在已存在的表上创建索引。本节详细介绍这 3 种方法。

1. 创建表时创建索引

使用 create table 创建表时，除了可以定义列的数据类型，还可以定义主键约束、外键约束或者唯一约束，而不论创建哪种约束，在定义约束的同时相当于在指定列上创建了一个索引。创建表时创建索引的基本语法格式如下。

```
create table table_name [col_name data_type]
```

```
[unique|fulltext|spatial] [index|key] [index_name] (col_name[length]) [asc|
desc]
```

unique、fulltext 和 spatial 为可选参数，分别表示唯一索引、全文索引和空间索引；index 和 key 用于指定创建索引；index_name 指定索引的名称，为可选参数，如果不指定，默认使用建立索引的字段名称，组合索引则使用第一个字段的名称作为索引名称；col_name 指定索引关联的字段，length 为可选参数，表示索引的长度，只有字符串类型的字段才能指定索引长度；asc 和 desc 指定升序或者降序。

（1）创建普通索引。

普通索引是最基本的索引类型，没有唯一性之类的限制，其作用只是加快对数据的访问速度。

【例 8-15】 创建数据表 t1(id,name,sex,age)，在字段 name 上创建普通索引。具体 SQL 语句与执行结果如下。

```
mysql> create table t1(
    -> id varchar(10),
    -> name varchar(20),
    -> sex varchar(2),
    -> age int,
    -> index(name)
    -> );
Query OK, 0 rows affected (2.75 sec)
```

从以上执行结果可以看出，数据表 t1 创建成功。可以使用 show create table 语句查看表的结构。

```
mysql> show create table t1 \G;
*************************** 1. row ***************************
       Table: t1
create table: create table `t1` (
  `id` varchar(10) default null,
  `name` varchar(20) default null,
  `sex` varchar(2) default null,
  `age` int default null,
  key `name` (`name`)
) Engine=InnoDB default charset=utf8mb4 collate=utf8mb4_0900_ai_ci
1 row in set (0.00 sec)
```

从以上执行结果可以看出，t1 表的 name 字段成功建立了索引，索引的名称默认为 name。使用 explain 语句查看索引是否正在使用。

```
mysql> explain select *  from t1 where name='王鹏' \G;
*************************** 1. row ***************************
```

```
            id: 1
   select_type: SIMPLE
         table: t1
    partitions: null
          type: ref
 possible_keys: name
           key: name
       key_len: 83
           ref: const
          rows: 1
      filtered: 100.00
         Extra: null
```

从以上执行结果可以看出,possible_keys 和 key 的值都为 name,查询时使用了索引。

(2) 创建唯一索引。

创建唯一索引的主要原因是减少查询索引列操作的执行时间,尤其是对比较庞大的数据表。它与前面的普通索引类似,不同的是,索引列的值必须唯一,但允许有空值。如果是组合索引,则列值的组合必须唯一。

【例 8-16】 创建数据表 t2(id,name,sex,age),在字段 id 上创建唯一索引。具体 SQL 语句与执行结果如下。

```
mysql> create table t2(
    -> id varchar(10),
    -> name varchar(20),
    -> sex varchar(2),
    -> age int,
    -> unique index u_id(id));
Query OK, 0 rows affected (0.63 sec)
```

从以上执行结果可以看出,数据表 t2 创建成功。可以使用 show create table 语句查看表的结构。

```
mysql> show create table t2 \G;
*************************** 1. row ***************************
       Table: t2
create table: create table `t2` (
  `id` varchar(10) default null,
  `name` varchar(20) default null,
  `sex` varchar(2) default null,
  `age` int default null,
  unique key `u_id` (`id`)
) Engine=InnoDB default charset=utf8mb4 collate=utf8mb4_0900_ai_ci
1 row in set (0.08 sec)
```

从以上执行结果可以看出,在 id 字段上成功地建立了一个名称为 u_id 的唯一索引。

(3) 创建单列索引。

单列索引是在数据表中的某一个字段上创建的索引,一个表中可以创建多个单列索引。例 8-15 和例 8-16 创建的索引都是单列索引。

【例 8-17】 创建数据表 t3(id,name,sex,age),在字段 name 的前 10 个字符上创建普通索引。具体 SQL 语句与执行结果如下。

```
mysql> create table t3(
    -> id varchar(10),
    -> name varchar(20),
    -> sex varchar(2),
    -> age int,
    -> index n_index(name(10)));
Query OK, 0 rows affected (0.65 sec)
```

从以上执行结果可以看出,数据表 t3 创建成功。可以使用 show create table 语句查看表的结构。

```
mysql> show create table t3 \G;
*************************** 1. row ***************************
       Table: t3
 create table: create table `t3` (
  `id` varchar(10) default null,
  `name` varchar(20) default null,
  `sex` varchar(2) default null,
  `age` int default null,
  key `n_index` (`name`(10))
) Engine=InnoDB default charset=utf8mb4 collate=utf8mb4_0900_ai_ci
1 row in set (0.29 sec)
```

从以上执行结果可以看出,在 name 字段上已经成功建立了一个名为 n_index 的单列索引,索引长度为 10。

(4) 创建组合索引。

组合索引是在多个字段上创建一个索引。

【例 8-18】 创建数据表 t4(id,name,sex,age),在 id、name 和 sex 三个字段上创建组合索引。具体 SQL 语句与执行结果如下。

```
mysql> create table t4(
    -> id varchar(10),
    -> name varchar(20),
    -> sex varchar(2),
    -> age int,
    -> index MultiIndex(id, name, sex));
Query OK, 0 rows affected (0.66 sec)
```

从以上执行结果可以看出，数据表 t4 创建成功。可以使用 show create table 语句查看表的结构。

```
mysql> show create table t4 \G;
*************************** 1. row ***************************
       Table: t4
 create table: create table `t4` (
  `id` varchar(10) default null,
  `name` varchar(20) default null,
  `sex` varchar(2) default null,
  `age` int default null,
  key `MultiIndex` (`id`,`name`,`sex`)
) Engine=InnoDB default charset=utf8mb4 collate=utf8mb4_0900_ai_ci
1 row in set (0.10 sec)
```

从以上执行结果可以看出，在 id、name 和 sex 字段上已经成功建立了一个名为 MultiIndex 的组合索引。

组合索引可以起到几个索引的作用，但是使用时并不是随便查询哪个字段都可以使用索引，而是遵从“最左前缀”原则，即利用索引中最左边的列来匹配行，这样的列集称为最左前缀。例如，这里有 id、name 和 sex 三个字段构成的索引，索引列中按 id、name、sex 的顺序存放，索引可以搜索(id,name,sex)、(id,name)或者 id 字段组合。如果列不构成索引的最左前缀，那么 MySQL 不能使用组合索引，如(sex)或者(name,sex)则不能使用索引查询。

在 t4 表中根据 id 和 name 进行数据查询，使用 explain 语句查看索引是否正在使用。

```
mysql> explain select * from t4 where id='2015001' and name='王鹏' \G;
*************************** 1. row ***************************
           id: 1
  select_type: SIMPLE
        table: t4
   partitions: null
         type: ref
possible_keys: MultiIndex
          key: MultiIndex
      key_len: 126
          ref: const,const
         rows: 1
     filtered: 100.00
        Extra: null
1 row in set, 1 warning (0.00 sec)
```

从以上执行结果可以看出，根据 id 和 name 进行数据查询时，使用了 MultiIndex 索引。如果根据 name 和 sex 的组合，或者单独根据 name 或 sex 进行数据查询时，使用 explain 语句查看索引是否正在使用。

```
mysql> explain select * from t4 where name='王鹏' \G;
*************************** 1. row ***************************
           id: 1
  select_type: SIMPLE
        table: t4
   partitions: null
         type: all
possible_keys: null
          key: null
      key_len: null
          ref: null
         rows: 1
     filtered: 100.00
        Extra: Using where
1 row in set, 1 warning (0.32 sec)
```

从以上执行结果可以看出，possible_keys 和 key 为空，表示并没有使用索引进行查询。

（5）创建全文索引。

全文索引可以用于全文搜索。只用 MyISAM 存储引擎支持全文索引，并且只为 char、varchar 和 text 列创建索引。索引总是对整个列进行，不支持局部（前缀）索引。

【例 8-19】 创建数据表 t5(id,name,sex,age,info)，在 info 字段上创建全文索引。具体 SQL 语句与执行结果如下。

```
mysql> create table t5(
    -> id varchar(10),
    -> name varchar(20),
    -> sex varchar(2),
    -> age int,
    -> info varchar(255),
    -> fulltext index info_fulltext(info)
    -> )Engine=MyISAM;
Query OK, 0 rows affected (0.20 sec)
```

注意：因为 MySQL 8.0 中默认存储引擎为 InnoDB，这里创建表时需要修改表的存储引擎为 MyISAM，不然创建索引会出错。

从以上执行结果可以看出，数据表 t5 创建成功。可以使用 show create table 语句查看表的结构。

```
mysql> show create table t5 \G;
*************************** 1. row ***************************
       Table: t5
create table: create table `t5` (
  `id` varchar(10) default null,
  `name` varchar(20) default null,
```

```
  `sex` varchar(2) default null,
  `age` int default null,
  `info` varchar(255) default null,
  fulltext key `info_fulltext` (`info`)
) Engine=MyISAM default charset=utf8mb4 collate=utf8mb4_0900_ai_ci
1 row in set (0.18 sec)
```

从以上执行结果可以看出，info 字段上已经成功建立了一个名为 info_fulltext 的全文索引。全文索引非常适合于大型数据集，对于小的数据集，它的用处比较小。

(6) 创建空间索引。

空间索引必须在 MyISAM 类型的表中创建，且空间类型的字段必须为非空。

【例 8-20】 创建数据表 t6，在数据类型为 geometry 的字段上创建全文索引。具体 SQL 语句与执行结果如下。

```
mysql> create table t6(
    -> g geometry not null,
    -> spatial index spatIdx(g)
    -> )Engine=MyISAM;
Query OK, 0 rows affected, 1 warning (0.25 sec)
```

从以上执行结果可以看出，数据表 t6 创建成功。可以使用 show create table 语句查看表的结构。

```
mysql> show create table t6 \G;
*************************** 1. row ***************************
       Table: t6
 create table: create table `t6` (
  `g` geometry not null,
  spatial key `spatIdx` (`g`)
) Engine=MyISAM default charset=utf8mb4 collate=utf8mb4_0900_ai_ci
1 row in set (0.33 sec)
```

从以上执行结果可以看出，t6 表的 g 字段上创建了名为 spatIdx 的空间索引。注意：创建时指定空间数据类型字段为非空，并且表的存储引擎为 MyISAM。

2. 在已经存在的表上创建索引

在已经存在的表中创建索引，可以使用 alter table 语句或者 create index 语句。下面介绍如何使用 alter table 语句和 create index 语句在已经存在的表上创建索引。

(1) 使用 alter table 语句创建索引。

alter table 创建索引的基本语法格式如下。

```
alter table table_name add [unique|fulltext|spatial] [index|key]
[index_name] (col_name[length],...) [asc|desc];
```

与创建表时创建索引的语法不同的是，在这里使用了 alter table 和 add 关键字，add 表示向表中添加索引。

【例 8-21】 在 t1 表中的 sex 字段上建立名为 s_index 的普通索引。具体 SQL 语句与执行结果如下。

添加索引之前,使用 show index 语句查看指定表中已创建的索引。

```
mysql> show index from t1 \G;
*************************** 1. row ***************************
        Table: t1
   Non_unique: 1
     Key_name: name
 Seq_in_index: 1
  Column_name: name
    Collation: A
  Cardinality: 0
     Sub_part: null
       Packed: null
         Null: YES
   Index_type: BTREE
      comment:
Index_comment:
      Visible: YES
   Expression: null
```

其中,各主要参数的含义如下。

Table:表示创建索引的表。

Non_unique:表示索引非唯一,1 代表是非唯一索引,0 代表唯一索引。

Key_name:表示索引的名称。

Seq_in_index:表示该字段在索引中的位置,单列索引该值为 1,组合索引为每个字段在索引定义中的顺序。

Column_name:表示定义索引的列字段。

Sub_part:表示索引的长度。

Null:表示该字段是否能为空值。

Index_type:表示索引类型。

可以看出,t1 表中已经存在了一个索引。下面使用 alter table 在 t1 表的 sex 字段上添加索引。

```
mysql> alter table t1 add index s_index(sex);
Query OK, 0 rows affected (2.21 sec)
```

使用 show index 语句查看表中的索引。

```
mysql> show index from t1 \G;
*************************** 1. row ***************************
```

```
        Table: t1
   Non_unique: 1
     Key_name: name
 Seq_in_index: 1
  Column_name: name
    Collation: A
  Cardinality: 0
     Sub_part: null
       Packed: null
         Null: YES
   Index_type: BTREE
      comment:
Index_comment:
      Visible: YES
   Expression: null
*************************** 2. row ***************************
        Table: t1
   Non_unique: 1
     Key_name: s_index
 Seq_in_index: 1
  Column_name: sex
    Collation: A
  Cardinality: 0
     Sub_part: null
       Packed: null
         Null: YES
   Index_type: BTREE
      comment:
Index_comment:
      Visible: YES
   Expression: null
2 rows in set (0.36 sec)
```

从以上执行结果可以看出，现在表中已经有了两个索引，名称为 s_index 的索引是通过 alter table 语句添加的，该索引为非唯一索引。

【例 8-22】 在 t1 表中的 id 字段上建立名为 id_index 的唯一索引。具体 SQL 语句与执行结果如下。

```
mysql> alter table t1 add unique index id_index(id);
Query OK, 0 rows affected (0.22 sec)
```

使用 show index 语句查看表中的索引。

```
mysql> show index from t1 \G;
*************************** 1. row ***************************
```

```
        Table: t1
   Non_unique: 0
     Key_name: id_index
 Seq_in_index: 1
  Column_name: id
    Collation: A
  Cardinality: 0
     Sub_part: null
       Packed: null
         Null: YES
   Index_type: BTREE
      comment:
Index_comment:
      Visible: YES
   Expression: null
*************************** 2. row ***************************
        略
*************************** 3. row ***************************
        略
3 rows in set (0.16 sec)
```

从以上执行结果可以看出，现在表中已经有了 3 个索引，名称为 id_index 的索引的 Non_unique 属性值为 0，表示名称为 id_index 的索引为唯一索引，创建唯一索引成功。

【例 8-23】 在 t2 表的 name 和 sex 字段上建立名称为 ns_index 的组合索引。具体 SQL 语句与执行结果如下。

```
mysql> alter table t2 add index ns_index(name,sex);
Query OK, 0 rows affected (0.39 sec)
```

使用 show index 语句查看表中的索引。

```
mysql> show index from t2 \G;
*************************** 1. row ***************************
        Table: t2
   Non_unique: 0
     Key_name: u_id
 Seq_in_index: 1
  Column_name: id
    Collation: A
  Cardinality: 0
     Sub_part: null
       Packed: null
         Null: YES
   Index_type: BTREE
      comment:
```

```
Index_comment:
      Visible: YES
   Expression: null
*************************** 2. row ***************************
        Table: t2
   Non_unique: 1
     Key_name: ns_index
 Seq_in_index: 1
  Column_name: name
    Collation: A
  Cardinality: 0
     Sub_part: null
       Packed: null
         Null: YES
   Index_type: BTREE
      comment:
Index_comment:
      Visible: YES
   Expression: null
*************************** 3. row ***************************
        Table: t2
   Non_unique: 1
     Key_name: ns_index
 Seq_in_index: 2
  Column_name: sex
    Collation: A
  Cardinality: 0
     Sub_part: null
       Packed: null
         Null: YES
   Index_type: BTREE
      comment:
Index_comment:
      Visible: YES
   Expression: null
3 rows in set (0.06 sec)
```

从以上执行结果可以看出，名称为 ns_index 的索引由两个字段组成，name 字段在组合索引中的序号为 1，sex 字段在组合索引中的序号为 2。

【例 8-24】 先创建数据表 t7(id, info,g)，在 t7 表上使用 alter table 在 info 字段上创建全文索引。具体 SQL 语句与执行结果如下。

```
mysql> create table t7(
    -> id varchar(10),
```

```
    -> info char(255),
    -> g geometry not null
    -> )Engine=MyISAM;
Query OK, 0 rows affected (0.26 sec)
```

使用 alter table 在 info 字段上添加全文索引。

```
mysql> alter table t7 add fulltext index info_index(info);
Query OK, 0 rows affected (0.52 sec)
```

使用 show index 语句查看表中的索引。

```
mysql> show index from t7 \G;
*************************** 1. row ***************************
        Table: t7
   Non_unique: 1
     Key_name: info_index
 Seq_in_index: 1
  Column_name: info
    Collation: null
  Cardinality: null
     Sub_part: null
       Packed: null
         Null: YES
   Index_type: FULLTEXT
      comment:
Index_comment:
      Visible: YES
   Expression: null
1 row in set (0.07 sec)
```

从以上执行结果可以看出，t7 表中已经创建了名称为 info_index 的索引，类型为 fulltext。

【例 8-25】 在数据表 t7 的空间数据类型字段 g 上创建名称为 spatIndex 的空间索引，具体 SQL 语句与执行结果如下。

```
mysql> alter table t7 add spatial index spatIndex(g);
Query OK, 0 rows affected, 1 warning (2.40 sec)
```

使用 show index 语句查看表中的索引。

```
mysql> show index from t7 \G;
*************************** 1. row ***************************
        Table: t7
   Non_unique: 1
     Key_name: spatIndex
```

```
  Seq_in_index: 1
   Column_name: g
     Collation: A
   Cardinality: null
      Sub_part: 32
        Packed: null
          Null:
    Index_type: SPATIAL
       comment:
 Index_comment:
       Visible: YES
    Expression: null
*************************** 2. row ***************************
       略
2 rows in set (0.75 sec)
```

从以上执行结果可以看出，t7 表的 g 字段上创建了名称为 spatIndex 的空间索引。

（2）使用 create index 语句创建索引。

create index 语句可以在已经存在的表上添加索引。在 MySQL 中，create index 被映射到一个 alter table 语句上，基本语法格式如下。

```
create [unique|fulltext|spatial] index index_name
on table_name(col_name[length],...) [asc|desc];
```

可以看到 create index 语句和使用 alter table 语句添加索引的语法基本一样，只是关键字不同。

【例 8-26】 在 t3 表中的 id 字段上建立名为 id_index 的唯一索引。具体 SQL 语句与执行结果如下。

```
mysql> create unique index id_index on t3(id);
Query OK, 0 rows affected (0.82 sec)
```

使用 show index 语句查看表中的索引。

```
mysql> show index from t3 \G;
*************************** 1. row ***************************
         Table: t3
    Non_unique: 0
      Key_name: id_index
  Seq_in_index: 1
   Column_name: id
     Collation: A
   Cardinality: 0
      Sub_part: null
```

```
        Packed: null
          Null: YES
    Index_type: BTREE
       comment:
 Index_comment:
       Visible: YES
    Expression: null
*************************** 2. row ***************************
        略
2 rows in set (0.10 sec)
```

从以上执行结果可以看出,名称为 id_index 的索引的 Non_unique 属性值为 0,表示名称为 id_index 的索引为唯一索引,创建唯一索引成功。

8.2.4　删除索引

MySQL 中删除索引使用 alter table 或 drop index 语句,两者可实现相同的功能。

1. 使用 alter table 语句删除索引

使用 alter table 语句删除索引的基本语法格式如下。

```
alter table table_name drop index index_name;
```

【例 8-27】 删除 t3 表中名为 id_index 的唯一索引。具体 SQL 语句与执行结果如下。

```
mysql> alter table t3 drop index id_index;
Query OK, 0 rows affected (0.15 sec)
```

使用 show index 语句查看表 t3 中的索引,名为 id_index 的索引已经删除。

2. 使用 drop index 语句删除索引

使用 drop index 语句删除索引的基本语法格式如下。

```
drop index index_name on table_name;
```

【例 8-28】 删除 t3 表中名为 n_index 的普通索引。具体 SQL 语句与执行结果如下。

```
mysql> drop index n_index on t3;
Query OK, 0 rows affected (0.36 sec)
```

使用 show index 语句查看表 t3 中的索引,t3 表中已经没有名为 n_index 的索引。

习　题

一、选择题

1. 下列关于视图创建的说法中,正确的是(　　)。

　A. 可以建立在单表上

B. 可以建立在两张表的基础上

C. 可以建立在两张或多张表的基础上

D. 以上都有可能

2. 下列选项中,用于查看视图的字段信息的语句是(　　)。

A. describe　　B. create　　C. show　　D. select

3. 下列选项中,对视图中数据的操作不包括(　　)。

A. 定义视图　　B. 修改数据　　C. 查看数据　　D. 删除数据

4. 下列(　　)索引在定义索引的字段上支持值的全文查找,允许在这些索引字段中插入重复值和空值。

A. 普通索引　　B. 唯一索引　　C. 全文索引　　D. 空间索引

5. 使用(　　)参数可以设置索引为空间索引。

A. spatial　　B. fulltext　　C. unique　　D. primary

二、填空题

1. (　　)是从一个或多个表中导出的表,是一种虚拟存在的表。

2. 在 MySQL 中,创建视图使用(　　)语句。

3. 在 MySQL 中,删除视图使用(　　)语句。

4. 在关系数据库中,(　　)是一种独立存在的,对数据库表中一列或多列的值进行排序的存储结构。

5. 创建唯一索引用到的关键字是(　　)。

第9章 存储过程和函数

CHAPTER

学习目标：

- 掌握存储过程的创建；
- 掌握存储过程的调用；
- 掌握存储过程的查看、修改和删除；
- 掌握函数的创建、调用、修改和删除。

在数据库中，存储过程和函数是一些用户定义的 SQL 语句集合。存储过程是可以存储在服务器中的一组 SQL 语句。存储过程可以被程序、触发器或另一个存储过程调用。

存储过程和函数可以避免开发人员重复地编写相同的 SQL 语句，而且存储过程和函数是在 MySQL 服务器中存储和执行的，可以减少客户端和服务器端之间的数据传输，同时具有执行速度快、提高系统性能、确保数据库安全等诸多优点。

本章介绍存储过程和函数的含义、作用以及创建、使用、查看、修改和删除等操作。

9.1 存储过程和函数简介

常用的操作数据库语言 SQL 语句在执行时需要先编译，然后执行，而存储过程是一组为了完成特定功能的 SQL 语句集，经编译后存储在数据库中，用户通过指定存储过程的名字并给定参数（如果该存储过程带有参数）来调用执行它。

MySQL 中除了提供丰富的内置函数外，还支持用户自定义函数，用于实现某种功能，它是由多条语句组成的语句块，每条语句都是一个符合语句定义规范的个体，并且可以从应用程序和 SQL 中调用。

1. 存储过程的优点

(1) 存储过程增强了 SQL 的功能和灵活性。存储过程可以用流程控制语句编写，有很强的灵活性，可以完成复杂的判断和较复杂的运算。

（2）存储过程允许标准组件是编程。存储过程被创建后，可以在程序中被多次调用。而不必重新编写该存储过程的 SQL 语句。而且数据库专业人员可以随时对存储过程进行修改，对应用程序源代码毫无影响。

（3）存储过程能实现较快的执行速度。如果某一操作包含大量的 SQL 代码或分别被多次执行，那么存储过程要比批处理的执行速度快很多。因为存储过程是预编译的。在首次运行一个存储过程时，优化器对其进行分析优化，并且给出最终被存储在系统表中的执行计划。而批处理的 SQL 语句在每次运行时都要进行编译和优化，速度相对要慢一些。

（4）存储过程能够减少网络流量。针对同一个数据库对象的操作（如查询、修改），如果这一操作所涉及的 SQL 语句被组织成存储过程，那么当在客户计算机上调用该存储过程时，网络中传送的只是该调用语句，从而大大减少了网络流量并降低了网络负载。

（5）存储过程可被作为一种安全机制来充分利用。系统管理员通过执行对某一存储过程的权限进行限制，能够实现对相应数据的访问权限的限制，避免了非授权用户对数据的访问，保证了数据的安全。

存储过程是数据库存储的重要功能之一，但是 MySQL 在 5.0 以前并不支持存储过程，这使得 MySQL 在应用上大打折扣。好在 MySQL 5.0 终于已经开始支持存储过程，这样既可以大大提高数据库的处理速度，又可以提高数据库编程的灵活性。

2. 存储过程的缺点

（1）编写存储过程比编写单个 SQL 语句复杂，需要用户具有丰富的经验。

（2）编写存储过程时需要创建这些数据库对象的权限。

9.2 存储过程

对于 SQL 编程而言，存储过程是数据库中的一个重要的对象，它是在大型数据库系统中一组为了完成特定功能的 SQL 语句集，在第一次使用经过编译后，再次调用就不需要重复编译，因此执行效率比较高。本节主要介绍存储过程的创建、使用、查看、修改和删除等操作。

9.2.1 创建存储过程

创建存储过程使用 create procedure 语句，具体语法格式如下。

```
create procedure sp_name ([proc_parameter[,…]])
[characteristic…] routine_body
```

在上述语法中，创建存储过程的语句由多条子句构成，下面对该语法的各个部分进行讲解，具体如下。

create procedure：表示创建存储过程的关键字。

sp_name：表示存储过程的名称。

proc_parameter：表示存储过程的参数列表。

characteristic：指定存储过程的特性。

routine_body：表示存储过程的主体部分，包含了在过程调用时必须执行的 SQL 语句。

它以 begin 开始,以 end 结束。如果在存储过程体中只有一条 SQL 语句,可以省略 begin…end 标志。

proc_parameter 为指定存储过程的参数列表,该参数列表的形式如下。

```
[in|out|inout] param_name type
```

在以上参数列表中,in 表示输入参数;out 表示输出参数;inout 表示既可以输入也可以输出;param_name 表示参数名称;type 表示参数的类型,可以是 MySQL 中的任意类型。

另外,characteristic 参数有 5 个可选值,具体如下。

(1) comment 'string': 用于对存储过程的描述,其中 string 为描述内容,comment 为关键字。

(2) language SQL: 用于指明编写存储过程的语言为 SQL 语言。

(3) deterministic: 表示存储过程对同样的输入参数产生相同的结果。not deterministic 表示会产生不确定的结果(默认)。

(4) {contains SQL|no SQL|reads SQL data|modifies SQL data}: 指明使用 SQL 语句的限制。contains SQL 表示子程序不包含读或写数据的语句。no SQL 表示子程序不包含 SQL 语句。reads SQL data 表示子程序包含读数据的语句,但不包含写数据的语句。modifies SQL data 表示子程序包含写数据的语句。如果这些特征没有明确给定,默认为 contains SQL。

(5) SQL security{definer|invoker}: 指定有权限执行存储过程的用户,其中 definer 代表定义者,invoker 代表调用者,默认为 definer。

【例 9-1】 创建存储过程,根据学号查询学生的姓名。具体 SQL 语句与执行结果如下。

```
mysql> delimiter $$
mysql> create procedure getName(in sno char(11),out sname varchar(20))
    -> begin
    -> select name into sname from stu where id=sno;
    -> end $$
Query OK, 0 rows affected (2.36 sec)
mysql> delimiter ;
```

从以上执行结果可以看出,存储过程创建成功。

在 MySQL 中,服务器处理语句的时候是以分号为结束标志的。但是,在创建存储过程时,存储过程体中可能包含多个 SQL 语句,每个 SQL 语句都是以分号结尾,这时服务器处理程序时遇到第一个分号就会认为程序结束,这肯定是不行的。所以使用“delimiter 结束符号”命令将 MySQL 语句的结束标志修改为其他符号。最好再使用“delimiter ;”恢复以分号为结束标志。

9.2.2 局部变量的使用

在存储过程中可以使用局部变量,局部变量可以在子程序中声明并使用,其作用范围是在 begin…end 程序中。在存储过程中使用局部变量首先要声明局部变量,MySQL 提供了

declare 语句声明局部变量。

1. declare 声明局部变量

在存储过程中可以声明局部变量，它们可以用来存储临时结果。要声明局部变量必须使用 declare 语句。在声明局部变量的同时也可以对其赋一个初始值，如果不指定默认为 null。其语法格式如下。

```
declare 变量名 1[,变量名 2]…数据类型 [default 默认值];
```

本书在 6.1.2 节已经讲解过局部变量的使用，这里不再过多讲解。下面举例说明声明一个整型变量和两个字符变量。

```
declare num int;
declare str1,str2 varchar(10);
```

2. 使用 set 语句赋值

要给局部变量赋值可使用 set 语句，基本语法格式如下。

```
set 变量名=表达式[,变量名=表达式]…;
```

例如，在存储过程中为局部变量赋值。

```
set num=1,str1='hello';
```

3. 使用 select…into 语句赋值

使用 select…into 语句可以把选定的列值直接存储到变量中。基本语法格式如下。

```
select 列名[,…] into 变量名[,…] table_expr;
```

其中 table_expr 是 select 语句中的 from 子句及后面的部分。例如，在存储过程中将学号为'20154103101'学生的姓名和民族分别赋给变量 sname 和 snation。

```
select name,nation into sname,snation from stu where id='20154103101';
```

注意： 该语句只能在存储过程中使用，变量 sname 和 snation 需要在之前声明。

9.2.3 定义条件和处理程序

特定条件需要特定处理。这些条件可以联系到错误以及子程序中的一般流程控制。定义条件是事先定义程序执行过程中遇到的问题。处理程序定义了在遇到这些问题时应当采取的处理方式，并且保证存储过程或函数在遇到警告或错误时能继续执行。这样可以增强存储程序处理问题的能力，避免程序异常停止运行。本节介绍如何使用 declare 关键字来定义条件和处理程序。

1. 定义条件

定义条件使用 declare 语句，基本语法格式如下。

```
declare condition_name condition for [condition_type];
```

其中，condition_name 参数表示条件的名称；condition_type 表示条件的类型，有两个可选值，分别是 sqlstate_value 和 mysql_error_code。sqlstate_value 为长度为 5 的字符串类型错误代码，mysql_error_code 为数值类型错误代码。例如，在 error 1148(42000)中，sqlstate_value 的值为 42000，mysql_error_code 的值为 1148。

【例 9-2】 下面定义 error1148(42000)这个错误，名称为 command_not_allowed。可以用两种不同的方法定义，代码如下。

```
//方法一，使用 sqlstate_value
declare command_not_allowed condition for sqlstate '42000';
//方法二，使用 mysql_error_code
declare command_not_allowed condition for 1148;
```

上面语句指定需要特殊处理的条件，它将一个名字和指定的错误条件关联起来。这个名字可以随后被用在定义处理程序的 declare handler 语句中。

2. 处理程序

MySQL 可以使用 declare 关键字来定义处理程序，基本语法格式如下。

```
declare handler_type handler for condition_value[,...] sp_statement;
```

在上述语法中：

handler_type 为错误处理的方式，有两个取值：continue 和 exit。continue 表示遇到错误不处理，继续执行；exit 表示遇到错误马上退出。

condition_value 参数指明错误类型，该参数有 6 个取值。

(1) sqlstate_value ：表示长度为 5 的字符串类型错误代码。

(2) mysql_error_code：表示数值类型错误代码。

(3) condition_name：表示 declare condition 定义的错误条件名称。

(4) sqlwarning：表示匹配所有以 01 开头的 SQLSTATE 错误代码。

(5) not found：表示匹配所有以 02 开头的 SQLSTATE 错误代码。

(6) sqlexception：表示匹配所有没有被 SQLWARNING 或 NOT FOUND 捕获的 SQLSTATE 错误代码。

sp_statement 为程序语句段，表示在遇到定义的错误时需要执行的存储过程或函数。

下面是定义处理程序的几种方式，代码如下。

方法一，捕获 sqlstate_value：

```
declare continue handler for sqlstate '42s02' set @info='no_such_table';
```

方法二，捕获 mysql_error_code：

```
declare continue handler for 1146 set @info='no_such_table';
```

方法三，先定义条件，然后调用：

```
declare no_such_table condition for 1146;
declare continue handler for no_such_table set  @info='no_such_table';
```

方法四，使用 sqlwarning：

```
declare exit handler for sqlwarning set @info='error';
```

方法五，使用 not found：

```
declare exit handler for not found set @info='no_such_table';
```

方法六，使用 sqlexception：

```
declare exit handler for sqlexception set @info='error';
```

上述代码是 6 种定义处理程序的方法。

第一种方法是捕获 sqlstate_value 值。如果遇到 sqlstate_value 值为 42S02，执行 continue 操作，并且输出“no_such_table”信息。

第二种方法是捕获 mysql_error_code 值。如果遇到 mysql_error_code 值为 1146，执行 continue 操作，并且输出“no_such_table”信息。

第三种方法是先定义条件，再调用条件。这里先定义 no_such_table 条件，遇到 1146 错误就执行 continue 操作。

第四种方法是使用 sqlwarning。sqlwarning 捕获所有以 01 开头的 sqlstate_value 值，然后执行 exit 操作，并且输出“error”信息。

第五种方法是使用 not found。sqlwarning 捕获所有以 02 开头的 sqlstate_value 值，然后执行 exit 操作，并且输出“no_such_table”信息。

第六种方法是使用 sqlexception。sqlexception 捕获所有没有被 sqlwarning 或 not found 捕获的 sqlstate_value 值，然后执行 exit 操作，并且输出“error”信息。

【例 9-3】 定义条件和处理程序。具体 SQL 语句与执行结果如下。

```
mysql> create table t8(
    -> id int,
    -> primary key(id)
    -> );
Query OK, 0 rows affected (2.53 sec)
mysql> delimiter $$
mysql> create procedure t8_handler()
    -> begin
    -> declare continue handler for sqlstate '23000' set @info=1;
    -> set @x=1;
    -> insert into t8 values(1);
    -> set @x=2;
```

```
    -> insert into t8 values(1);
    -> set @x=3;
    -> end;
    -> $$
Query OK, 0 rows affected (0.11 sec)
mysql> delimiter ;
mysql> call t8_handler();
Query OK, 0 rows affected (0.72 sec)
mysql> select @x;
+------+
| @x   |
+------+
|   3  |
+------+
1 row in set (0.00 sec)
```

从以上执行结果可以看出，@x 是一个用户变量，执行结果@x=3，这表明存储过程被执行到程序的末尾。如果“declare continue handler for sqlstate '23000' set @info=1;”这行不存在，第二个 insert 因为 primary key 强制而失败之后，MySQL 可能已经采取默认(exit)的方式，并且 select @x 可能已经返回 2。

9.2.4　游标的使用

在存储过程或自定义函数中的查询可能会返回多条记录，可以使用游标来逐条读取查询结果集中的记录。MySQL 支持简单的游标，游标一定要在存储过程或函数中使用，不能单独在查询中使用。使用一个游标需要用到 4 条特殊语句：declare cursor(声明游标)、open cursor(打开游标)、fetch cursor(读取游标)和 close cursor(关闭游标)。

如果使用了 declare cursor 语句声明了一个游标，这样就把它连接到了一个由 select 语句返回的结果集中。使用 open cursor 语句打开这个游标。接着可以用 fetch cursor 语句把产生的结果一行一行地读取到存储过程或函数中去。游标相当于一个指针，它指向当前的一行数据，使用 fetch cursor 语句可以把游标移动到下一行。当处理完所有的行时，使用 close cursor 语句关闭这个游标。

1. 声明游标

在 MySQL 中，使用 declare 关键字来声明游标，基本语法格式如下。

```
declare cursor_name cursor for select_statement;
```

其中，cursor_name 参数表示游标的名称；select_statement 参数表示 select 语句的内容，返回一个用于创建游标的结果集。这里的 select 语句不能有 into 子句。

2. 打开游标

声明游标后，要使用游标从中提取数据，就必须先打开游标。使用 open 语句打开游标，基本语法格式如下。

```
open cursor_name;
```

在程序中，一个游标可以打开多次，由于其他用户或程序可能在其间已经更新了表，所以每次打开的结果可能不同。

3. 读取游标

游标打开后，可以使用 fetch…into 语句从中读取数据。基本语法格式如下。

```
fetch cursor_name into var_name[,var_name]…;
```

其中，var_name 是存放数据的变量名。fetch 语句是将游标指向的一行数据赋给一些变量，子句中变量的数目必须等于声明游标 select 子句中列的数目。

4. 关闭游标

游标使用完毕后，要及时关闭游标。关闭游标使用 close 语句。基本语法格式如下。

```
close cursor_name;
```

【例 9-4】 使用游标读取 stu 数据表中学生的人数。具体 SQL 语句与执行结果如下。

```
mysql> delimiter $$
mysql> create procedure stucount(out num int)
    -> begin
    -> declare sid char(12);
    -> declare done int default false;
    -> declare curid cursor for select id from stu;
    -> declare continue handler for not found set done=true;
    -> set num=0;
    -> open curid;
    -> read_loop:loop
    -> fetch curid into sid;
    -> if done then
    -> leave read_loop;
    -> end if;
    -> set num=num+1;
    -> end loop;
    -> close curid;
    -> end$$
Query OK, 0 rows affected (2.99 sec)
mysql> delimiter ;
```

从以上执行结果可以看出，存储过程创建成功。

使用 call 语句调用存储过程。

```
mysql> set @num=0;
Query OK, 0 rows affected (0.05 sec)
```

```
mysql> call stucount(@num);
Query OK, 0 rows affected (0.64 sec)
mysql> select @num;
+-------+
| @num  |
+-------+
|   9   |
+-------+
1 row in set (0.04 sec)
```

9.2.5　流程控制的使用

存储过程和函数可以使用流程控制来控制语句的执行。MySQL 中可以使用 if 语句、case 语句、loop 语句、repeat 语句、while 语句、leave 语句和 iterate 语句来进行流程控制。本书在 6.4 节已经详细讲解过流程控制语句,这里不再介绍详细语法。

1. if 语句

【例 9-5】 创建存储过程,使用 if 语句,通过输入学号,查询学生的姓名。具体 SQL 语句与执行结果如下。

```
mysql> delimiter $$
mysql> create procedure p_name(in sid char(11),out sname varchar(20))
    -> if sid is null or sid=''
    -> then
    -> select * from stu;
    -> else
    -> select name into sname from stu where id=sid;
    -> end if;
    -> end $$
Query OK, 0 rows affected (0.09 sec)
mysql> delimiter ;
```

从以上执行结果可以看出,存储过程创建成功。使用 call 语句调用存储过程。

```
mysql> call p_name('20154103101',@sname);
Query OK, 1 row affected (0.07 sec)
```

查询用户变量@sname 的值。

```
mysql> select @sname;
+--------+
| @sname |
+--------+
| 刘聪    |
+--------+
1 row in set (0.00 sec)
```

2. case 语句

【例 9-6】 创建存储过程，使用 case 语句，显示学生的性别。具体 SQL 语句与执行结果如下。

```
mysql> delimiter $$
mysql> create procedure p_sex()
    -> begin
    -> select id,name,
    -> (case when sex='男' then '男同学'
    -> when sex='女' then '女同学'
    -> else '未知' end) as sex
    -> from stu;
    -> end $$
Query OK, 0 rows affected (0.33 sec)
mysql> delimiter ;
```

从以上执行结果可以看出，存储过程创建成功。使用 call 语句调用存储过程。

```
mysql> call p_sex();
+-------------+--------+--------+
| id          | name   | sex    |
+-------------+--------+--------+
| 20154103101 | 刘聪   | 男同学 |
| 20154103102 | 王腾飞 | 男同学 |
| 20154103103 | 张童   | 男同学 |
| 20154103104 | 郭贺   | 男同学 |
| 20154103105 | 刘浩   | 男同学 |
| 20154103106 | 李玉霞 | 男同学 |
| 20154103107 | 马春雨 | 女同学 |
| 20154103108 | 张明月 | 女同学 |
| 20154103109 | 刘聪   | 女同学 |
+-------------+--------+--------+
9 rows in set (0.03 sec)
```

3. loop 语句

【例 9-7】 创建存储过程，使用 loop 语句，计算 10 以内整数的和。具体 SQL 语句与执行结果如下。

```
mysql> delimiter $$
mysql> create procedure p_loopsum()
    -> begin
    -> declare i,sum int default 0;
    -> sign:loop
    -> if i>10 then
    -> select sum;
```

```
    -> leave sign;
    -> else
    -> set sum=sum+i;
    -> set i=i+1;
    -> end if;
    -> end loop sign;
    -> end $$
Query OK, 0 rows affected (0.28 sec)
mysql> delimiter ;
```

从以上执行结果可以看出,存储过程创建成功。使用 call 语句调用存储过程。

```
mysql> call p_loopsum();
+-------+
| sum   |
+-------+
|  55   |
+-------+
1 row in set (0.00 sec)
Query OK, 0 rows affected (0.01 sec)
```

4. repeat 语句

【例 9-8】 创建存储过程,使用 repeat 语句,计算 10 以内整数的和。具体 SQL 语句与执行结果如下。

```
mysql> delimiter $$
mysql> create procedure p_repeatsum()
    -> begin
    -> declare i,sum int default 0;
    -> repeat
    -> set sum=sum+i;
    -> set i=i+1;
    -> until i>10
    -> end repeat;
    -> select sum;
    -> end $$
Query OK, 0 rows affected (0.35 sec)
mysql> delimiter ;
```

从以上执行结果可以看出,存储过程创建成功。使用 call 语句调用存储过程。

```
mysql> delimiter ;
mysql> call p_repeatsum();
+-------+
| sum   |
```

```
+-------+
|  55   |
+-------+
1 row in set (0.05 sec)
Query OK, 0 rows affected (0.07 sec)
```

5. while 语句

【例 9-9】 创建存储过程，使用 while 语句，计算 10 以内奇数的和。具体 SQL 语句与执行结果如下。

```
mysql> delimiter $$
mysql> create procedure p_whilesum()
    -> begin
    -> declare i,sum int default 0;
    -> while i<=10 do
    -> if i%2!=0
    -> then set sum=sum+i;
    -> end if;
    -> set i=i+1;
    -> end while;
    -> select sum;
    -> end $$
Query OK, 0 rows affected (0.05 sec)
mysql> delimiter ;
```

从以上执行结果可以看出，存储过程创建成功。使用 call 语句调用存储过程。

```
mysql> call p_whilesum();
+-------+
| sum   |
+-------+
|  25   |
+-------+
1 row in set (0.00 sec)
Query OK, 0 rows affected (0.01 sec)
```

6. leave 语句和 iterate 语句

leave 语句主要用于跳出循环，iterate 语句主要用于跳出本次循环，进入下一次循环。

【例 9-10】 创建存储过程，使用 loop 语句，计算 10 以内奇数的和。具体 SQL 语句与执行结果如下。

```
mysql> delimiter $$
mysql> create procedure p_sum()
    -> begin
    -> declare i,sum int default 0;
```

```
    -> sign:loop
    -> if i>10 then
    -> select sum;
    -> leave sign;
    -> elseif i%2=0 then
    -> set i=i+1;
    -> iterate sign;
    -> else
    -> set sum=sum+i;
    -> set i=i+1;
    -> end if;
    -> end loop sign;
    -> end $$
Query OK, 0 rows affected (0.04 sec)
mysql> delimiter ;
mysql> call p_sum();
```

从以上执行结果可以看出，存储过程创建成功。使用 call 语句调用存储过程。

```
mysql> call p_sum();
+-------+
| sum   |
+-------+
|  25   |
+-------+
1 row in set (0.07 sec)
Query OK, 0 rows affected (0.08 sec)
```

9.2.6　调用存储过程

存储过程创建完后，可以在程序、触发器或者其他存储过程中被调用，但是都必须使用 call 语句，前面已简单地使用了 call 语句来调用存储过程。具体语法格式如下。

```
call sp_name ([proc_parameter[,…]]);
```

call 语句调用一个已经创建的存储过程，其中 sp_name 为存储过程的名称，proc_parameter 为存储过程的参数。因 9.2.5 节已多次使用 call 语句调用存储过程，本节不再举例说明。

9.2.7　查看存储过程

MySQL 存储了存储过程的状态信息，用户可以使用 show status 语句或 show create 语句来查看，也可以直接从系统的 information_schema 数据库中查询。本节分别介绍这 3 种方法。

1. 使用 show status 语句查看存储过程的状态

使用 show status 语句查看存储过程的状态，基本语法格式如下。

```
show procedure status [like 'pattern'];
```

这个语句是一个 MySQL 的扩展，返回子程序的特征，如数据库、名称、类型、创建者及创建和修改日期。如果没有指定样式，那么根据使用的语句，所有存储过程都会被列出。其中，procedure 表示查看存储过程；like 语句表示匹配存储过程的名称。

【例 9-11】 查看存储过程 getName 的状态。具体 SQL 语句与执行结果如下。

```
mysql> show procedure status like 'getName' \G;
*************************** 1. row ***************************
                  Db: jsjxy
                Name: getName
                Type: procedure
             Definer: root@localhost
            Modified: 2022-05-27 10:02:41
             Created: 2022-05-27 10:02:41
       Security_type: definer
             comment:
character_set_client: gbk
collation_connection: gbk_chinese_ci
  Database Collation: utf8mb4_0900_ai_ci
1 row in set (0.00 sec)
```

2. 使用 show create 语句查看存储过程的定义

MySQL 可以使用 show create 语句查看存储过程的定义，基本语法格式如下。

```
show create procedure sp_name;
```

这个语句是一个 MySQL 的扩展，类似于 show create table。其中，procedure 表示查看存储过程，sp_name 表示存储过程的名称。

【例 9-12】 查看存储过程 getName 的定义信息。具体 SQL 语句与执行结果如下。

```
mysql> show create procedure getName \G;
*************************** 1. row ***************************
           Procedure: getName
            sql_mode: strict_trans_tables,no_engine_substitution
    Create Procedure: create definer=`root`@`localhost` procedure `getName`(in
sno char(11),out sname varchar(20))
begin
select name into sname from stu where id=sno;
end
character_set_client: gbk
collation_connection: gbk_chinese_ci
  Database Collation: utf8mb4_0900_ai_ci
```

```
1 row in set (0.00 sec)
```

3. 从 information_schema.routines 表中查看存储过程的信息

MySQL 中存储过程的信息存储在 information_schema 数据库下的 routines 表中。可以通过查询该表的记录来查询存储过程的信息,基本语法格式如下。

```
select * from information_schema.routines where routine_name='sp_name';
```

其中,routine_name 字段中存储的是存储过程的名称;sp_name 表示要查找的存储过程的名称。

【例 9-13】 查看存储过程 getName 的信息。具体 SQL 语句与执行结果如下。

```
mysql> select * from information_schema.routines
    -> where routine_name='getName' \G;
*************************** 1. row ***************************
           SPECIFIC_NAME: getName
         ROUTINE_CATALOG: def
          ROUTINE_SCHEMA: jsjxy
            ROUTINE_NAME: getName
            ROUTINE_TYPE: procedure
               DATA_TYPE:
CHARACTER_MAXIMUM_LENGTH: null
  CHARACTER_OCTET_LENGTH: null
       NUMERIC_PRECISION: null
           NUMERIC_SCALE: null
      DATETIME_PRECISION: null
      CHARACTER_SET_NAME: null
          COLLATION_NAME: null
          DTD_IDENTIFIER: null
            ROUTINE_BODY: SQL
      ROUTINE_DEFINITION: begin
select name into sname from stu where id=sno;
end
           EXTERNAL_NAME: null
       EXTERNAL_LANGUAGE: SQL
         PARAMETER_STYLE: SQL
        IS_DETERMINISTIC: NO
         SQL_DATA_ACCESS: contains SQL
                SQL_PATH: null
           SECURITY_TYPE: definer
                 CREATED: 2022-05-27 10:02:41
            LAST_ALTERED: 2022-05-27 10:02:41
                SQL_MODE: strict_trans_tables,no_engine_substitution
         ROUTINE_COMMENT:
```

```
                  DEFINER: root@localhost
     CHARACTER_SET_CLIENT: gbk
     COLLATION_CONNECTION: gbk_chinese_ci
       DATABASE_COLLATION: utf8mb4_0900_ai_ci
1 row in set (0.01 sec)
```

9.2.8 修改存储过程

使用 alter 语句可以修改存储过程的特性，本节介绍如何使用 alter 语句修改存储过程。基本语法格式如下。

```
alter procedure sp_name [characteristic...];
```

其中，sp_name 表示存储过程的名称；characteristic 指定存储过程的特性，可能的取值如下。

contains SQL：表示子程序包含 SQL 语句，但不包含读或写数据的语句。

no sql：表示子程序中不包含 SQL 语句。

reads sql data：表示子程序中包含读数据的语句。

modifies sql data：表示子程序中包含写数据的语句。

sql security{definer|invoker}：指明谁有权限来执行。

- definer：表示只有定义者自己才能执行。
- invoker：表示调用者可以执行。

comment 'string'：表示注释信息。

【例 9-14】 修改存储过程 getName 的定义。将读写权限改为 modifies sql data，并指明调用者可以执行。具体 SQL 语句与执行结果如下。

```
mysql> alter procedure getName
    -> modifies sql data
    -> sql security invoker;
Query OK, 0 rows affected (0.35 sec)
```

从以上执行结果可以看出，存储过程修改成功，可以使用 show create 语句查看修改后的存储过程的信息。

```
mysql> show create procedure getName \G;
*************************** 1. row ***************************
           Procedure: getName
            sql_mode: strict_trans_tables,no_engine_substitution
    Create Procedure: create definer=`root`@`localhost` procedure `getName`(in
sno char(11),out sname varchar(20))
    modifies sql data
    sql security invoker
begin
```

```
select name into sname from stu where id=sno;
end
character_set_client: gbk
collation_connection: gbk_chinese_ci
  Database Collation: utf8mb4_0900_ai_ci
1 row in set (0.00 sec)
```

如果想要修改存储过程的内容,可以使用先删除存储过程再重新定义存储过程的方法。

9.2.9　删除存储过程

删除存储过程可以使用 drop 语句,基本语法格式如下。

```
drop procedure [if exists] sp_name;
```

其中,sp_name 表示要删除的存储过程的名称,if exists 子句是一个 MySQL 的扩展。如果程序不存在,它可以防止发生错误。

【例 9-15】 删除存储过程 getName。具体 SQL 语句与执行结果如下。

```
mysql> drop procedure getName;
Query OK, 0 rows affected (0.07 sec)
```

9.3　函　　数

函数与存储过程很相似,也是由 SQL 和过程式语句组成的代码段,并且可以从应用程序和 SQL 中调用。然而它们之间也有一些区别。

(1) 函数不能拥有输出参数,因为函数本身就是输出参数。

(2) 不能用 call 语句来调用函数。

(3) 函数必须包含一条 return 语句,而这条特殊的 SQL 语句不允许包含在存储过程中。

9.3.1　创建和调用函数

1. 创建函数

创建函数,需要使用 create function 语句,基本语法格式如下。

```
create function func_name([func_parameter[,…]])
returns type
[characteristic…] routine_body
```

上述语法中,各参数具体解释如下。

func_name:表示函数的名称。

func_parameter:表示函数的参数列表。每个参数由参数名称和参数类型组成。

returns type：指定返回值的数据类型。

characteristic：指定函数的特性，该参数的取值和存储过程中的取值是一致的。

routine_body：表示函数的主体，可以用 begin…end 来标记 SQL 代码的开始和结束。

【例 9-16】 创建一个函数 namebyid，根据学号返回某名学生的姓名。具体 SQL 语句与执行结果如下。

```
mysql> delimiter $$
mysql> create function namebyid(sid char(11))
    -> returns char(20)
    -> begin
    -> return (select name from stu where id=sid);
    -> end $$
Query OK, 0 rows affected (0.39 sec)
mysql> delimiter ;
```

从以上运行结果可以看出，函数创建成功。

2. 调用函数

函数创建成功后，可以使用 select 语句调用函数，基本语法格式如下。

```
select func_name([func_parameter[,…]]);
```

【例 9-17】 调用函数 namebyid。具体 SQL 语句与执行结果如下。

```
mysql> select namebyid('20154103101');
+-------------------------+
| namebyid('20154103101') |
+-------------------------+
| 刘聪                     |
+-------------------------+
1 row in set (0.42 sec)
```

9.3.2 查看函数

MySQL 中查看函数和查看存储过程的语法是一样的，下面简单介绍查看函数的 3 种语法。

1. 使用 show status 语句查看函数的状态

使用 show status 语句查看函数的状态，基本语法格式如下。

```
show function status [like 'pattern']
```

【例 9-18】 查看函数 namebyid 的状态。具体 SQL 语句与执行结果如下。

```
mysql> show function status like 'namebyid' \G;
*************************** 1. row ***************************
```

```
                  Db: jsjxy
                Name: namebyid
                Type: function
             Definer: root@localhost
            Modified: 2022-06-01 18:22:25
             Created: 2022-06-01 18:22:25
       Security_type: definer
             comment:
character_set_client: gbk
collation_connection: gbk_chinese_ci
  Database Collation: utf8mb4_0900_ai_ci
1 row in set (0.00 sec)
```

2. 使用 show create 语句查看函数的定义

MySQL 可以使用 show create 语句查看函数的定义，基本语法格式如下。

```
show create function func_name;
```

【例 9-19】 查看函数 namebyid 的定义信息。具体 SQL 语句与执行结果如下。

```
mysql> show create function namebyid \G;
*************************** 1. row ***************************
            Function: namebyid
            sql_mode: strict_trans_tables,no_engine_substitution
     Create Function: create definer=`root`@`localhost` function `namebyid`(sid
char(11)) returns char(20) charset utf8mb4
begin
return (select name from stu where id=sid);
end
character_set_client: gbk
collation_connection: gbk_chinese_ci
  Database Collation: utf8mb4_0900_ai_ci
1 row in set (0.47 sec)
```

3. 从 information_schema.routines 表中查看函数的信息

MySQL 中函数的信息存储在 information_schema 数据库下的 routines 表中。可以通过查询该表的记录来查询函数的信息，基本语法格式如下。

```
select * from information_schema.routines where routine_name='func_name';
```

【例 9-20】 查看函数 namebyid 的信息。具体 SQL 语句与执行结果如下。

```
mysql> select * from information_schema.routines
    -> where routine_name='namebyid' \G;
*************************** 1. row ***************************
```

```
           SPECIFIC_NAME: namebyid
         ROUTINE_CATALOG: def
          ROUTINE_SCHEMA: jsjxy
            ROUTINE_NAME: namebyid
            ROUTINE_TYPE: function
               DATA_TYPE: char
CHARACTER_MAXIMUM_LENGTH: 20
  CHARACTER_OCTET_LENGTH: 80
       NUMERIC_PRECISION: null
           NUMERIC_SCALE: null
      DATETIME_PRECISION: null
      CHARACTER_SET_NAME: utf8mb4
          COLLATION_NAME: utf8mb4_0900_ai_ci
          DTD_IDENTIFIER: char(20)
            ROUTINE_BODY: SQL
      ROUTINE_DEFINITION: begin
return (select name from stu where id=sid);
end
           EXTERNAL_NAME: null
       EXTERNAL_LANGUAGE: SQL
         PARAMETER_STYLE: SQL
        IS_DETERMINISTIC: NO
         SQL_DATA_ACCESS: contains SQL
                SQL_PATH: null
           SECURITY_TYPE: definer
                 CREATED: 2022-06-01 18:22:25
            LAST_ALTERED: 2022-06-01 18:22:25
                SQL_MODE: strict_trans_tables,no_engine_substitution
         ROUTINE_COMMENT:
                 DEFINER: root@localhost
    CHARACTER_SET_CLIENT: gbk
    COLLATION_CONNECTION: gbk_chinese_ci
      DATABASE_COLLATION: utf8mb4_0900_ai_ci
1 row in set (0.01 sec)
```

9.3.3 修改和删除函数

1. 修改函数

使用 alter 语句可以修改函数的特性，本节介绍如何使用 alter 语句修改函数。基本语法格式如下。

```
alter function func_name [characteristic...];
```

上述语法中参数和修改存储过程的参数是一致的。

【例 9-21】 修改函数 namebyid 的定义。将读写权限改为 reads sql data,并加上注释信息"find name"。具体 SQL 语句与执行结果如下。

```
mysql> alter function namebyid
    -> reads sql data
    -> comment 'find name';
Query OK, 0 rows affected (0.10 sec)
```

2. 删除函数

删除函数可以使用 drop 语句,基本语法格式如下。

```
drop function [if exists] func_name;
```

【例 9-22】 删除函数 namebyid。具体 SQL 语句与执行结果如下。

```
mysql> drop function if exists namebyid;
Query OK, 0 rows affected (0.40 sec)
```

习　题

一、选择题

1. 创建存储过程使用关键字(　　)开始,后面跟着存储过程的名称和参数。
   A. create procedure　　B. create function
   C. create table　　D. create view
2. 下面对游标的使用步骤的描述正确的是(　　)。
   A. 声明游标、打开游标、使用游标、关闭游标
   B. 打开游标、声明游标、使用游标、关闭游标
   C. 声明游标、使用游标、打开游标、关闭游标
   D. 打开游标、使用游标、声明游标、关闭游标
3. 调用函数使用(　　)关键字。
   A. call　　B. load　　C. create　　D. select
4. 下列控制流程中,MySQL 存储过程不支持(　　)。
   A. while　　B. for　　C. loop　　D. repeat
5. 打开游标使用的关键字是(　　)。
   A. declare　　B. open　　C. fetch　　D. close

二、填空题

1. 声明局部变量使用关键字(　　)。
2. 查看存储过程状态使用关键字(　　)。
3. 删除函数使用关键字(　　)。
4. 跳出本次循环,执行下一次循环使用的关键字是(　　)。
5. 读取游标使用关键字(　　)。

第10章 触发器和事件

CHAPTER

学习目标：

- 掌握触发器的创建；
- 掌握触发器的查看和删除；
- 掌握事件和触发器的区别；
- 掌握事件的创建。

MySQL的触发器和存储过程一样，都是嵌入MySQL的一段程序。触发器是由事件来触发某个操作，这些事件包括insert、update和delete语句。如果定义了触发程序，当数据库执行这些语句时就会激发触发器执行相应的操作。

MySQL中的事件指的是在某个特定的时间根据计划让其自动完成指定的任务或每隔一段时间根据计划做一次指定的任务。

10.1 触发器

触发器是一个特殊的存储过程，它与存储过程的区别在于存储过程使用时需要使用call语句调用，而触发器是在预先定义好的事件(insert、update或delete)发生时，才会被MySQL自动调用。

创建触发器时需要与数据表相关联，当表发生特定事件时，就会自动执行触发器中提前预订好的SQL代码。触发器经常用于加强数据的完整性约束和业务规则等。触发器类似于约束，但比约束更灵活，具有更精细和更强大的数据控制能力。

10.1.1 创建触发器

在创建触发器时需要指定触发器的操作对象——数据表，且该数据表不能是临时表或视图。基本语法格式如下。

```
create trigger trigger_name trigger_time trigger_event
on table_name for each row trigger_stmt;
```

上述语法格式中：

create trigger 表示创建触发器。

trigger_name 表示要创建触发器的名称，该名称在当前数据库中必须唯一。

trigger_time 表示触发时机，取值为 before 或 after，以表示触发器是在激活它的语句之前或之后触发。如果想要在激活触发器的语句执行后执行几个或更多的改变，通常使用 after 选项；如果想要验证新数据是否满足使用的限制，通常使用 before 选项。

trigger_event 表示激活触发器的触发事件，可以是下述值之一。

（1）insert：将新行插入表时激活触发器，如 insert、load data 或 replace 语句。

（2）update：更改某一行时激活触发器，如 update 语句。

（3）delete：删除某一行时激活触发器，如 delete 或 replace 语句。

同一个表不能拥有两个具有相同触发时机和事件的触发器。例如，某个表不能有两个 before update 触发器，但可以有一个 before update 触发器和一个 before insert 触发器，或一个 before update 触发器和一个 after update 触发器。

on table_name 表示在该表上发生触发事件才会激活触发器。

for each row 表示对于受触发事件影响的每一行，都要激活触发器。例如，使用一条语句向一个表中添加若干行，触发器会对每一行执行相应触发器动作。

trigger_stmt 表示触发器中包含的语句。如果要执行多个语句，可以使用 begin…end 语句结构。

【例 10-1】 在数据表 stu 上创建一个 insert 触发器，每次插入数据时，将用户变量 count 的值加 1。具体 SQL 语句与执行结果如下。

```
mysql> set @count=0;
Query OK, 0 rows affected (0.08 sec)
mysql> create trigger tbl_insert after insert
    -> on stu for each row
    -> set @count=@count+1;
Query OK, 0 rows affected (2.12 sec)
```

从以上执行结果可以看出，触发器创建成功。向 stu 表中插入一条数据，查看用户变量 count 的值。

```
mysql> insert into stu(id) values('20154103111');
Query OK, 1 row affected (0.31 sec)
mysql> select @count;
+--------+
| @count   |
+--------+
|     1    |
+--------+
1 row in set (0.00 sec)
```

可以看出，当插入一条数据后，@count 的值进行了加 1 运算。

【例 10-2】 在数据表 stu 上创建一个 update 触发器，当修改 stu 表中的学号时，数据表 sc 中对应的学号也要修改。具体 SQL 语句与执行结果如下。

```
mysql> delimiter $$
mysql> create trigger tbl_update after update
    -> on stu for each row
    -> begin
    -> update sc set id=new.id where id=old.id;
    -> end;
    -> $$
Query OK, 0 rows affected (0.43 sec)
mysql> delimiter ;
```

从以上执行结果可以看出，触发器创建成功。使用 select 语句分别查看数据表 stu 和 sc 表中的数据。

```
mysql> select * from stu;
+-----------+------+----+----+----------+-------+------------+
| id          | name   | sex | age | birthday   | nation  | specialty
+-----------+------+----+----+----------+-------+------------+
| 20154103101  | 刘聪   | 男  |  20 | 1996-02-05 | 汉族    | 软件工程
| 20154103102  | 王腾飞 | 男  |  21 | 1995-06-10 | 汉族    | 大数据
| 20154103103  | 张童   | 男  |  19 | 1997-09-18 | 满族    | 计算机科学与技术
| 20154103104  | 郭贺   | 男  |  20 | 1996-09-08 | 汉族    | 软件工程
|
| 20154103105  | 刘浩   | 男  |  19 | 1997-03-07 | 汉族    | 大数据
| 20154103106  | 李玉霞 | 男  |  18 | 1998-09-03 | 汉族    | 计算机科学与技术
| 20154103107  | 马春雨 | 女  |  20 | 1996-11-12 | 满族    | 大数据
| 20154103108  | 张明月 | 女  |  19 | 1997-10-08 | 维吾尔族 | 软件工程
| 20154103109  | 刘聪   | 女  |  20 | null       | null    | 软件工程
| 20154103111  | null   | null | null | null       | null    | null
+-----------+------+----+----+----------+-------+------------+
10 rows in set (0.00 sec)
mysql> select * from sc;
+------------+---------+-------+
| id           | courseid  | score   |
+------------+---------+-------+
| 20154103101  | 20001     | 84.20   |
| 20154103101  | 20002     | 93.20   |
| 20154103101  | 20003     | 67.20   |
| 20154103101  | 20004     | 76.30   |
| 20154103102  | 20001     | 75.20   |
| 20154103102  | 20002     | 89.20   |
| 20154103102  | 20003     | 98.20   |
| 20154103102  | 20004     | 68.70   |
```

```
| 20154103103     | 20001      | 56.80   |
| 20154103103     | 20002      | 87.90   |
| 20154103103     | 20003      | 78.90   |
| 20154103103     | 20004      | 72.50   |
+-------------+----------+-------+
12 rows in set (0.00 sec)
```

使用 update 语句把 stu 表中的学号 20154103101 改为 20154103201。

```
mysql> update stu set id='20154103201' where id='20154103101';
Query OK, 1 row affected (0.10 sec)
```

再次使用 select 语句分别查看数据表 stu 和 sc 表中的数据。

```
mysql> select * from stu;
+-----------+------+----+----+----------+-------+------------+
| id          | name   | sex  | age  | birthday     | nation   | specialty
+-----------+------+----+----+----------+-------+------------+
| 20154103102 | 王腾飞 | 男   |   21 | 1995-06-10 | 汉族     | 大数据
| 20154103103 | 张童   | 男   |   19 | 1997-09-18 | 满族     | 计算机科学与技术
| 20154103104 | 郭贺   | 男   |   20 | 1996-09-08 | 汉族     | 软件工程
| 20154103105 | 刘浩   | 男   |   19 | 1997-03-07 | 汉族     | 大数据
| 20154103106 | 李玉霞 | 男   |   18 | 1998-09-03 | 汉族     | 计算机科学与技术
| 20154103107 | 马春雨 | 女   |   20 | 1996-11-12 | 满族     | 大数据
| 20154103108 | 张明月 | 女   |   19 | 1997-10-08 | 维吾尔族 | 软件工程
| 20154103109 | 刘聪   | 女   |   20 | null         | null     | 软件工程
| 20154103111 | null   | null | null | null         | null     | null
| 20154103201 | 刘聪   | 男   |   20 | 1996-02-05 | 汉族     | 软件工程
+-----------+------+----+----+----------+-------+------------+
10 rows in set (0.05 sec)
mysql> select * from sc;
+-------------+----------+-------+
| id              | courseid   | score   |
+-------------+----------+-------+
| 20154103102     | 20001      | 75.20   |
| 20154103102     | 20002      | 89.20   |
| 20154103102     | 20003      | 98.20   |
| 20154103102     | 20004      | 68.70   |
| 20154103103     | 20001      | 56.80   |
| 20154103103     | 20002      | 87.90   |
| 20154103103     | 20003      | 78.90   |
| 20154103103     | 20004      | 72.50   |
| 20154103201     | 20001      | 84.20   |
| 20154103201     | 20002      | 93.20   |
| 20154103201     | 20003      | 67.20   |
```

```
| 20154103201      | 20004        | 76.30   |
+-------------+----------+--------+
12 rows in set (0.05 sec)
```

从以上执行结果可以看出，stu 表中的学号 20154103101 改为了 20154103201，sc 表中的数据也成功修改了。

值得一提的是，创建触发器时，可以使用 new 关键字获取插入或更新后产生的新值，使用 old 关键字获取删除或更新以前的值，使用方式很简单，只需在关键字后添加一个点“.”，然后再跟上具体的字段名称即可。

在 insert 触发器中，仅能使用“new.字段名”来引用新行的一列；在 delete 触发器中，仅能使用“old.字段名”来引用删除行的一列；在 update 触发器中，可以使用“old.字段名”来引用更新前的某一行的一列，也可以使用“new.字段名”来引用更新后的行中的一列。用 old 命名的列是只读的，用户可以引用它，但不能更改它。

在 before 触发器中，如果具有 update 权限，可以使用 set new.字段名＝newvalue 更改它的值，这意味着，用户可以使用触发器来更改将要插入新行中的值，或者用于更新新行的值。

【例 10-3】 在数据表 stu 上创建一个 delete 触发器，当删除 stu 表中的数据时，sc 表中对应的数据也要删除。具体 SQL 语句与执行结果如下。

```
mysql> delimiter $$
mysql> create trigger tbl_delete after delete
    -> on stu for each row
    -> begin
    -> delete from sc where id=old.id;
    -> end $$
Query OK, 0 rows affected (0.28 sec)
```

从以上执行结果可以看出，触发器创建成功。删除 stu 表中学号为 20154103201 的数据。

```
mysql> delete from stu where id='20154103201';
```

使用 select 语句查看 sc 表中的数据，sc 表中的学号为 20154103201 的数据也被删除了。

【例 10-4】 在数据表 sc 上创建一个 update 触发器，当修改后的成绩小于 0 分时，把成绩设置为 0 分，当修改后的成绩大于 100 分时，把成绩设置为 100 分。具体 SQL 语句与执行结果如下。

```
mysql> create trigger sc_update before update
    -> on sc for each row
    -> begin
    -> if new.score<0 then
```

```
    -> set new.score=0;
    -> elseif new.score>100 then
    -> set new.score=100;
    -> end if;
    -> end $$
Query OK, 0 rows affected (0.11 sec)
mysql> delimiter ;
```

从以上执行结果可以看出,触发器创建成功。把sc表中学号为20154103102且选修了20001课程的成绩改为102。

```
mysql> update sc set score=102 where id='20154103102' and courseid='20001';
Query OK, 1 row affected (0.07 sec)
```

使用select语句查看sc表中的数据。

```
mysql> select * from sc;
+-------------+----------+--------+
| id          | courseid | score  |
+-------------+----------+--------+
| 20154103102 | 20001    | 100.00 |
| 20154103102 | 20002    |  89.20 |
| 20154103102 | 20003    |  98.20 |
| 20154103102 | 20004    |  68.70 |
| 20154103103 | 20001    |  56.80 |
| 20154103103 | 20002    |  87.90 |
| 20154103103 | 20003    |  78.90 |
| 20154103103 | 20004    |  72.50 |
+-------------+----------+--------+
8 rows in set (0.00 sec)
```

从以上执行结果可以看出,sc表中学号为20154103102且选修了20001课程的成绩被设置为100。

10.1.2 查看触发器

查看触发器有两种方式,下面对这两种方式进行详细讲解。

1. 使用show triggers语句查看触发器

具体语法格式如下。

```
show triggers;
```

【例10-5】 使用show triggers语句查看所有触发器。具体SQL语句与执行结果如下。

```
mysql> show triggers \G;
*************************** 1. row ***************************
```

```
             Trigger: sc_update
               Event: update
               Table: sc
           Statement: begin
if new.score<0 then
set new.score=0;
elseif new.score>100 then
set new.score=100;
end if;
end
              Timing: before
             Created: 2022-06-06 12:05:40.86
            sql_mode: strict_trans_tables,no_engine_substitution
             Definer: root@localhost
character_set_client: gbk
collation_connection: gbk_chinese_ci
  Database Collation: utf8mb4_0900_ai_ci
*************************** 2. row ***************************
             Trigger: tbl_insert
               Event: insert
               Table: stu
           Statement: set @count=@count+1
              Timing: after
             Created: 2022-06-06 09:15:20.43
            sql_mode: strict_trans_tables,no_engine_substitution
             Definer: root@localhost
character_set_client: gbk
collation_connection: gbk_chinese_ci
  Database Collation: utf8mb4_0900_ai_ci
*************************** 3. row ***************************
             Trigger: tbl_update
               Event: update
               Table: stu
           Statement: begin
update sc set id=new.id where id=old.id;
end
              Timing: after
             Created: 2022-06-06 10:43:05.50
            sql_mode: strict_trans_tables,no_engine_substitution
             Definer: root@localhost
character_set_client: gbk
collation_connection: gbk_chinese_ci
  Database Collation: utf8mb4_0900_ai_ci
*************************** 4. row ***************************
```

```
               Trigger: tbl_delete
                 Event: delete
                 Table: stu
             Statement: begin
delete from sc where id=old.id;
end
                Timing: after
               Created: 2022-06-06 11:46:57.35
              sql_mode: strict_trans_tables,no_engine_substitution
               Definer: root@localhost
character_set_client: gbk
collation_connection: gbk_chinese_ci
  Database Collation: utf8mb4_0900_ai_ci
4 rows in set (0.00 sec)
```

从以上执行结果可以看出，数据库中有 4 个触发器，使用 show triggers 语句可以查看触发器的 Event、Table、Statement 等。

2. 从 information_schema.triggers 表中查看触发器

在 MySQL 中，触发器的信息存储在 information_schema 库下的 triggers 表中，用户可以通过查询该表的数据来查看触发器的信息，并且可以查询指定触发器的信息。

【例 10-6】 查看名称为 tbl_delete 触发器的信息。具体 SQL 语句与执行结果如下。

```
mysql> select * from information_schema.triggers
    -> where trigger_name='tbl_delete' \G;
*************************** 1. row ***************************
           TRIGGER_CATALOG: def
            TRIGGER_SCHEMA: jsjxy
              TRIGGER_NAME: tbl_delete
        EVENT_MANIPULATION: delete
      EVENT_OBJECT_CATALOG: def
       EVENT_OBJECT_SCHEMA: jsjxy
        EVENT_OBJECT_TABLE: stu
              ACTION_ORDER: 1
          ACTION_CONDITION: null
          ACTION_STATEMENT: begin
delete from sc where id=old.id;
end
        ACTION_ORIENTATION: row
             ACTION_TIMING: after
ACTION_REFERENCE_OLD_TABLE: null
ACTION_REFERENCE_NEW_TABLE: null
  ACTION_REFERENCE_OLD_ROW: old
  ACTION_REFERENCE_NEW_ROW: new
                   CREATED: 2022-06-06 11:46:57.35
```

```
                SQL_MODE: strict_trans_tables,no_engine_substitution
                 DEFINER: root@localhost
    CHARACTER_SET_CLIENT: gbk
    COLLATION_CONNECTION: gbk_chinese_ci
      DATABASE_COLLATION: utf8mb4_0900_ai_ci
1 row in set (0.00 sec)
```

从以上执行结果可以看出，通过 information_schema.triggers 表查看了触发器 tbl_delete 的详细信息，包括 TRIGGER_SCHEMA、TRIGGER_NAME 和 EVENT_MANIPULATION 等。

10.1.3 使用触发器

在使用触发器时有以下几个注意事项。

(1) 触发器程序不能调用将数据返回客户端的存储程序，也不能使用 call 语句的动态 SQL 语句，但是允许存储过程通过参数将数据返回触发器程序。也就是存储过程通过 out 或 inout 类型的参数可以将数据返回触发器，但不能调用直接返回数据的过程。

(2) 不能在触发器中使用已显式或隐式方式开始或结束事务的语句，例如 start transaction、commit 或 rollback。

(3) MySQL 的触发器是按照 before 触发器、行操作、after 触发器的顺序执行的，其中任何一步发生错误都不会继续执行剩下的操作。如果是对事务表进行操作，若出现错误，那么将会被回滚；如果是对非事务表进行操作，那么就无法回滚，数据可能会出错。

10.1.4 删除触发器

和其他数据库对象一样，可以使用 drop 语句将触发器从数据库中删除，基本语法格式如下。

```
drop trigger [schema_name] trigger_name;
```

以上语法中的 schema_name 是可选的。如果省略了 schema，将从当前数据库中删除触发器。

【例 10-7】 删除名称为 tbl_delete 的触发器。具体 SQL 语句与执行结果如下。

```
mysql> drop trigger tbl_delete;
Query OK, 0 rows affected (0.20 sec)
```

10.2 事 件

事件是由 MySQL 提供的特色事件调度程序执行与管理的，它适用于每隔一段时间就有固定需求的操作任务(如创建表、删除数据等)。而 MySQL 中的触发器与事件的区别在于前者仅针对某个表产生的事件(insert、update、delete)执行特定的任务，而后者是根据时间的推移触发设定的任务，并且操作对象可以是多张数据表。

10.2.1 创建事件

创建事件可以使用 create event 语句，基本语法格式如下。

```
create event [if not exists] event_name
on schedule schedule
[on completion [not] preserve]
[enable|disable|disable on slave]
[comment 'comment']
do sql_statement;
```

其中 schedule：

```
at timestamp[+interval interval]
|every interval
[starts timestamp[+interval interval]]
[ends timestamp[+interval interval]]
```

interval：

```
count{year|quarter|month|day|hour|minute|
week|second|year_month|day_hour|day_minute|
day_second|hour_minute|hour_second|minute_second}
```

上述语法中，各个参数和子句的说明如下。

(1) [if not exists]：只有在同名 event 不存在时才创建此参数，否则忽略。

(2) event_name：事件的名称，名字必须是当前数据库中唯一的，使用 event 常见的工作是创建表、插入数据、删除数据、清空表、删除表等。

(3) on schedule：时间调度，表示事件何时发生或者每隔多久发生一次。

① at 子句：表示在某个时刻事件发生。timestamp 表示一个具体的时间点，后面可以加上一个时间间隔，表示在这个时间间隔后事件发生。interval 表示这个时间间隔，由一个数值和单位构成，count 是间隔时间的数值。

② every 子句：表示在指定时间区间内每隔多长时间事件发生一次。starts 子句指定开始时间，ends 子句指定结束时间。

(4) 事件的属性：对于每一个事件都可以定义几个属性。

① on completion [not] preserve：表示事件最后一次调用后将自动删除该事件。on completion preserve 表示事件最后一次调用后将保留该事件，默认为 on completion not preserve。

② enable|disable|disable on slave：enable 表示该事件是活动的，活动意味着调度器检查事件动作是否必须调用。disable 表示该事件是关闭的，关闭意味着事件的声明存储在目录中，但是调度器不会检查它是否应该调用。disable on slave 表示事件在从机中是关闭的。如果不指定任何选项，在一个事件创建之后，它立即变为活动的。

（5）sql_statement：包含事件启动时执行的代码。如果包含多条语句，可以使用 begin…end 复合结构。

一个打开的事件可以执行一次或多次。一个事件的执行称为调用事件。每次调用一个事件，MySQL 都处理事件动作。MySQL 事件调度器负责调用事件。这个模块是 MySQL 数据库服务器的一部分。它不断地监视一个事件是否需要调用。要创建事件，必须打开调度器。可以使用系统变量 event_scheduler 来打开事件调度器，true 为打开，false 为关闭。例如：

```
set global event_scheduler=true;
```

【例 10-8】 创建一个立即启动的事件。具体 SQL 语句与执行结果如下。

```
mysql> create event direct
    -> on schedule at now()
    -> do delete from stu where id='20154103111';
Query OK, 0 rows affected (0.23 sec)
```

【例 10-9】 创建一个 40 秒启动的事件。具体 SQL 语句与执行结果如下。

```
mysql> create event e_40
    -> on schedule at current_timestamp+interval 40 second
    -> do insert into stu(id,name) values('20154103110','王鹏');
Query OK, 0 rows affected (0.07 sec)
```

事件创建成功，40 秒后查看数据表 stu 中的数据。

10.2.2　修改和删除事件

1. 修改事件

事件在创建后可以通过 alter event 语句来修改其定义和相关属性，基本语法格式如下。

```
alter event  event_name
on schedule schedule
[rename to new_event_name]
[on completion [not] preserve]
[enable|disable|disable on slave]
[comment 'comment']
do sql_statement;
```

说明：alter event 语句与 create event 语句格式相似，用户可使用一条 alter event 语句让一个事件关闭或再次让它启动。当然，如果一个事件最后一次调用后已经不存在了就无法修改了。用户还可以使用 rename to 子句修改事件的名称。

【例 10-10】 先创建一个 40 分钟后启动的事件，然后修改事件的名称。具体 SQL 语句与执行结果如下。

```
mysql> create event e_40m
    -> on schedule at current_timestamp+interval 40 minute
    -> do insert into stu(id,name) values('20154103111','李鹏');
Query OK, 0 rows affected (0.03 sec)
```

修改事件的名称。

```
mysql> alter event e_40m
    -> rename to e_40minute;
Query OK, 0 rows affected (0.05 sec)
```

然后使用 show events 语句查看事件的详细信息。

```
mysql> show events \G;
*************************** 2. row ***************************
                  Db: jsjxy
                Name: e_40minute
             Definer: root@localhost
           Time zone: system
                Type: one time
          Execute at: 2022-06-06 15:46:38
      Interval value: null
      Interval field: null
              Starts: null
                Ends: null
              Status: enabled
          Originator: 1
character_set_client: gbk
collation_connection: gbk_chinese_ci
  Database Collation: utf8mb4_0900_ai_ci
1 rows in set (0.00 sec)
```

2. 删除事件

删除事件的语法格式如下。

```
drop event [if exists][database name.] event_name;
```

【例 10-11】 删除名为 e_40minute 的事件。具体 SQL 语句与执行结果如下。

```
mysql> drop event e_40minute;
Query OK, 0 rows affected (0.63 sec)
```

习　题

一、选择题

1. MySQL 中,激活触发器的命令包括(　　)。

A. create、drop、insert　　B. select、create、update

C. insert、delete、update　　D. create、delete、update

2. 下列关于 MySQL 触发器的描述中错误的是(　　)。

A. 触发器的执行是自动的

B. 触发器多用来保证数据的完整性

C. 触发器可以创建在表或视图上

D. 一个触发器只能定义在一个基本表上

3. create trigger 的作用是(　　)。

A. 创建触发器　　B. 查看触发器　　C. 应用触发器　　D. 删除触发器

4. 下列语句中用于查看触发器的是(　　)。

A. select * from triggers

B. select * from information_schema

C. show triggers

D. select * from students.triggers

5. 删除触发器的命令是(　　)。

A. create trigger trigger_name　　B. drop database trigger_name

C. drop triggers trigger_name　　D. show triggers trigger_name

二、填空题

1. 创建事件使用关键字(　　)。

2. (　　)是由 MySQL 提供的特色事件调度程序执行与管理的,它适用于每隔一段时间就有固定需求的操作任务。

3. 在修改事件中对事件重命名应使用关键字(　　)。

第11章 权限与安全管理

CHAPTER

学习目标：

- 掌握用户的创建和删除；
- 掌握权限的授予和收回。

为了保证 MySQL 数据库中数据的安全性和完整性，MySQL 提供了一种安全机制，这种安全机制通过赋予用户适当的权限来提高数据的安全性。MySQL 用户主要包括两种，分别是 root 用户和普通用户。root 用户是超级管理员，拥有 MySQL 提供的所有权限，而普通用户的权限取决于该用户在创建时被赋予了哪些权限。

前面讲解的内容都是通过 root 用户登录数据库进行相应的操作。为了保证数据库的安全，数据库的管理员会对需要操作数据库的人员分配用户名、密码以及可操作的权限范围，让其仅能在自己权限范围内操作。本章详细介绍 MySQL 的权限表、如何管理 MySQL 用户以及如何进行权限管理。

11.1 权限表

MySQL 自带的数据库中，一个名为 mysql 的数据库是 MySQL 的核心数据库，该数据库主要用于维护数据库的用户以及权限的控制和管理。这些权限表中比较重要的是 user 表、db 表、host 表、tables_priv 表、columns_priv 表和 procs_priv 表，下面详细讲解主要的权限表。

11.1.1 user 表

MySQL 数据库中最重要的一张表就是 user 表，user 表存储了允许连接到服务器的用户信息以及全局级的权限信息。user 表根据存储内容的不同将这些字段分为 6 类，分别是用户字段、身份验证字段、安全连接字段、权限字段、资源控制字段以及账号锁定字段。

1. 用户字段

user 表中的用户字段只包括两个字段，分别是 host 和 user 字段，host 字段和user字段共同组成的复合主键用于区分MySQL中的账户，user字段用于代表用户名，host字段表示允许访问的客户端IP地址或主机地址，当host的值为*时，表示所有客户端的用户都可以访问。用户字段的信息如表11-1所示。

表11-1　user表的用户字段

字　段　名	数 据 类 型	默　认　值	含　　义
host	char(255)	无默认值	主机名
user	char(32)	无默认值	用户名

通过select查询user表中默认用户的host和user值，具体SQL语句如下。

```
mysql> select host,user from mysql.user;
+-----------+------------------+
| host      | user             |
+-----------+------------------+
| localhost | mysql.infoschema |
| localhost | mysql.session    |
| localhost | mysql.sys        |
| localhost | root             |
+-----------+------------------+
4 rows in set (0.03 sec)
```

从以上运行结果可以看出，在user表中，除了默认的root超级用户外，MySQL 5.7以后还新增了两个用户：mysql.session和mysql.sys。mysql.session用于用户身份验证，mysql.sys用于系统模式对象的定义，防止DBA(数据库管理员)重命名或删除root用户时发生错误。

默认情况下，用户mysql.session和mysql.sys已被锁定，使得数据库操作人员无法使用这两个用户通过客户端连接MySQL服务器。因此，建议不要随意解锁或使用mysql.session和mysql.sys用户，否则可能会有意外情况发生。

2. 身份验证字段

在MySQL 5.7之前，用户字段中还有一个名为password的字段用于存储用户的密码，在MySQL 5.7之后，user表中已不再包含password字段，而是使用plugin和authentication_string字段保存用户身份验证的信息。其中，plugin字段用户指定用户的验证插件名称，authentication_string字段表示根据plugin指定的插件算法对账户明文密码进行加密后的字符串。

下面通过select语句查询user表中root用户默认用plugin和authentication_string的值，具体SQL语句如下。

```
mysql> select plugin from mysql.user
    -> where user='root';
+-----------------------+
| plugin                |
```

```
+------------------------+
| caching_sha2_password  |
+------------------------+
1 row in set (0.00 sec)
mysql> select authentication_string from mysql.user
    -> where user='root';
+-----------------------------------------------------------+
| authentication_string                                     |
+-----------------------------------------------------------+
FwdZkMXw[u/^.YK1eBiIrLHUiawdYzEcsFkY4FR/t07LwUfZmpxPFK6     |
+-----------------------------------------------------------+
1 row in set (0.00 sec)
```

从以上运行结果可以看出，MySQL 中 root 用户的默认验证插件名为 caching_sha2_password。而 authentication_string 字段保存的则是一串不能看出具体含义的值，相对于能够直接看懂的明文密码，如 666666，它是经过加密处理的暗码。

除此之外，与身份验证的账号密码相关的字段还有 password_expired(密码是否过期)、password_last_changed(密码最后一次修改的时间)以及 password_lifetime(密码的有效期)。

3. 安全连接字段

客户端与 MySQL 服务器连接时，除了可以基于账户名以及密码的常规验证外，还可以判断当前连接是否符合 SSL 安全协议，user 表中的安全字段用来存储用户的安全信息，每个字段的信息如表 11-2 所示。

表 11-2　user 表的安全连接字段

字　段　名	数 据 类 型	默　认　值	含　　义
ssl_type	enum('','ANY','X509','SPECIFIED ')	空字符串('')	用于保存安全连接的类型，它的可选值有''(空)、ANY(任意类型)、X509(X509 证书)、SPECIFIED(规定的)4 种
ssl_cipher	bolb	无默认值	用户保存安全加密连接的特定密码
x509_issuer	bolb	无默认值	保存由 CA 签发的、有效的 X509 证书
x509_subject	bolb	无默认值	保存包含主题的、有效的 X509 证书

以 ssl 开头的字段是用来对客户端与服务器端的传输数据进行加密操作的。如果客户端连接服务器时不是使用 SSL 连接，那么在传输过程中，数据就有可能被窃取，因此从 MySQL 5.7 开始，为了数据的安全性，默认的用户连接方式就是 SSL 连接。使用 show 语句查看当前连接是不是 SSL 连接，具体 SQL 语句如下。

```
mysql> show variables like 'have_ssl';
+---------------+-------+
| Variable_name | Value |
+---------------+-------+
| have_ssl      | YES   |
```

```
+----------------+--------+
1 row in set, 1 warning (0.57 sec)
```

如果 have_ssl 字段值为 YES,则表示使用的是 SSL 连接,如果值为 disabled,则表示没有使用 SSL 连接,此时可以手动开启 SSL 连接。

4. 权限字段

user 表中的权限字段包含一系列以"_priv"结尾的字段,如 select_priv、drop_priv、super_priv、create_view_priv 等,这些字段的取值决定了用户具有哪些全局权限,每个字段的信息如表 11-3 所示。

表 11-3 user 表的权限字段

字段名	数据类型	默认值	对应权限	权限的作用范围
select_priv	enum('N', 'Y')	N	select	表
insert_priv	enum('N', 'Y')	N	insert	表、字段
update_priv	enum('N', 'Y')	N	update	表、字段
delete_priv	enum('N', 'Y')	N	delete	表
index_priv	enum('N', 'Y')	N	index	表
alter_priv	enum('N', 'Y')	N	alter	表
create_priv	enum('N', 'Y')	N	create	数据库、表、索引
drop_priv	enum('N', 'Y')	N	drop	数据库、表、视图
grant_priv	enum('N', 'Y')	N	grant option	数据库、表、存储过程
create_view_priv	enum('N', 'Y')	N	create view	视图
show_view_priv	enum('N', 'Y')	N	show view	视图
create_routine_priv	enum('N', 'Y')	N	create routine	存储过程
alter_routine_priv	enum('N', 'Y')	N	alter routine	存储过程
execute_priv	enum('N', 'Y')	N	execute	存储过程
trigger_priv	enum('N', 'Y')	N	trigger	表
event_priv	enum('N', 'Y')	N	event	数据库
create_tmp_table_priv	enum('N', 'Y')	N	create temporary tables	表
lock_tables_priv	enum('N', 'Y')	N	lock tables	数据库
references_priv	enum('N', 'Y')	N	references	数据库、表
reload_priv	enum('N', 'Y')	N	reload	服务器管理
shutdown_priv	enum('N', 'Y')	N	shutdown	服务器管理
process_priv	enum('N', 'Y')	N	process	服务器管理

续表

字　段　名	数 据 类 型	默认值	对 应 权 限	权限的作用范围
file_priv	enum('N', 'Y')	N	file	服务器主机上的文件
show_db_priv	enum('N', 'Y')	N	show databases	服务器管理
super_priv	enum('N', 'Y')	N	super	服务器管理
repl_slave_priv	enum('N', 'Y')	N	replication slave	服务器管理
repl_client_priv	enum('N', 'Y')	N	replication client	服务器管理
create_user_priv	enum('N', 'Y')	N	create user	服务器管理
create_tablespace_priv	enum('N', 'Y')	N	create tablespace	服务器管理

由表中数据可知，权限字段的数据类型为 enum('N', 'Y')，也就是说权限字段的取值只能是 N 或者 Y，其中 N 表示用户没有该权限，Y 表示用户有该权限，并且为了保证数据的安全性，这些权限字段的默认值均为 N。

5. 资源控制字段

user 表中的资源控制字段用来控制用户使用的资源，在 mysql.user 表中提供的以"max_"开头的字段，保存对用户可使用的服务器资源限制，用来防止用户登录 MySQL 服务器后的不法或不合规范的操作，浪费服务器的资源，每个字段的信息如表 11-4 所示。

表 11-4　user 表的资源控制字段

字　段　名	数 据 类 型	默认值	含　　义
max_questions	int(11)unsigned	0	每小时允许执行查询操作的最大次数
max_updates	int(11)unsigned	0	每小时允许执行更新操作的最大次数
max_connections	int(11)unsigned	0	每小时允许用户建立连接的最大次数
max_user_connections	int(11)unsigned	0	每小时允许单个用户建立连接的最大次数

从表中数据可知，4 个资源控制字段的默认值都是 0，这表示没有任何限制。

6. 账户锁定字段

在 mysql.user 表中提供的 account_locked 字段用于保存当前用户是锁定还是解锁状态。该字段是一个枚举类型，当其值为 N 时表示解锁，此用户可以用于连接服务器；当其值为 Y 时表示该用户已被锁定，不能用于连接服务器。

11.1.2　db 表

MySQL 数据库中另外一张比较重要的表是 db 表，db 表中存储了某个用户对相关数据库的权限(数据库级权限)信息。

db 表中根据存储内容的不同将这些字段分为用户字段和权限字段。

1. 用户字段

db 表中的用户字段包括 3 个字段，每个字段的信息如表 11-5 所示。

表 11-5 db 表中的用户字段

字段名	数据类型	默认值	含义
host	char(60)	无默认值	主机名
user	char(64)	无默认值	用户名
db	char(32)	无默认值	数据库名

db 表的这 3 个字段的组合构成了 db 表的主键。在 MySQL 5.6 之前，MySQL 数据库中还有一个名为 host 的表，host 表中存储了某个主机对数据库的操作权限，配合 db 表对给定主机上数据库级操作权限做更细致的控制，但 host 表一般很少用，所以从 MySQL 5.6 开始就没有 host 表了。

2. 权限字段

db 表中的权限字段也是包含一系列以"_priv"结尾的字段，这些字段是数据库级字段，并不能操作服务器，因此 db 表中的权限字段是在 user 表的基础上减少了与服务器管理相关的权限。

11.1.3 其他权限表

前面已经讲解了全局级权限表 user 和数据库级权限表 db，在 MySQL 数据库中，除了这两个权限表之外，还有表级权限表 tables_priv 和列级权限表 columns_priv，其中 tables_priv 可以实现单个表的权限设置，columns_priv 则可以实现单个字段的权限设计。

MySQL 用户通过身份认证后，会进行权限的分配，分配权限是按照 user 表、db 表、tables_priv 表、columns_priv 表的顺序依次进行验证，即先检查全局级权限表 user，如果 user 表中对应的权限是 Y，则此用户对所有数据库的权限都是 Y，将不再检查 db 表、tables_priv 表、columns_priv 表；如果 user 表中对应的权限是 N，则到数据库级权限表 db 中检查此用户对应的具体数据库的权限，如果得到 db 表中对应的权限为 Y，将不再检查 tables_priv 表、columns_priv 表；如果 db 表中对应的权限是 N，则检查表级权限表 tables_priv 中此数据库对应的具体表的权限，以此类推。

11.2 用户管理

用户是数据库的使用者和管理者，MySQL 通过用户的设置来控制数据库操作人员的访问与操作范围。用户管理是 MySQL 为了保证数据的安全性和完整性而提供的一种安全机制，通过用户管理可以实现让不同的用户访问不同的数据，而不是所有用户都可以访问所有的数据。MySQL 中的用户管理机制包括用户的登录和退出 MySQL 服务器、创建普通用户、删除普通用户、权限管理等内容。下面详细讲解这些内容。

11.2.1 登录和退出 MySQL 服务器

1. 登录 MySQL 服务器

登录 MySQL 时，可以使用 MySQL 命令并在后面指定登录主机以及用户名和密码的方式，基本语法格式如下。

```
mysql -h hostname|hostIP -p port -u username -p dbname -e SQL语句
```

其中，各个参数说明如下。

-h hostname|hostIP：可以使用该参数指定主机名或 IP，如果不指定，默认为 localhost。

-p port：指定连接 MySQL 服务器的端口号，port 即指定的端口号。安装 MySQL 时默认的端口号是 3306，如果不指定该参数，会默认连接 3306。

-u username：指定登录 MySQL 服务器的用户名，username 即指定的用户名。

-p：该参数提示输入登录密码。

dbname：指定要登录的数据库名，如果不指定该参数，也会进入 MySQL 数据库，但需要使用 use 命令登录指定数据库。

-e SQL 语句：指定要使用的 SQL 语句。

【例 11-1】 使用 DOS 命令通过 root 用户登录 jsjxy 数据库。具体 SQL 语句与执行结果如下。

```
mysql -h 127.0.0.1 -u root -p jsjxy
```

在执行上述命令后，系统会提示输入密码，在输入正确的密码后就可以进入 MySQL 的 jsjxy 数据库，如图 11-1 所示。

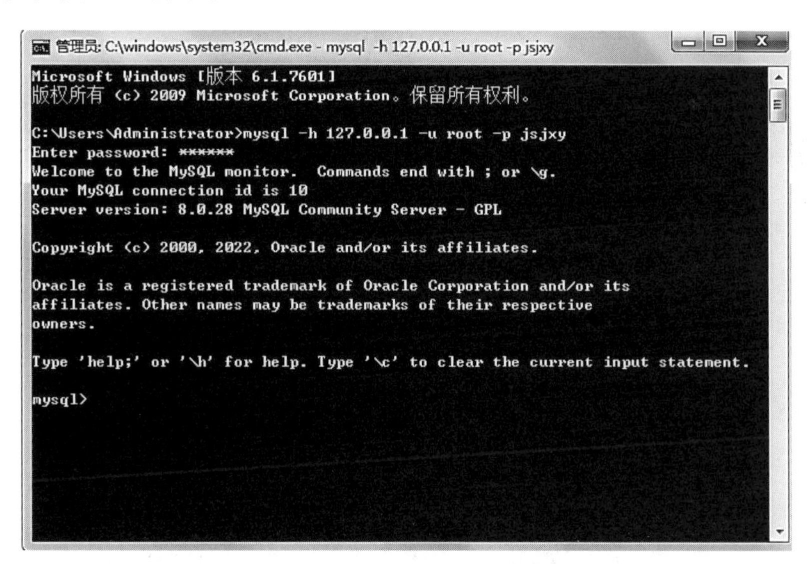

图 11-1　DOS 登录 jsjxy 数据库

也可以在命令中直接输入密码进行登录，具体 SQL 语句与执行结果如下。

```
mysql -h 127.0.0.1 -u root -p123456 jsjxy
```

上述命令的 123456 为 root 登录时的密码，在执行完上述命令后，系统会给出一条警告，如图 11-2 所示，提示在命令行中直接输入密码是不安全的，因此建议用第一种方式登录 MySQL 数据库。

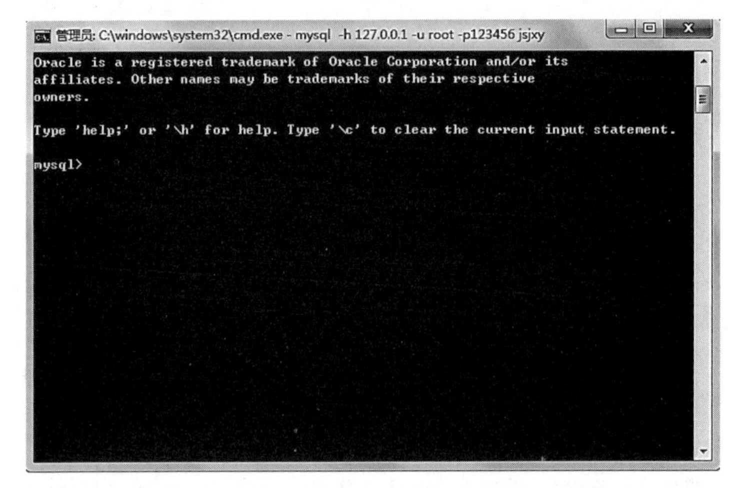

图 11-2　DOS 登录 jsjxy 数据库(直接输入密码)

还可以在登录数据库时在命令行中使用“-e”参数来添加要执行的 SQL 语句。

【例 11-2】 使用 DOS 命令通过 root 用户登录 jsjxy 数据库并查看 stu 表中的数据。具体 SQL 语句与执行结果如下。

```
mysql -h 127.0.0.1 -u root -p jsjxy -e "select * from stu"
```

在执行上述命令后，系统会提示输入密码，在输入正确的密码后就可进入 MySQL 的 jsjxy 数据库并查看 stu 表中的所有数据，如图 11-3 所示。

```
管理员: C:\windows\system32\cmd.exe
Microsoft Windows [版本 6.1.7601]
版权所有 (c) 2009 Microsoft Corporation。保留所有权利。

C:\Users\Administrator>mysql -h 127.0.0.1 -u root -p jsjxy -e "select * from stu
"
Enter password: ******
+-------------+--------+------+------+------------+----------+----------------
+
| id          | name   | sex  | age  | birthday   | nation   | specialty
|
+-------------+--------+------+------+------------+----------+----------------
+
| 20154103102 | 王腾飞 | 男   |   21 | 1995-06-10 | 汉族     | 大数据
|
| 20154103103 | 张童   | 男   |   19 | 1997-09-18 | 满族     | 计算机科学与技术
|
| 20154103104 | 郭贺   | 男   |   20 | 1996-09-08 | 汉族     | 软件工程
|
| 20154103105 | 刘浩   | 男   |   19 | 1997-03-07 | 汉族     | 大数据
|
| 20154103106 | 李玉霞 | 男   |   18 | 1998-09-03 | 汉族     | 计算机科学与技术
|
| 20154103107 | 马春雨 | 女   |   20 | 1996-11-12 | 满族     | 大数据
|
| 20154103108 | 张明月 | 女   |   19 | 1997-10-08 | 维吾尔族 | 软件工程
|
| 20154103109 | 刘聪   | 女   |   20 | NULL       | NULL     | 软件工程
|
| 20154103110 | 王鹏   | NULL | NULL | NULL       | NULL     | NULL
|
+-------------+--------+------+------+------------+----------+----------------
+

C:\Users\Administrator>_
```

图 11-3　DOS 登录 jsjxy 数据库查看 stu 表中数据

2. 退出 MySQL 服务器

登录成功后，可以使用 quit 或者 exit 命令退出登录。在执行完 quit 或者 exit 命令后，客户端窗口会显示信息。

11.2.2 创建普通用户

MySQL 中的用户分为两种：root 用户和普通用户。root 用户是在安装 MySQL 软件时默认创建的超级用户，该用户具有操作数据库的所有权限。如果每次都使用 root 用户登录 MySQL 服务器并操作各种数据库是不合适的，因为这样无法保证数据的安全性，因此需要创建具有不同权限的普通用户。

在 MySQL 数据库中，有两种方式创建新用户：一种是使用 create user 语句；另外一种是使用 insert 语句。创建新用户，必须有相应的权限来执行创建操作，因此需要使用 root 用户登录来创建普通用户。

使用 create user 时，服务器会修改相应的用户授权表，添加或者修改用户及其权限。create user 语句的基本语法格式如下。

```
create user [if not exists] 'username'@'hostname' [identified by password 'auth_
string']
```

上述语法格式中：

create user 为创建用户所使用的固定语法。

if not exists 为可选项，如果指定该项则在创建用户时即使用户已存在也不会提示错误，只会给出警告。

username 为用户名，hostname 为主机名，用于指定该用户在哪个主机上可以登录 MySQL 服务器，如果 hostname 取值为 localhost，表示该用户只能在本地登录，不能在另外一台计算机上远程登录；如果想远程登录，需要将 hostname 的值设置为%或者具体的主机名，其中，%表示在任何一台计算机上都可以登录，username 和 hostname 共同组成一个完整的用户名。

identified by 用来设置用户的密码。

auth_string 即为用户设置的密码；password 关键字用来实现对密码的加密功能(使用哈希值设置密码)，如果密码只是一个普通的字符串，则该项可以省略。

create user 语句会添加一个新的 MySQL 账号。使用 create user 语句创建用户，必须有全局的 create user 权限或 MySQL 数据库的 insert 权限。每添加一个用户，create user 语句会在 user 表中添加一条新记录，但是新创建的账号没有任何权限。

【例 11-3】 使用 create user 语句创建普通用户 lk。具体 SQL 语句与执行结果如下。

```
mysql> create user 'lk'@'localhost' identified by '123456';
Query OK, 0 rows affected (0.22 sec)
```

从以上运行结果可以看出，使用 create user 语句创建普通用户 lk 成功，下面使用 select 语句查看 user 表中的用户信息，看该用户是否存在。具体 SQL 语句与执行结果如下。

```
mysql> select host,user from mysql.user;
+-----------+------------------+
| host      | user             |
+-----------+------------------+
| localhost | lk               |
| localhost | mysql.infoschema |
| localhost | mysql.session    |
| localhost | mysql.sys        |
| localhost | root             |
+-----------+------------------+
5 rows in set (0.00 sec)
```

从以上运行结果可以看出，user 表中多了一个 user 字段值为 lk 的用户信息，这就是刚刚创建的用户。可以使用这个用户来登录 MySQL 数据库，如图 11-4 所示。

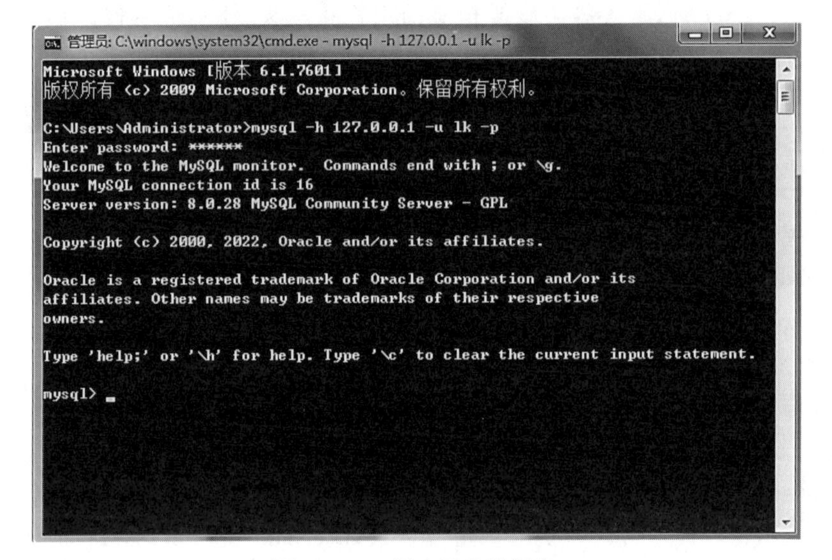

图 11-4　lk 用户登录数据库

从图 11-4 中可以看出，使用 lk 用户能够成功登录 MySQL 数据库。但是需要注意的是，使用 create user 创建的用户没有任何权限，如果想要该用户拥有某些权限需要使用授权语句来实现。

11.2.3　删除普通用户

在 MySQL 数据库中，可以使用 drop user 语句删除用户，也可以直接通过 delete 语句从 user 表中删除对应的记录来删除用户。

1. 使用 drop user 语句删除普通用户

drop user 语句删除普通用户的语法格式如下。

```
drop user [if exists] 'username'@'hostname'[,'username'@'hostname'];
```

上述语法格式中，drop user 为删除用户所使用的语法；if exists 为可选项，如果指定该项则在删除用户时即使用户不存在也不会提示错误，只会给出警告；'username'@'hostname'为要删除的用户。

drop user 语句用于删除一个或多个 MySQL 账号。要使用 drop user 必须拥有 MySQL 数据库的全局 drop user 权限或 delete 权限。

【例 11-4】 使用 drop user 语句删除普通用户 lk。具体 SQL 语句与执行结果如下。

```
mysql> drop user 'lk'@'localhost';
Query OK, 0 rows affected (0.10 sec)
```

从以上运行结果可以看出，使用 drop user 语句删除用户成功，下面使用 select 语句查看 user 表中的用户信息，看该用户是否成功删除。具体 SQL 语句与执行结果如下。

```
mysql> select host,user from mysql.user;
+-----------+------------------+
| host      | user             |
+-----------+------------------+
| localhost | mysql.infoschema |
| localhost | mysql.session    |
| localhost | mysql.sys        |
| localhost | root             |
+-----------+------------------+
4 rows in set (0.00 sec)
```

可以看出，用户 lk 已经从 user 表中成功删除。

2. 使用 delete 语句删除普通用户

可以使用 delete 语句在 mysql.user 表中删除数据来实现删除用户的操作，使用 delete 语句删除用户的语法格式如下。

```
delete from mysql.user where user='username' AND host='hostname';
```

【例 11-5】 使用 delete 语句删除普通用户 lk。具体 SQL 语句与执行结果如下。

由于上例已经把用户 lk 成功删除，需要先添加普通用户 lk 再使用 delete 语句删除。

```
mysql> create user 'lk'@'localhost' identified by '123456';
Query OK, 0 rows affected (0.06 sec)
mysql> delete from mysql.user where user='lk' and host='localhost';
Query OK, 1 row affected (0.72 sec)
```

从以上运行结果可以看出，使用 delete 语句删除用户成功，下面再次使用 select 语句查看 user 表中的用户信息，看该用户是否成功删除。具体 SQL 语句与执行结果如下。

```
mysql> select host,user from mysql.user;
+-----------+------------------+
| host      | user             |
```

```
+-----------+------------------+
| localhost | mysql.infoschema |
| localhost | mysql.session    |
| localhost | mysql.sys        |
| localhost | root             |
+-----------+------------------+
4 rows in set (0.00 sec)
```

可以看出，用户 lk 已经从 user 表中成功删除。

11.3 权限管理

在实际开发中，为了保证数据的安全，数据库管理员需要为不同层级的操作人员分配不同的权限，限制登录 MySQL 服务器的用户只能在其权限范围内操作。同时管理员还可以根据不同的情况为用户增加权限或回收权限，从而控制数据操作人员的权限。本节针对 MySQL 的权限管理进行详细讲解。

11.3.1 各种权限介绍

MySQL 服务器将权限信息存储在系统自带的 MySQL 数据库的权限表中，当 MySQL 服务启动时会将这些权限信息读取到内存中，并通过这些内存中的权限信息决定用户对数据库的访问权限。

与权限相关的数据表如表 11-6 所示。

表 11-6 与权限相关的数据表

数据表	描述
user	保存用户被授予的全局权限
db	保存用户被授予的数据库权限
tables_priv	保存用户被授予的表权限
columns_priv	保存用户被授予的列权限
procs_priv	保存用户被授予的存储过程权限
proxies_priv	保存用户被授予的代理权限

MySQL 的权限有很多种，表 11-7 列出了 MySQL 中提供的权限以及每种权限的含义及作用范围。

表 11-7 MySQL 的权限一览表

权限名	权限含义	权限的作用范围
all[privileges]	指定权限等级的所有权限	除了 grant option 和 proxy 以外的所有权限
alter	修改表	表

续表

权　限　名	权 限 含 义	权限的作用范围
alter routine	修改或删除存储过程	存储过程
create	创建数据库、表、索引	数据库、表、索引
create routine	创建存储过程	存储过程
create tablespace	创建、修改或删除表空间、日志文件组	服务器管理
create temporary tables	创建临时表	表
create user	创建、删除、重命名用户以及收回用户权限	服务器管理
create view	创建或修改视图	视图
delete	删除表中记录	表
drop	删除数据库、表、视图	数据库、表、视图
event	在事件调度里面创建、更改、删除、查看事件	数据库
execute	执行存储过程	存储过程
file	读写 MySQL 服务器上的文件	服务器主机上的文件
grant option	为其他用户授予或收回权限	数据库、表、存储过程
index	创建或删除索引	表
insert	向表中插入记录	表、字段
lock tables	锁定表	数据库
process	显示执行的线程信息	服务器管理
proxy	某用户称为另外一个用户的代理	服务器管理
references	创建外键	数据库、表
reload	允许使用 flush 语句	服务器管理
replication client	允许用户询问服务器的位置	服务器管理
replication slave	允许 slave 服务器读取主服务器上的二进制日志事件	服务器管理
select	查询表	表
show databases	查看数据库	服务器管理
show view	查看视图	视图
shutdown	关闭服务器	服务器管理
super	超级权限(允许执行管理操作)	服务器管理
trigger	操作触发器	表
update	更新表	表、字段
usage	没有任何权限	无

11.3.2　查看权限

查看用户权限时,可以使用 select 语句查询权限表中的相应权限字段,但是这种方式太过烦琐。因此通常使用 show grants 语句来查看指定用户的权限,使用这种方式时需要具有对 MySQL 数据库的 select 权限,SQL 语句具体语法格式如下。

```
show grants for 'username'@'hostname';
```

其中,show grants 为查看权限的固定语法格式;'username'@'hostname'用来指定要查看的用户。

【例 11-6】　查看 root 用户的权限。具体 SQL 语句与执行结果如下。

```
mysql> show grants for 'root'@'localhost' \G;
*************************** 1. row ***************************
grants for root@localhost: grant select, insert, update, delete, create, drop,
reload, shutdown, process, file, references, index, alter, show databases,
super,
create temporary tables, lock tables, execute, replication slave, replication
client, create view, show view, create routine, alter routine, create user,
event,
trigger, create tablespace, create role, drop role on * . * to `root`@`localhost
with grant option
*************************** 2. row ***************************
grants for root @ localhost: grant application _ password _ admin, audit _ abort _
exempt, audit _admin, authentication _policy _admin, backup _admin, binlog _admin,
binlog_encryption _admin, clone _admin, connection _admin, encryption _key _admin,
flush_optimizer_costs, flush _status, flush _tables, flush _user _resources, group_
replication_admin, group _replication _stream, innodb _redo _log _archive, innodb_
redo _ log _ enable, passwordless _ user _ admin, persist _ ro _ variables _ admin,
replication_applier, replication _slave _admin, resource _group _admin, resource_
group_user, role_admin, service _connection _admin, session _variables _admin, set_
user_id, show _routine, system _user, system _variables _admin, table _encryption_
admin, xa_recover_admin on * . * to `root`@`localhost` with grantoption
*************************** 3. row ***************************
Grants for root @ localhost: grant proxy on ` ` @ ` ` to ` root ` @ ` localhost `
with grantoption
3 rows in set (0.00 sec)
```

从以上运行结果可以看出,root 这个用户不仅具有 all 权限,还具有 proxy 权限,并拥有授权其他用户的权限,通过使用 with grant option 子句达到授权其他用户的目的,并且授予其他用户的权限必须是自己具备的权限。

11.3.3　授予权限

可以使用 grant 语句向已存在的用户授予权限,使用 grant 语句需要具有 grant option

权限，所以可以使用 root 用户来授予其他用户权限，其基本语法格式如下。

```
grant priv_type[(column_list)][,priv_type[(column_list)]]…
on db_name.table_name
to 'username'@'hostname'[,'username'@'hostname']…
[with{grant option|resource_option}…];
```

上述语法中，各参数介绍如下。

priv_type 表示权限的类型；

column_list 为字段列表，表示权限作用于哪些字段。

on 后的目标类型默认为 table，另外，其值还可以是 function(函数)或 procedure(存储过程)。

'username'@'hostname'表示用户账户，由用户名和主机名构成。

grant option 参数表示该用户可以将自己拥有的权限授予其他用户。

resource_option 参数有 4 种取值，分别是 max_queries_per_hour count(用来设置每小时允许执行查询操作的最大次数)、max_updates_per_hour count(用来设置每小时允许执行更新操作的最大次数)、max_connections_per_hour count(用来设置每小时允许用户建立连接的最大次数)、max_user_per_hour count(用来设置每小时允许单个用户建立连接的最大次数)。

【例 11-7】 创建一个新用户 luser，授予 luser 对所有表查询、插入权限，并授予 grant 权限。具体 SQL 语句与执行结果如下。

先建立一个新用户 luser。

```
mysql> create user 'luser'@'localhost' identified by '123456';
Query OK, 0 rows affected (0.02 sec)
```

从上述运行结果看出，用户创建成功。下面使用 show grants 语句查看用户 luser 当前的权限。

```
mysql> show grants for 'luser'@'localhost';
+------------------------------------------+
| Grants for luser@localhost               |
+------------------------------------------+
| grant usage on *.* to `luser`@`localhost` |
+------------------------------------------+
1 row in set (0.00 sec)
```

从上述运行结果看出，刚刚创建的用户 luser 的权限类型为 usage，即没有任何权限。下面使用 grant 语句授予该用户权限。

```
mysql> grant select,insert on *.* to 'luser'@'localhost' with grant option;
Query OK, 0 rows affected (0.41 sec)
```

从上述运行结果看出，授予用户 luser 权限的 SQL 语句执行成功，下面再次使用 show grants 语句查看 luser 的权限。

```
mysql> show grants for 'luser'@'localhost';
+------------------------------------------------------------------------+
| Grants for luser@localhost                                             |
+------------------------------------------------------------------------+
| grant select, insert on *.* to `luser`@`localhost` with grant option   |
+------------------------------------------------------------------------+
1 row in set (0.00 sec)
```

从上述运行结果可以看出用户 luser 拥有了对所有表查询、插入的权限，并可以将这些权限授予其他的用户。

11.3.4 收回权限

收回权限就是取消已经赋予用户的某些权限。收回用户不必要的权限可以在一定程度上保证系统的安全性。MySQL 中使用 revoke 语句取消用户的某些权限。使用 revoke 语句收回权限之后，用户账号的记录将从 db、host、tables_priv 和 column_priv 表中删除。

revoke 语句有两种语法格式。

1. 收回用户的所有权限

```
revoke all [privileges],grant option
from 'username'@'hostname'[,'username'@'hostname']…
```

revoke 语句必须和 from 语句一起使用。from 语句指明需要收回权限的用户。

2. 收回用户的指定权限

```
revoke priv_type[(column_list)][,priv_type[(column_list)]]…
on db_name.table_name[,db_name.table_name]…
from 'username'@'hostname'[,'username'@'hostname']…
```

上述语法中，各参数具体介绍如下。

priv_type 表示权限的类型。

column_list 表示权限作用于哪些字段，如果不指定该参数，表示作用于整个表。

db_name.table_name 表示从哪些表收回权限。

'username'@'hostname'表示用户账户，由用户名和主机名构成。

要使用 revoke 语句，必须拥有 MySQL 数据库的全局 create user 权限或 update 权限。

【例 11-8】 使用 revoke 语句取消用户 luser 的插入权限。具体 SQL 语句与执行结果如下。

```
mysql> revoke insert on *.* from 'luser'@'localhost';
Query OK, 0 rows affected (0.01 sec)
```

从上述运行结果可以看出，用户 luser 的插入权限回收成功。使用 show grants 语句查看 luser 的权限。

```
mysql> show grants for 'luser'@'localhost';
+------------------------------------------------------------+
| Grants for luser@localhost                                 |
+------------------------------------------------------------+
| grant select on *.* to `luser`@`localhost` with grant option |
+------------------------------------------------------------+
1 row in set (0.00 sec)
```

可以看出，用户 luser 已经没有 insert 权限。

【例 11-9】 使用 revoke 语句收回用户 luser 的所有权限。具体 SQL 语句与执行结果如下。

```
mysql> revoke all,grant option from 'luser'@'localhost';
Query OK, 0 rows affected (0.01 sec)
```

使用 show grants 语句再次查看 luser 的权限。

```
mysql> show grants for 'luser'@'localhost';
+-------------------------------------------+
| Grants for luser@localhost                |
+-------------------------------------------+
| grant usage on *.* to `luser`@`localhost` |
+-------------------------------------------+
1 row in set (0.00 sec)
```

可以看出用户 luser 的权限类型变为 usage，即没有任何权限了，说明权限回收成功。

习　题

一、选择题

1. 在 MySQL 中，使用 grant 语句给 MySQL 用户授权时，用于指定权限授予对象的关键字是(　　)。

　A. on　　B. to　　C. with　　D. from

2. 在使用 create user 创建用户时设置密码的命令是(　　)。

　A. identified by　　B. identified with　　C. password　　D. password by

3. 用户刚创建后，只能登录服务，而无法执行任何操作的原因是(　　)。

　A. 用户还没有任何数据库对象的操作权限

　B. 用户还需要修改密码

　C. 用户没激活

　D. 以上都不对

4. 在 MySQL 中,删除用户的命令是(　　)。

A. drop user　　B. revoke user

C. delete user　　D. del user

5. 收回权限使用的命令是(　　)。

A. grant　　B. revoke　　C. create　　D. drop

二、填空题

1. user 表中的用户字段只包括两个字段,(　　)字段用于代表用户名,(　　)字段表示允许访问的客户端 IP 地址或主机地址。

2. 通常使用(　　)语句来查看指定用户的权限。

3. 在授予权限的语法中,(　　)参数表示该用户可以将自己拥有的权限授予其他用户。

第12章 事务与锁机制

CHAPTER

学习目标：
- 掌握事务的概念和ACID特性；
- 掌握事务的基本操作；
- 掌握事务的隔离级别；
- 掌握锁的概念、表级锁和行级锁。

在实际开发中，对于复杂的数据操作过程，往往需要通过一组SQL语句来完成，这就需要保证所有命令执行的同步性。对于数据库管理系统而言，事务和锁是实现数据一致性和并发性的基础。本章主要讲解事务和锁的概念，以及如何在数据库中使用事务和锁实现数据的一致性以及并发性。

12.1 事　务

事务处理在数据库开发过程中有着非常重要的作用，它可以保证在同一个事务中的操作具有同步性。本节主要讲解事务处理的基础内容。

12.1.1 事务的概念

实际生活中，人们经常会进行转账的各种操作，转账可以分为转入和转出两部分，只有这两部分都完成才认为转账成功。在数据库中，这个过程是使用两条SQL语句来实现的，如果其中任意一条语句出现异常没有被执行，则会导致两个账户的金额出现不同步，造成数据错误。为了防止上述情况出现，需要使用事务的概念。

在MySQL中，事务就是针对数据库的一组操作，它可以由一条或多条SQL语句组成，且每个SQL语句是相互依赖的。只要在程序执行过程中有一条SQL语句执行失败或发生错误，则其他语句都不会执行。也就是说，事务的执行要么成功，要么就返回到事务开始前的状态，这就保证了同一事务操作的同步性和数据的完整性。

并不是所有的存储引擎都支持事务，如InnoDB和BDB支持，但

MyISAM 和 MEMORY 不支持。从 MySQL 4.1 开始支持事务，事务是构成多用户使用数据库的基础。

12.1.2 事务的 ACID 特性

MySQL 中的事务必须满足 A、C、I、D 这 4 个基本特性，即原子性(Atomicity)、一致性(Consistency)、隔离性(Isolation)和持久性(Durability)。

1. 原子性

原子性是指一个事务必须被视为一个不可分割的最小工作单元，只有事务中所有的数据库操作都执行成功，才算整个事务执行成功。事务中如果有任何一条 SQL 语句执行失败，已经执行成功的 SQL 语句都将被撤销，数据库的状态退回到执行事务前的状态。

2. 一致性

一致性是指在事务处理时，无论执行成功还是失败，都要保证数据库系统处于一致的状态，保证数据库系统不会返回到一个未处理的事务中。在 MySQL 中，一致性主要由 MySQL 的日志机制处理，它记录了数据库的所有变化，为事务恢复提供了跟踪记录。如果系统在事务处理中发生错误，MySQL 恢复过程将使用这些日志来发现事务是否已经完全成功地执行，是否需要返回。因而一致性保证了数据库从不返回一个未处理完的事务。

3. 隔离性

隔离性是指当一个事务在执行时，不会受到其他事务的影响。保证了未完成事务的所有操作与数据库系统的隔离，直到事务完成为止，才能看到事务的执行结果。隔离性相关的技术有并发控制、可串行化、锁等。当多个用户并发访问数据库时，数据库为每一个用户开启的事务，不能被其他事务的操作数据所干扰，多个并发事务之间要相互隔离。

4. 持久性

持久性是指即使系统崩溃，一个提交的事务仍然存在。当一个事务完成，数据库的日志已经更新时，持久性就开始发生作用。大多数的 DBMS 通过保存所有行为的日志来保证数据的持久性，这些行为是指在数据库中以任何方法更改数据。数据库日志记录了所有对于表的更新、查询等操作。

如果系统崩溃或者数据存储介质被破坏，通过使用日志，系统能够恢复在重启前进行的最后一次成功的更新，反映了在崩溃时处于过程的事务的变化。

MySQL 通过保存一条记录事务过程中系统变化的二进制事务日志文件来实现持久性。如果遇到硬件破坏或者突然的系统关机，在系统重启时，通过使用最后的备份和日志就可以很容易地恢复丢失的数据。

默认情况下，InnoDB 表示 100%持久的(所有在崩溃前系统所进行的事务在恢复过程中都可以可靠地恢复)。MyISAM 表提供部分持久性，所有在最后一个 flush tables 命令前进行的变化都能保证被存盘。

12.1.3 事务的基本操作

前面介绍了事务的基本知识，那么在 MySQL 中如何处理事务呢?

1. 开始事务

在默认情况下，用户执行的每一条 SQL 语句都会被当成单独的事务自动提交。当一个应用程序的第一条 SQL 语句或者在 commit 或 rollback 语句后的第一条 SQL 语句执行后，一个新的事务就开始了。如果要将一组 SQL 语句作为一个事务，则需要先执行下面语句显式地开启一个事务。

```
start transaction;
```

上述语句执行后，每一条 SQL 语句不再自动提交，用户需要手动提交，只有事务提交后，其中的操作才会生效。begin work 语句可以代替 start transaction 语句，但由于 begin 与 MySQL 中的 begin…end 冲突，因此不建议使用 begin work。

2. 提交事务

commit 语句是提交事务，它使得自事务开始以来所执行的所有数据修改成为数据库的永久部分（即不可撤销），也标志着一个事务的结束，其语法格式如下。

```
commit [work] [and [no] chain] [[no] release];
```

上述语法中，可选的 and chain 子句会在当前事务结束时，立即开启一个新事务，并且新事务与刚结束的事务有相同的隔离等级。release 子句在终止了当前事务后，会让服务器断开与当前客户端的连接。包括 no 关键字可以抑制 chain 或 release 完成。

注意：MySQL 使用的是平面事务模型，因此嵌套的事务是不允许的。在第一个事务里使用 start transaction 语句后，当第二个事务开始时，自动地提交第一个事务。

3. 撤销事务

rollback 语句是撤销语句（即回滚），它撤销事务所做的修改，并结束当前这个事务。语法格式如下。

```
rollback [work] [and [no] chain] [[no] release];
```

需要注意的是，rollback 只能针对未提交的事务回滚，已提交的事务无法回滚。

为了让读者更好地学习，下面通过一个实例来演示如何使用事务。查看学生表 stu 中学号为 20154103102 学生的姓名和年龄。

```
mysql> select id,name,age from stu where id='20154103102';
+-------------+--------+------+
| id          | name   | age  |
+-------------+--------+------+
| 20154103102 | 王腾飞 |  21  |
+-------------+--------+------+
1 row in set (0.04 sec)
```

接下来开始一个事务，通过 update 语句将“王腾飞”的年龄更新，最后提交事务，具体操作如下。

```
mysql> start transaction;
Query OK, 0 rows affected (0.00 sec)
```

```
mysql> update stu set age=22 where id='20154103102';
Query OK, 1 row affected (0.06 sec)
Rows matched: 1  Changed: 1  Warnings: 0
mysql> commit;
Query OK, 0 rows affected (0.00 sec)
mysql> select id,name,age from stu where id='20154103102';
+------------+-------+------+
| id         | name  | age  |
+------------+-------+------+
| 20154103102 | 王腾飞 |  22  |
+------------+-------+------+
1 row in set (0.00 sec)
```

从查询结果可以看出,通过事务成功地将年龄进行了更新。接下来测试事务的回滚,开始新事务后,将年龄再次更新,具体操作如下。

```
mysql> start transaction;
Query OK, 0 rows affected (0.00 sec)
mysql> update stu set age=23 where id='20154103102';
Query OK, 1 row affected (0.00 sec)
Rows matched: 1  Changed: 1  Warnings: 0
mysql> select id,name,age from stu where id='20154103102';
+------------+-------+------+
| id         | name  | age  |
+------------+-------+------+
| 20154103102 | 王腾飞 |  23  |
+------------+-------+------+
1 row in set (0.00 sec)
```

上述操作完成后,执行回滚操作,然后查看年龄,具体操作如下。

```
mysql> rollback;
Query OK, 0 rows affected (0.00 sec)
mysql> select id,name,age from stu where id='20154103102';
+------------+-------+------+
| id         | name  | age  |
+------------+-------+------+
| 20154103102 | 王腾飞 |  22  |
+------------+-------+------+
1 row in set (0.00 sec)
```

从查询结果可以看出,年龄又恢复到22了,说明事务回滚成功。

4. 事务的保存点

在回滚事务时,事务内所有的操作都将撤销,若希望只撤销一部分,可以用保存点实现,可以使用savepoint语句来设置一个保存点。savepoint语句的语法格式如下。

```
savepoint identifier
```

identifier 为保存点的名称。在设置完保存点后，可以使用以下语句将事务回滚到指定保存点。

```
rollback to savepoint identifier;
```

使用时若不再需要一个保存点，可以使用下面的语句删除保存点。

```
release savepoint identifier;
```

值得一提的是，一个事务中可以创建多个保存点，在提交事务后，事务中的保存点都会被删除。另外，在回滚到某个保存点后，在该保存点之后创建过的保存点都会消失。

下面通过案例演示事务保存点的使用。查看学生表 stu 中学号为 20154103102 学生的姓名和年龄。

```
mysql> select id,name,age from stu where id='20154103102';
+-------------+--------+------+
| id          | name   | age  |
+-------------+--------+------+
| 20154103102 | 王腾飞  |  22  |
+-------------+--------+------+
1 row in set (0.00 sec)
```

从查询结果可以看出年龄是 22。然后开启事务，将年龄更新为 23，创建保存点 s1，再将年龄更新为 24。具体操作如下。

```
mysql> start transaction;
Query OK, 0 rows affected (0.00 sec)
mysql> update stu set age=23 where id='20154103102';
Query OK, 1 row affected (0.00 sec)
Rows matched: 1  Changed: 1  Warnings: 0
mysql> savepoint s1;
Query OK, 0 rows affected (0.04 sec)
mysql> update stu set age=24 where id='20154103102';
Query OK, 1 row affected (0.00 sec)
Rows matched: 1  Changed: 1  Warnings: 0
```

完成上述操作后，将事务回滚到保存点 s1，然后再次查询，具体操作如下。

```
mysql> rollback to savepoint s1;
Query OK, 0 rows affected (0.00 sec)
mysql> select id,name,age from stu where id='20154103102';
+-------------+--------+------+
| id          | name   | age  |
```

```
+-------------+--------+------+
| 20154103102      | 王腾飞   |   23   |
+-------------+--------+------+
1 row in set (0.00 sec)
```

从运行结果可以看出，事务恢复到了保存点 s1。

5. 事务的自动提交

MySQL 默认是自动提交模式，如果没有显式开启事务(start transaction)，每一条 SQL 语句都会自动提交(commit)。如果用户想要控制事务的自动提交方式，可以通过更改 autocommit 变量来实现，将其值设为 1，表示开启自动提交，设为 0 表示关闭自动提交。若要查看当前会话的 autocommit 值，使用下面的语句。

```
mysql> select @@autocommit;
+--------------+
| @@autocommit     |
+--------------+
|           1      |
+--------------+
1 row in set (0.03 sec)
```

从查询结果可以看出，当前会话开启了事务的自动提交。若要关闭当前会话的事务自动提交，可以使用下面的语句。

```
mysql> set autocommit=0;
Query OK, 0 rows affected (0.00 sec)
```

上述语句执行后，用户需要手动执行提交操作，才会提交事务。否则，若直接终止 MySQL 会话，MySQL 会自动进行回滚操作。

12.2 事务隔离级别

由于数据库是一个多用户的共享资源，MySQL 允许多个线程并发访问，因此用户可以通过不同的线程执行不同的事务。为了保证这些事务之间不受影响，对事务设置隔离级别是非常重要的。本节将针对事务的隔离级别进行详细讲解。

12.2.1 查看隔离级别

对于隔离级别的查看，MySQL 提供了以下几种不同的方式，具体使用哪种方式查询还需要根据实际需求进行选择，具体代码如下。

1. 查看全局隔离级别

```
mysql> select @@global.transaction_isolation;
+--------------------------------+
```

```
| @@global.transaction_isolation        |
+---------------------------------------+
| REPEATABLE-READ                       |
+---------------------------------------+
1 row in set (1.44 sec)
```

2. 查看当前会话中的隔离级别

```
mysql> select @@session.transaction_isolation;
+---------------------------------------+
| @@session.transaction_isolation       |
+---------------------------------------+
| REPEATABLE-READ                       |
+---------------------------------------+
1 row in set (0.00 sec)
```

3. 查看下一个事务的隔离级别

```
mysql> select @@transaction_isolation;
+---------------------------+
| @@transaction_isolation   |
+---------------------------+
| REPEATABLE-READ           |
+---------------------------+
1 row in set (0.00 sec)
```

在以上语句中，全局的隔离级别影响的是所有连接 MySQL 的用户，而当前会话的隔离级别只影响当前正在登录 MySQL 服务器的用户，不会影响其他用户。而下一个事务的隔离级别仅对当前用户的下一个事务操作有影响。

在默认情况下，上述 3 种方式返回的结果都是 REPEATABLE -READ，表示隔离级别为可重复读。除了 REPEATABLE -READ（可重复读）外，MySQL 中事务的隔离级别还有 READ UNCOMMITTED（读取未提交）、READ COMMITTED（读取提交）和 SERIALIZABLE（可串行化）。

12.2.2　修改隔离级别

在 MySQL 中，事务的隔离级别可以通过 set 语句进行设置，具体语法格式如下。

```
set [session|global] transaction isolation level 参数值
```

在上述语法中，set 后的 session 表示当前会话，global 表示全局，若省略表示设置下一个事务的隔离级别。transaction 表示事务，isolation 表示隔离，level 表示级别。参数值可以是 REPEATABLE-READ、READ UNCOMMITTED、READ COMMITTED 和 SERIALIZABLE 中的一种。

下面演示将事务的隔离级别修改为 READ UNCOMMITTED，具体代码如下。

```
mysql> set session transaction isolation level read uncommitted;
Query OK, 0 rows affected (0.04 sec)
mysql> select @@session.transaction_isolation;
+---------------------------------+
| @@session.transaction_isolation |
+---------------------------------+
| READ-UNCOMMITTED                |
+---------------------------------+
1 row in set (0.00 sec)
```

从以上运行结果可以看出，当前事务的隔离级别已经修改为 READ-UNCOMMITTED。

12.2.3 MySQL 的 4 种隔离级别

MySQL 中事务隔离级别有 REPEATABLE-READ、READ UNCOMMITTED、READ COMMITTED 和 SERIALIZABLE。下面针对每种隔离级别的特点、问题以及解决方案进行详细讲解。

1. READ UNCOMMITTED

READ UNCOMMITTED 是事务中最低的级别，在该级别下的事务可以读取到其他事务中未提交的数据，这种读取的方式也被称为脏读(dirty read)。脏读是指一个事务读取了另外一个事务未提交的数据。

例如，小明要给小林转账 500 元购买商品，小明开启了事务转账，但没有提交事务，然后通知小林查询，如果小林的隔离级别较低，就会读取到小明的事务中未提交的数据，发现小明确实给自己转了 500 元，然后就给了小明商品。等小明收到商品了，将事务回滚，小林就受到了损失，这就是脏读。

为了更好地理解 READ UNCOMMITTED，下面通过对数据表 stu 中学号为 20154103102 学生年龄的修改演示 READ UNCOMMITTED 的效果。

首先需要开启两个命令行窗口，分别登录 MySQL 数据库，并进入 jsjxy 数据库。然后使用这两个窗口分别修改和查看学号为 20154103102 学生的年龄，以下称为客户端 A 和客户端 B，具体如下。

(1) 设置客户端 B 的事务隔离级别。由于 MySQL 默认的隔离级别 REPEATABLE-READ 可以避免脏读，为了演示脏读，需要将客户端 B 的隔离级别设为较低的 READ UNCOMMITTED，具体如下。

```
mysql> set session transaction isolation level READ UNCOMMITTED;
Query OK, 0 rows affected (0.05 sec)
```

(2) 在客户端 B 查询学号为 20154103102 学生的年龄。

```
mysql> select id,age from stu where id='20154103102';
+-------------+------+
| id          | age  |
```

```
+-------------+------+
| 20154103102   |  22   |
+-------------+------+
1 row in set (0.05 sec)
```

(3) 在客户端A开始事务，并对学号为20154103102学生的年龄进行修改，但并不提交，具体如下。

```
mysql> start transaction;
Query OK, 0 rows affected (0.00 sec)
mysql> update stu set age=23 where id='20154103102';
Query OK, 1 row affected (0.00 sec)
Rows matched: 1  Changed: 1  Warnings: 0
```

(4) 在客户端B查看年龄会发现年龄已经修改。

```
mysql> select id,age from stu where id='20154103102';
+-------------+------+
| id            | age   |
+-------------+------+
| 20154103102   |  23   |
+-------------+------+
1 row in set (0.00 sec)
```

(5) 此时如果客户端A回滚操作，客户端B刚才读的就是错误的数据了。

为了避免脏读，可以把客户端B的事务隔离级别设置为READ COMMITTED或者更高，这样可以避免脏读。这里需要注意的是，脏读在实际应用中会带来很多问题，除非有很好的理由，否则为了保证数据的一致性，在实际应用中几乎不会使用这种隔离级别。

2. READ COMMITTED

READ COMMITTED这种隔离级别只能读取其他事务已经提交的数据，可以有效地避免脏读数据的出现，但是在该隔离级别下，会出现不可重复读的问题。

不可重复读是指在一个事务中多次查询的结果不一致，原因是查询的过程中数据发生了改变。例如查看学号为20154103102学生的年龄，第一次查询是22岁，为了验证查询结果，第二次查询是23岁，两次查询的结果不一致，原因是第二次查询前年龄进行了修改。

为了更好地理解，下面通过实例验证不可重复读的情况。首先需要开启两个命令行窗口，分别登录MySQL数据库，并进入jsjxy数据库。以下称为客户端A和客户端B，具体如下。

(1) 演示客户端A的不可重复读。设置客户端A的事务隔离级别为READ COMMITTED时，会出现不可重复读的情况。在客户端A中开启事务，查询学号为20154103102学生的年龄。

```
mysql> set session transaction isolation level READ COMMITTED;
Query OK, 0 rows affected (0.00 sec)
```

```
mysql> select @@session.transaction_isolation;
+-----------------------------------+
| @@session.transaction_isolation   |
+-----------------------------------+
| READ-COMMITTED                    |
+-----------------------------------+
1 row in set (0.00 sec)
mysql> start transaction;
Query OK, 0 rows affected (0.04 sec)
mysql> select id,age from stu where id='20154103102';
+-------------+------+
| id          | age  |
+-------------+------+
| 20154103102 |  22  |
+-------------+------+
1 row in set (0.15 sec)
```

(2) 在客户端 B 对学号为 20154103102 学生的年龄进行修改。

```
mysql> update stu set age=23 where id='20154103102';
Query OK, 1 row affected (0.17 sec)
```

(3) 在客户端 A 再次查询学号为 20154103102 学生的年龄。

```
mysql> select id,age from stu where id='20154103102';
+-------------+------+
| id          | age  |
+-------------+------+
| 20154103102 |  23  |
+-------------+------+
1 row in set (0.00 sec)
```

从以上运行结果可以看出,客户端 A 在同一事务中两次查询的结果不一致,这就是不可重复读的情况。

为了避免不可重复读,可以将客户端 A 的事务隔离级别设置为默认级别 REPEATABLE-READ,重复上面的操作,会发现这样可以避免不可重复读的情况。

3. REPEATABLE-READ

REPEATABLE-READ 是 MySQL 的默认事务隔离级别,它解决了脏读和不可重复读的问题,确保了同一事务的多个实例在并发读取数据时,会看到同样的结果。但在理论上,该隔离级别会出现幻读的现象。

幻读又称为虚读,是指在一个事务内两次查询中数据条数不一致,幻读和不可重复读有些类似,同样发生在两次查询中。不同的是,幻读是由于其他事务插入了记录,导致记录数有所增加。不过,MySQL 的 InnoDB 存储引擎通过多版本并发控制机制解决了幻读的问题。

例如，在统计学生表 stu 中学生人数时，当前统计只有 9 位同学，若此时新插入一条记录，再次统计时就变成了 10 位同学，造成了幻读的情况。

为了更好地理解，下面通过实例验证幻读的情况。首先需要开启两个命令行窗口，分别登录 MySQL 数据库，并进入 jsjxy 数据库。以下称为客户端 A 和客户端 B，具体如下。

（1）演示客户端 A 的幻读。由于客户端 A 的默认隔离级别是 REPEATABLE-READ，REPEATABLE-READ 可以避免幻读，因此需要将级别降为 READ COMMITTED。降低级别后，开启事务，统计人数。

```
mysql> set session transaction isolation level READ COMMITTED;
Query OK, 0 rows affected (0.00 sec)
mysql> start transaction;
Query OK, 0 rows affected (0.00 sec)
mysql> select count(*) from stu;
+----------+
| count(*) |
+----------+
|        9 |
+----------+
1 row in set (0.00 sec)
```

（2）通过客户端 B 向 stu 表中插入一条新的记录。

```
mysql> insert into stu(id) values('20154103109');
Query OK, 1 row affected (0.01 sec)
```

（3）在客户端 A 中再次统计人数。

```
mysql> select count(*) from stu;
+----------+
| count(*) |
+----------+
|       10 |
+----------+
1 row in set (0.00 sec)
```

从以上运行结果可以看出，两次统计的结果不同，这就是幻读的情况。

为了避免幻读，可以把隔离级别设置为 REPEATABLE-READ，重复上面的操作，会发现可以避免幻读的情况。

4. SERIALIZABLE

SERIALIZABLE 是最高级别的隔离级别，它在每个读的数据行上加锁，使之不会发生冲突，从而解决了脏读、不可重复读和幻读的问题。但是由于加锁可能导致超时（timeout）和锁竞争（lock contention）现象，因此 SERIALIZABLE 也是性能最低的一种隔离级别。除非为了数据的稳定性，需要加强减少并发的情况时，才会选择此隔离级别。

为了更好地理解，下面通过案例演示超时的情况。假设客户端 A 执行查询操作，客户端 B 执行更新操作，具体操作步骤如下。

(1) 演示可串行化。将客户端 A 的事务隔离级别设置为 SERIALIZABLE，然后开启事务，查看学号为 20154103102 学生的年龄。具体如下。

```
mysql> set session transaction isolation level SERIALIZABLE;
Query OK, 0 rows affected (0.00 sec)
mysql> start transaction;
Query OK, 0 rows affected (0.00 sec)
mysql> select id,age from stu where id='20154103102';
+-------------+------+
| id          | age  |
+-------------+------+
| 20154103102 |  23  |
+-------------+------+
1 row in set (0.00 sec)
```

(2) 在客户端 B 中将学号为 20154103102 学生的年龄进行更新，会发现 update 操作一直在等待，而不是立即处理完成。

```
mysql> update stu set age=23 where id='20154103102';
#此时光标在不停地闪烁,进入等待状态
```

(3) 提交客户端 A 的事务。在客户端 B 中的 update 操作等待时，提交客户端 A 的事务，客户端 B 的操作才会执行，提示执行结果，具体如下。

客户端 A：

```
mysql> commit;
Query OK, 0 rows affected (0.04 sec)
```

客户端 B：

```
mysql> update stu set age=24 where id='20154103102';
Query OK, 1 row affected (0.01 sec)
Rows matched: 1  Changed: 1  Warnings: 0
```

(4) 若客户端 A 一直未提交事务，客户端 B 的操作会一直等待，直到超时后，会出现如下提示信息，表示锁等待超时，尝试重新启动事务。

```
mysql> update stu set age=24 where id='20154103102';
ERROR 1205 (HY000): Lock wait timeout exceeded; try restarting transaction
```

在默认情况下，锁等待的超时时间为 50 秒，可以通过下面语句查询。

```
mysql> select @@innodb_lock_wait_timeout;
+----------------------------+
| @@innodb_lock_wait_timeout |
```

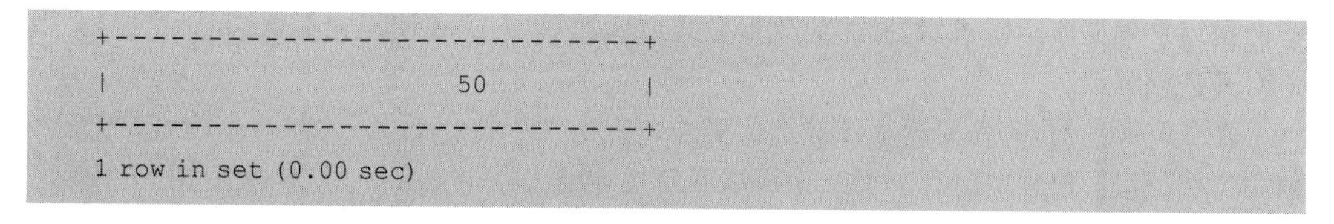

```
+----------------------------+
|                  50        |
+----------------------------+
1 row in set (0.00 sec)
```

从上述情况可以看出，如果一个事务使用了 SERIALIZABLE 隔离级别，在这个事务没有被提交前，其他会话只能等到当前操作完成后，才能进行操作，这样会非常耗时，而且会影响数据库的并发性能，所以通常情况下不会使用这种隔离级别。

12.3　锁　机　制

在认识锁机制前，首先考虑一个问题，在同一时刻，用户 A 和用户 B 同时要修改 stu 表中学号为 20154103102 学生的年龄，此时会出现什么情况。

假设在初始情况下，stu 表中学号为 20154103102 学生的年龄是 24 岁，在不添加锁的前提下，用户 A 关闭自动提交事务的功能，将年龄修改为 25，然后查询当前的年龄为 25(修改未提交)；与此同时用户 B 也查询年龄，它的值却为 24。当用户 A 提交事务后，用户 B 查询的值又变成 25。整个操作出现了两个问题，一是用户 B 第一次查询的值和用户 A 查询的不同，二是用户 B 前后两次查询的值不同，从而产生了用户并发操作时数据不一致的情况。

解决的办法是，在用户 A 和用户 B 同时向 stu 表发出请求操作时，根据系统内部设定的操作优先级(获取数据优先或修改数据优先的原则)，锁住指定用户(如用户 A)要操作的资源(如 stu 表)，同时让另一个用户(如用户 B)排队等待，直到锁定资源的用户(如用户 A)操作完成，并释放锁后，再让另一个用户(如用户 B)对资源进行操作。其中对资源加锁的方式，可以采用修改事务隔离级别的方式实现。

简单地说，锁机制就是为了保证多用户并发操作时，能使被操作的数据资源保持一致性的设计原则。又因为 MySQL 数据库自身设计的特点，利用多种存储引擎处理不同特定的应用场景，所以锁机制在不同存储引擎中的表现也有一定的区别。

根据存储引擎的不同，MySQL 中常见的锁有两种，分别为表级锁(如 MyISAM、MEMORY 存储引擎)和行级锁(如 InnoDB 存储引擎)，另外 InnoDB 存储引擎中还包含表级锁。

表级锁是 MySQL 中锁的作用范围(锁的粒度)最大的一种锁。它锁定的是用户操作资源所在的整个数据表，有效地避免了死锁的发生，且具有加锁速度快、消耗资源小的特点。但是表级锁的优势同样给它带来了一定的缺陷，因其锁定的粒度大，在并发操作时发生锁冲突的概率也大。

行级锁是 MySQL 中锁的作用范围最小的一种锁，它仅锁定用户操作所涉及的记录资源，有效地减少了锁定资源竞争的发生，具有较高处理并发操作的能力，提升系统的整体性能。但同时也因其锁定的粒度过小，每次加锁和解锁所消耗的资源也会更多，发生死锁的可能性更高。

另外，根据锁在 MySQL 中的状态可将其分为“隐式”和“显式”。所谓“隐式”锁指的是 MySQL 服务器本身对数据资源的争用进行管理，它完全由服务器自行执行。而“显式”锁指的是用户根据实际需求，对操作的数据显式地添加锁，同样在使用完数据资源后也需要用户对其进行解锁。

在了解死锁前，首先要理解锁等待的概念。所谓锁等待指的是一个用户（线程）等待其他用户（线程）释放锁的过程。而死锁可以简单地理解为两个或多个用户（线程）在互相等待对方释放锁而出现的一种“僵持”状态，如无外力作用，它们将永远处于锁等待的状态，此时就可以说系统产生了死锁或处于死锁状态。

12.3.1 表级锁

在实际应用中、表级锁根据操作的不同可以分为读锁和写锁，读锁表示用户读取（如 select 查询）数据资源时添加的锁，此时其他用户虽然不可以修改或增加数据资源，但是可以读取该数据资源，因此读锁也可以称为共享锁；而写锁表示用户对数据资源执行写（如 insert、update、delete 等）操作时添加的锁，此时除了当前添加写锁的用户外，其他用户都不能对其进行读/写操作，因此写锁也可以称为排他锁或独占锁。

MyISAM 存储引擎表是 MySQL 数据库中最典型的表级锁，下面就以此存储引擎的表级锁为例详细讲解“隐式”读/写的表级锁和“显式”读/写表级锁的添加。

1. “隐式”读/写的表级锁

当用户对 MyISAM 存储引擎表执行 select 查询操作前，服务器会“自动”地为其添加一个表级的读锁，执行 insert、update、delete 等写操作前，服务器会“自动”地为其添加一个表级的写锁，直到查询完毕，服务器再“自动”地为其解锁。执行时间可以看作“隐式”表级锁读/写的生命周期，且该生命周期的持续时间一般都比较短暂。

默认情况下，服务器在“自动”添加“隐式”锁时，表的更新操作优先级高于表的查询操作。在添加写锁时，若表中没有任何锁则添加，否则将其插入写锁等待的队列中；在添加读锁时，若表中没有写锁则添加，否则将其插入读锁等待的队列中。

2. “显式”读/写表级锁

在实际应用中，可以根据开发需求，对要操作的数据表进行“显式”地添加表级锁。其基本语法格式如下。

```
lock tables 数据表名 read[local]|write,…
```

在上述语法中，lock tables 可以同时锁定多张数据表。read 表示表级的读锁，添加此锁的用户可以读取该表但不能对此表进行写操作，否则系统会报错；此时其他用户可以读取此表，若执行对此表的写操作则会进入等待队列。write 表示表级的写锁，添加此锁的用户可以对该表进行读/写操作，在释放锁之前，不允许其他用户访问与操作。

需要注意的是，在为 MyISAM 存储引擎表设置“显式”读锁时，若添加 local 关键字，则在不发生锁冲突的情况下，未添加此锁的其他用户可以在表的末尾实现并发插入数据的功能。

此外，对于表级锁来说，虽然锁本身消耗的资源很少，但是锁定的粒度却很大，当多个用户访问时，会造成锁资源的竞争，降低了并发处理的能力。因此，从数据库优化的角度来考虑，应该尽量减少表级锁定的时间，进而提高多用户的并发能力，此时，对于用户添加的“显式”表级锁，需要使用 MySQL 提供的 unlock tables 语句释放锁。

值得一提的是，用户设置的“显式”表级锁仅在当前会话内有效，若会话期间内未释放锁，在会话结束后也会自动释放。

为了读者更好地理解，下面通过一个具体的案例进行演示，具体步骤如下。

（1）创建 MyISAM 表并插入 2 条测试数据。

```
mysql> create table table_lock(id int) Engine=MyISAM;
Query OK, 0 rows affected (1.50 sec)
mysql> insert into table_lock values(1),(2);
Query OK, 2 rows affected (0.53 sec)
Records: 2  Duplicates: 0  Warnings: 0
```

（2）设置“显式”读的表级锁。

打开两个客户端 A 和 B，在客户端 A 中为 table_lock 设置“显式”读的表级锁后，然后分别在客户端 A 和客户端 B 中执行 select 和 update 操作，具体 SQL 语句及执行结果如下。

客户端 A：

```
mysql> lock table table_lock read;
Query OK, 0 rows affected (0.06 sec)
mysql> select * from table_lock;
+-------+
| id    |
+-------+
|    1  |
|    2  |
+-------+
2 rows in set (0.09 sec)
mysql> update table_lock set id=3 where id=1;
ERROR 1099 (HY000): Table 'table_lock' was locked with a read lock and can't
be updated
mysql> select * from stu;
ERROR 1100 (HY000): Table 'stu' was not locked with lock tables
```

客户端 B：

```
mysql> select * from table_lock;
+-------+
| id    |
+-------+
|    1  |
|    2  |
+-------+
2 rows in set (0.00 sec)
mysql> update table_lock set id=3 where id=1;
#此处光标会不停闪烁，进入锁等待状态
```

从以上的操作可以看出，添加表级读锁的客户端 A 仅能对 table_lock 执行读取操作，不能执行写操作，也不能操作其他未锁定的数据表，如 stu。对于未添加锁的客户端 B 则可以执行 select 操作，但是执行 update 操作则会进入锁等待状态，只有客户端 A 结束会话或执行 unlock tables 释放锁时，客户端 B 的操作才会被执行。具体 SQL 语句及执行结果如下。

客户端 A：

```
mysql> unlock tables;
Query OK, 0 rows affected (0.00 sec)
```

客户端 B：

```
mysql> update table_lock set id=3 where id=1;
Query OK, 1 row affected (31.93 sec)
Rows matched: 1  Changed: 1  Warnings: 0
```

(3) 并发插入操作。

在 MyISAM 存储引擎的数据表中，还支持并发插入操作，用于减少读操作与写操作对表的竞争情况。实现语法为 lock…read local，具体 SQL 语句及执行结果如下。

客户端 A：

```
mysql> lock table table_lock read local;
Query OK, 0 rows affected (0.00 sec)
```

客户端 B：

```
mysql> insert into table_lock values(4);
Query OK, 1 row affected (0.04 sec)
```

从上述执行结果可知，即使客户端 A 中已添加了表级读锁，在未释放此读锁时，在客户端 B 中依然可以实现数据插入操作，此操作也称为并发插入。

需要注意的是，并发插入的数据不能是 delete 操作删除的记录，并且只能在表中最后的一行记录后继续增加新记录。

(4) 设置"显式"写的表级锁。

客户端 A：

```
mysql> lock table table_lock write;
Query OK, 0 rows affected (0.00 sec)
mysql> update table_lock set id=1 where id=2;
Query OK, 1 row affected (0.00 sec)
Rows matched: 1  Changed: 1  Warnings: 0
mysql> select * from table_lock;
+-------+
| id    |
```

```
+-------+
|   3   |
|   1   |
|   4   |
+-------+
3 rows in set (0.00 sec)
```

客户端 B：

```
mysql> select * from table_lock;
#此处光标会不停闪烁,进入锁等待状态
```

从上述操作可以看出，添加了写锁的用户，可以执行读/写操作，而其他用户无论执行任何操作，都只能处于等待状态，直到写锁被释放，才能够执行。

12.3.2　行级锁

InnoDB 存储引擎的锁机制相对于 MyISAM 存储引擎的锁复杂一些，原因在于它既有表级锁又有行级锁。其中，InnoDB 表级锁的应用与 MyISAM 表级锁相同，这里不再赘述。那么 InnoDB 存储引擎的表什么时候添加表级锁，什么时候添加行级锁呢？只有通过索引条件检索的数据 InnoDB 存储引擎才会使用行级锁，否则将使用表级锁。

InnoDB 的行级锁根据操作的不同分为共享锁和排它锁。为了读者更好地理解，下面以“隐式”的行级锁和“显式”的行级锁为例进行详细讲解。

1. “隐式”行级锁

当用户对 InnoDB 存储引擎表执行 insert、update、delete 等写操作前，服务器会“自动”地为通过索引条件检索的记录添加行级排他锁；直到操作语句执行完毕，服务器再“自动”地为其解锁。

而语句的执行时间可以看作“隐式”行级锁的生命周期，且该生命周期的持续时间一般都比较短暂。通常情况下，若要增加行级锁的生命周期，最常使用的方式是事务处理，让其在事务提交或回滚后再释放行级锁，使行级锁的生命周期与事务的相同。

为了读者更好地理解，下面在事务中演示“隐式”行级锁的使用，具体步骤如下。

(1) 创建 InnoDB 表并插入测试数据。

```
mysql> create table row_lock(
    -> id int unsigned primary key auto_increment,
    -> name varchar(60) not null,
    -> cid int unsigned,
    -> key cid(cid)
    -> )default charset=utf8;
Query OK, 0 rows affected, 1 warning (1.66 sec)
mysql> insert into row_lock(name,cid) values('铅笔',3),('风扇',6),
    -> ('绿萝',1),('书包',9),('纸巾',20);
Query OK, 5 rows affected (0.04 sec)
Records: 5  Duplicates: 0  Warnings: 0
```

(2) 设置“隐式”行级锁。

打开两个客户端 A 和 B，在客户端 A 中为 row_lock 设置“隐式”行级的排他锁后，然后在客户端 B 中执行 select 和 delete 操作。具体 SQL 语句及执行结果如下。

客户端 A：

```
mysql> start transaction;
Query OK, 0 rows affected (0.04 sec)
mysql> update row_lock set name='cp' where cid=3;
Query OK, 1 row affected (0.06 sec)
Rows matched: 1  Changed: 1  Warnings: 0
```

客户端 B：

```
mysql> start transaction;
Query OK, 0 rows affected (0.04 sec)
mysql> delete from row_lock where cid=2;
Query OK, 1 row affected (0.09 sec)
mysql> delete from row_lock where cid=3;
#此处光标会不停闪烁，进入锁等待状态
```

客户端 A 和客户端 B：

```
mysql> rollback;
Query OK, 0 rows affected (0.04 sec)
```

从以上执行结果可知，一个客户端对 InnoDB 表执行 update 操作中，对符合索引条件的记录会隐式地添加一个行级锁，与此同时，其他用户不能再执行写操作，但可以操作不符合索引条件的记录(如删除 cid 等于 2 的记录)。

2. “显式”行级锁

对于 InnoDB 表来说，若要保证当前事务中查询出的数据不会被其他事务更新或删除，利用普通的 select 语句是无法办到的，此时需要利用 MySQL 提供的“锁定读取”的方式为查询操作显式地添加行级锁，其基本语法格式如下。

```
select 语句 for update|lock in share mode
```

在上述语法中，只需在正常的 select 语句后添加 for update 或 lock in share mode 即可实现“锁定读取”，前者表示在查询时添加行级排它锁，后者表示在查询时添加行级共享锁。

用户在向 InnoDB 表显式添加行级锁时，InnoDB 存储引擎首先会“自动”地向此表添加一个意向锁，然后再添加行级锁。此意向锁是一个隐式的表级锁，多个意向锁之间不会产生冲突且互相兼容。意向锁是由 MySQL 服务器根据行级锁是共享锁还是排他锁，自动添加意向共享锁或意向排他锁，不能人为干预。

意向锁的作用就是标识表中的某些记录正在被锁定或其他用户将要锁定表中的某些记录。相对行级锁，意向锁的锁定粒度更大，用于在行级锁中添加表级锁时判断它们之间是否能够互相兼容。好处就是大大节约了存储引擎对锁处理的性能，更加方便地解决了行级锁与表级锁之间的冲突。

为了读者更好地理解，下面通过一个表 12-1 展示表级共享锁/排他锁与意向共享锁/排他锁之间的兼容性关系。

表 12-1　表级共享锁/排他锁与意向共享锁/排他锁之间的兼容关系

	表级共享锁	表级排他锁	意向共享锁	意向排他锁
表级共享锁	兼容	冲突	兼容	冲突
表级排他锁	冲突	冲突	冲突	冲突
意向共享锁	兼容	冲突	兼容	兼容
意向排他锁	冲突	冲突	兼容	兼容

需要注意的是，InnoDB 表中当前用户的意向锁与其他用户要添加的表级锁冲突时，有可能会发生死锁而产生错误。

接下来利用上面创建的 row_lock 表，演示添加行级排他锁时客户端 A 和客户端 B 执行 SQL 语句的状态，具体步骤如下。

（1）在客户端 A 中，为 cid 等于 3 的记录添加行级排他锁。

```
mysql> start transaction;
Query OK, 0 rows affected (0.04 sec)
mysql> select * from row_lock where cid=3 for update;
+----+------+------+
| id | name | cid  |
+----+------+------+
|  1 | 橡皮 |    3 |
+----+------+------+
1 row in set (0.16 sec)
```

（2）在客户端 B 中，为 cid 等于 6 的记录添加隐式行级排他锁，设置表级排他锁。

```
mysql> start transaction;
Query OK, 0 rows affected (0.00 sec)
mysql> update row_lock set name='qb' where cid=6;
Query OK, 1 row affected (0.12 sec)
Rows matched: 1  Changed: 1  Warnings: 0
mysql> lock table row_lock read;
#此处光标会不停闪烁，进入锁等待状态
```

（3）回滚客户端 A 和客户端 B 的操作并释放表级锁。

```
rollback;
```

从以上的执行结果可知，在客户端 A 中为 cid 等于 3 的记录添加行级排他锁后，在客户端B中，可以为除cid等于3外的记录添加行级排他锁(如cid等于6的隐式排他锁)，但是在为表添加表级共享锁时会发生冲突，进行锁等待状态。

此外，默认的情况下，当InnoDB处于可重复读的隔离级别时，行级锁实际上是一个next-key锁，它是由间隙锁(gap lock)和记录锁(record lock)组成的。其中，记录锁就是前面讲解的行锁；间隙锁指的是在记录索引之间的间隙、负无穷到第1个索引记录之间或最后1个索引记录到正无穷之间添加的锁，它的作用就是在并发时防上其他事务在间隙插入记录，解决了事务幻读的问题。

为了读者更好地理解，下面为row_lock表添加行锁，查看间隙锁是否存在。具体步骤如下。

(1) 在客户端A中，为cid等于3的记录添加行锁。

```
mysql> start transaction;
Query OK, 0 rows affected (0.00 sec)
mysql> select * from row_lock where cid=3 for update;
+----+------+------+
| id  | name  | cid   |
+----+------+------+
|  4  | 铅笔  |   3   |
+----+------+------+
1 row in set (0.00 sec)
```

(2) 在客户端B中，插入cid等于1、2、5、6的记录。

```
mysql> insert into row_lock(name,cid) values('橡皮',1);
#此处光标会不停闪烁,进入锁等待状态
mysql> insert into row_lock(name,cid) values('橡皮',2);
#此处光标会不停闪烁,进入锁等待状态
mysql> insert into row_lock(name,cid) values('橡皮',5);
#此处光标会不停闪烁,进入锁等待状态
mysql> insert into row_lock(name,cid) values('橡皮',6);
Query OK, 1 row affected (0.01 sec)
```

在上述操作中，客户端A在cid等于3的记录中添加了行锁，理论上其他用户在并发时可以插入除cid等于3的任意记录，但是因为间隙锁的存在，服务器也会锁定当前表中cid(值分别为1、3、6、9、20)值为3的记录左右的间隙，间隙的区间范围为[1,3)和[3,6)。

值得一提的是，在执行select…for update时，若检索时未使用索引，则InnoDB存储引擎会给全表添加一个表级锁，并发时不允许其他用户进行插入。另外，若查询条件使用的是单字段的唯一性索引，InnoDB存储引擎的行级锁不会设置间隙锁。

间隙锁的使用虽然解决了事务幻读的情况，但是也会造成行锁定的范围变大，若在开发时想要禁止间隙锁的使用，可以将事务的隔离级别更改为READ COMMITTED。

习　　题

一、选择题

1. MySQL 默认隔离级别是(　　)。

   A. READ UNCOMMITTED　　B. READ COMMITTED

   C. REPEATABLE READ　　D. SERIALIZABLE

2. 一个事务读取了另外一个事务未提交的数据,称为(　　)。

   A. 幻读　　B. 脏读　　C. 不可重复读　　D. 可串行化

3. 查看当前会话中的隔离级别的语句是(　　)。

   A. select @@global.transaction_isolation

   B. select @@session.transaction_isolation

   C. select @@transaction_isolation

   D. select @@ isolation

4. 事务的 4 个隔离级别中性能最高的是(　　)。

   A. READ UNCOMMITTED　　B. READ COMMITTED

   C. REPEATABLE READ　　D. SERIALIZABLE

二、填空题

1. 事务是针对(　　)的一组操作。
2. 每个事务都是完整不可分割的最小单元是事务的(　　)性。
3. 开启事务的语句是(　　)。
4. 事务的自动提交通过(　　)变量来控制。

第13章 数据库的备份与还原

CHAPTER

学习目标：

- 掌握备份和还原的概念；
- 掌握数据库备份和还原的方法。

在操作数据库时，难免会发生一些意外造成数据丢失。例如，突然停电、设备故障、操作失误等都可能导致数据的丢失。为了确保数据的安全，需要定期对数据库进行备份，当遇到数据库中数据丢失或者出错的情况，就可以将数据进行还原，从而最大限度地降低损失。本章针对数据的备份和还原进行详细讲解。

13.1 备份和还原概述

尽管系统中采取了各种措施来保证数据库的安全性和完整性，但各种异常情况都会影响数据的正确性，甚至会破坏数据库，使数据库中的数据部分或全部丢失。因此，数据库管理系统都提供了把数据库从错误状态返回到某一正确状态的功能，这种功能称为恢复。数据库的恢复是以备份为基础的，MySQL 的备份和恢复功能为存储在 MySQL 数据库中的关键数据提供了重要的保护手段。

数据库中的数据丢失或被破坏可能由以下原因造成。

(1) 计算机硬件故障。由于用户使用不当或硬件产品自身的质量问题等原因，计算机硬件可能会出现故障，甚至不能使用。例如，硬盘损坏会导致其存储的数据丢失。

(2) 计算机软件故障。由于用户使用不当或者软件设计上的缺陷，计算机软件系统可能会被误操作数据，从而引起数据损坏。

(3) 病毒。破坏性病毒会破坏计算机硬件、系统软件和数据。

(4) 人为误操作。如用户误使用了 delete、update 等命令而引起数据丢失或被损坏。

(5) 自然灾害。一些不可抵挡的自然灾害会破坏计算机系统以及数据。

因此,必须制作数据库的副本,即进行数据库备份,在数据库遭到破坏时能够修复数据库,即进行数据库恢复,数据库恢复就是把数据库从错误状态恢复到某一正确状态。

备份和恢复数据库可以用于其他目的,如可以通过备份与恢复将数据库从一个服务器移动或复制到另一个服务器。

MySQL 可以通过多种方式对数据库进行备份。一种是数据库备份,即通过导出数据或者表文件的副本来保护数据。一种是二进制日志文件,即保存更新数据的所有语句。还有一种是数据库复制,MySQL 内部复制功能建立在两个或两个服务器之间,通过它们之间的主从关系来实现。其中一个作为主服务器,其他的作为从服务器。

13.2 数据备份

数据备份是数据库管理中最常用的操作。为了保证数据库中数据的安全,数据管理员需要定期地进行数据备份。一旦数据库遭到破坏,即可通过备份的文件来还原数据库。因此,数据备份是非常重要的工作。

13.2.1 mysqldump 命令备份数据

MySQL 提供了很多免费的客户端实用程序,保存在 MySQL 安装目录下的 bin 子目录下。这些客户端程序可以连接到 MySQL 服务器进行数据库的访问,或者对 MySQL 进行管理。在使用这些工具时,需要打开计算机的 DOS 命令窗口,然后在该窗口的命令提示符下输入要运行程序所对应的命令。

使用客户端程序的方法如下,打开命令行,进入 bin 目录。

```
cd C:\Program Files\MySQL\MySQL Server 8.0\bin;
```

在 MySQL 提供的客户端实用程序中,mysqldump.exe 就是用于实现 MySQL 数据库备份的实用工具。它可以将数据库中的数据备份成一个文本文件,并且将表的结构和表中的数据存储在这个文本文件中。

mysqldump 命令的工作原理是先查出需要备份的表的结构,并且在文本文件中生成一个 create 语句,然后将表中的所有记录转换成一条 insert 语句。这些 create 语句和 insert 语句都是还原时使用的。还原数据时就可以使用其中的 create 语句来创建表,使用其中的 insert 语句来还原数据。

1. 备份一个数据库

mysqldump 命令备份数据库的基本语法如下。

```
mysqldump -h hostname -u user -p password
dbname[table1 table2 …]>filename.sql
```

上述语法中,hostname 表示登录用户的主机名称;user 表示用户名称;password 表示用户密码;dbname 表示需要备份的数据库名称;table1 table2 为可选项,是 dbname 数据库中需要备份的数据表,可以指定多个需要备份的表;右箭头"＞"表示 mysqldump 将备份数据表的定义和数据写入备份文件；filename.sql 为备份文件的名称，文件名前面可以加上一个绝对路径，此路径应该存在，否则会报错。通常备份文件的名称在目录中不能已经存在，否则新的备份文件会将原文件覆盖，造成麻烦。

【例 13-1】 使用 mysqldump 命令备份数据库 jsjxy 中的 stu 表和 courses 表。具体 SQL 语句与执行结果如下。

```
mysqldump -hlocalhost -uroot -p jsjxy stu courses>d:\backup_tables.sql
```

在 DOS 窗口中执行上面的命令后，将提示输入连接数据库的密码，输入密码后将完成数据备份，执行结果如图 13-1 所示。

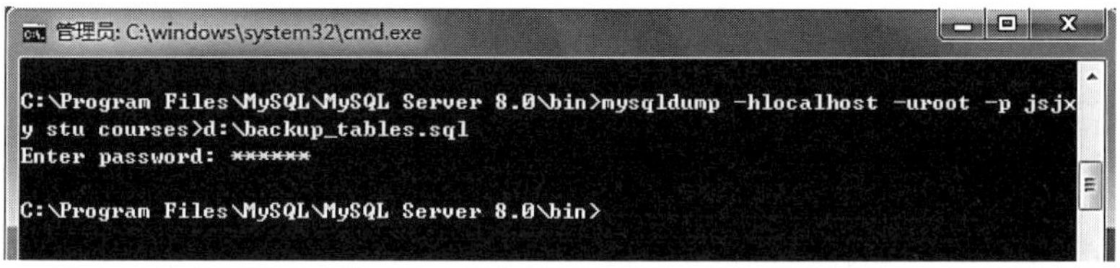

```
管理员: C:\windows\system32\cmd.exe
C:\Program Files\MySQL\MySQL Server 8.0\bin>mysqldump -hlocalhost -uroot -p jsjx
y stu courses>d:\backup_tables.sql
Enter password: ******

C:\Program Files\MySQL\MySQL Server 8.0\bin>
```

图 13-1 使用 mysqldump 命令备份数据表

命令执行完后，在 D 盘下 backup_tables.sql 文件创建成功。

注意：如果是本地服务器，那么-h 选项可以省略，若在命令中没有表名，则备份这个数据库。

【例 13-2】 使用 mysqldump 命令备份数据库 jsjxy。具体 SQL 语句与执行结果如下。

```
mysqldump -hlocalhost -uroot -p jsjxy >d:\backup_jsjxy.sql
```

在 DOS 窗口中执行上面的命令后，将提示输入连接数据库的密码，输入密码后将完成数据备份，执行结果如图 13-2 所示。

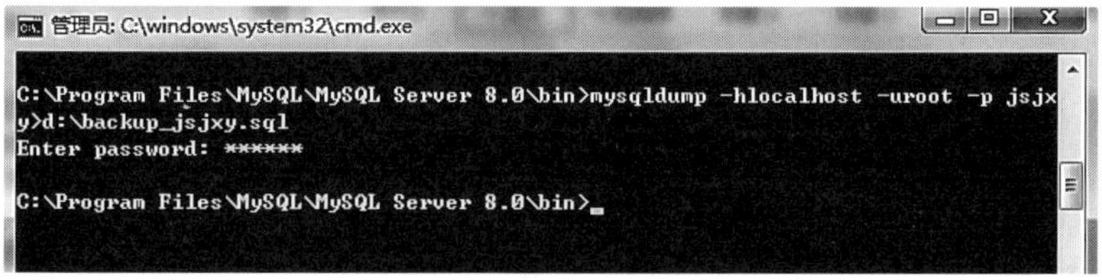

```
管理员: C:\windows\system32\cmd.exe
C:\Program Files\MySQL\MySQL Server 8.0\bin>mysqldump -hlocalhost -uroot -p jsjx
y>d:\backup_jsjxy.sql
Enter password: ******

C:\Program Files\MySQL\MySQL Server 8.0\bin>_
```

图 13-2 使用 mysqldump 命令备份单个数据库

命令执行完后，D 盘下的 backup_jsjxy.sql 文件创建成功。

打开 backup_jsjxy.sql 文件，backup_jsjxy.sql 文件的部分内容如图 13-3 所示。

由备份后生成的文件可知，在备份单个数据库时，在生成的 SQL 脚本中不包含创建数据库和选择数据库的语句，在使用 SQL 脚本恢复数据库前应先手动创建并选择数据库。

文件开头记录了 mysqldump 的版本、MySQL 的版本、备份的主机名和数据库名。文件中，以"--"开头的都是 SQL 语言的注释，以"/ * !"等形式开头、" * /"结束的语句为可执行的 MySQL 注释，这些语句可以被 MySQL 执行，但在其他数据库管理系统中将被作为注释忽略，以提高数据库的可移植性。

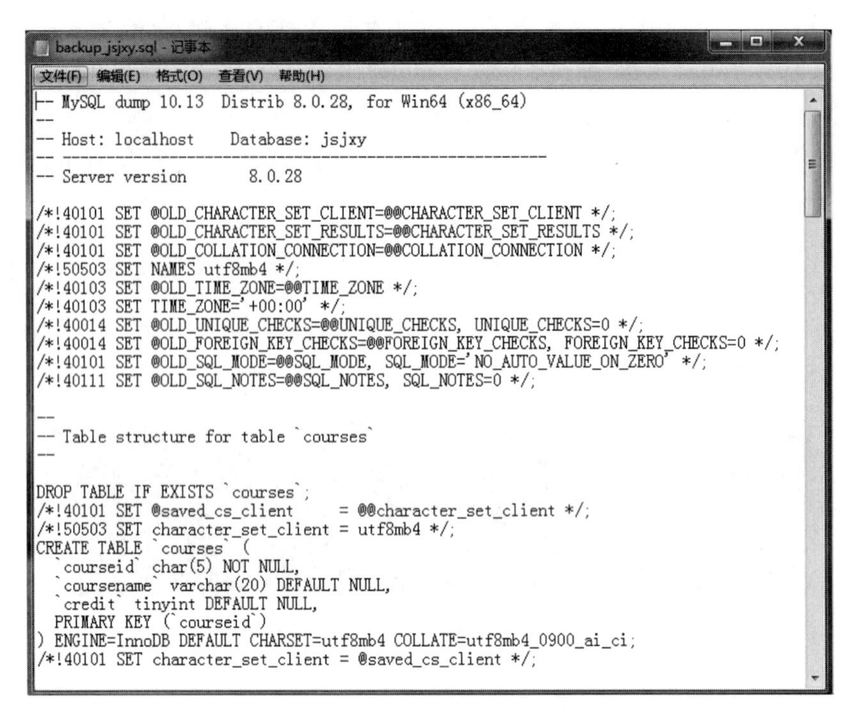

```
-- MySQL dump 10.13  Distrib 8.0.28, for Win64 (x86_64)
--
-- Host: localhost    Database: jsjxy
-- ------------------------------------------------------
-- Server version	8.0.28

/*!40101 SET @OLD_CHARACTER_SET_CLIENT=@@CHARACTER_SET_CLIENT */;
/*!40101 SET @OLD_CHARACTER_SET_RESULTS=@@CHARACTER_SET_RESULTS */;
/*!40101 SET @OLD_COLLATION_CONNECTION=@@COLLATION_CONNECTION */;
/*!50503 SET NAMES utf8mb4 */;
/*!40103 SET @OLD_TIME_ZONE=@@TIME_ZONE */;
/*!40103 SET TIME_ZONE='+00:00' */;
/*!40014 SET @OLD_UNIQUE_CHECKS=@@UNIQUE_CHECKS, UNIQUE_CHECKS=0 */;
/*!40014 SET @OLD_FOREIGN_KEY_CHECKS=@@FOREIGN_KEY_CHECKS, FOREIGN_KEY_CHECKS=0 */;
/*!40101 SET @OLD_SQL_MODE=@@SQL_MODE, SQL_MODE='NO_AUTO_VALUE_ON_ZERO' */;
/*!40111 SET @OLD_SQL_NOTES=@@SQL_NOTES, SQL_NOTES=0 */;

--
-- Table structure for table `courses`
--

DROP TABLE IF EXISTS `courses`;
/*!40101 SET @saved_cs_client     = @@character_set_client */;
/*!50503 SET character_set_client = utf8mb4 */;
CREATE TABLE `courses` (
  `courseid` char(5) NOT NULL,
  `coursename` varchar(20) DEFAULT NULL,
  `credit` tinyint DEFAULT NULL,
  PRIMARY KEY (`courseid`)
) ENGINE=InnoDB DEFAULT CHARSET=utf8mb4 COLLATE=utf8mb4_0900_ai_ci;
/*!40101 SET character_set_client = @saved_cs_client */;
```

图 13-3　backup_jsjxy.sql 文件的部分内容

注意：以“/＊！40101”开头、“＊/”结尾的注释语句中，40101 是 MySQL 的版本号，相当于 MySQL 4.1.1，在还原数据时，如果当前 MySQL 的版本比 MySQL 4.1.1 高，以“/＊！40101”和“＊/”之间的内容被当成 SQL 语句来执行，如果比当前版本低，被当作注释。文件中的“/＊！40103”“/＊！40014”等也是这个作用。

2. 备份多个数据库

mysqldump 命令备份多个数据库的语法格式如下。

```
mysqldump -h hostname -u user -p password
--databases dbname1 dbname2…>backupdbname.sql
```

这里要加上“--databases”选项，然后后面跟多个数据库的名称。

【例 13-3】 使用 mysqldump 命令备份数据库 jsjxy 和 test。具体 SQL 语句与执行结果如下。

```
mysqldump -uroot -p --databases jsjxy test>d:\backup_database1.sql
```

在 DOS 窗口中执行上面的命令后，将提示输入连接数据库的密码，输入密码后将完成数据备份，执行结果如图 13-4 所示。

命令执行完后，D 盘下的 backup_database1.sql 文件创建成功。这个文件中存储了两个数据库的所有信息。

3. 备份所有数据库

mysqldump 命令备份所有数据库的语法格式如下。

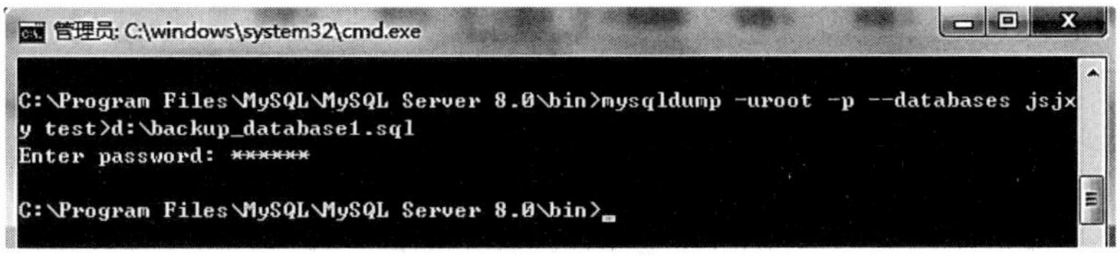

```
C:\Program Files\MySQL\MySQL Server 8.0\bin>mysqldump -uroot -p --databases jsjx
y test>d:\backup_database1.sql
Enter password: ******

C:\Program Files\MySQL\MySQL Server 8.0\bin>_
```

图 13-4　使用 mysqldump 命令备份多个数据库

```
mysqldump -h hostname -u user -p password
--all-databases>backupdbname.sql
```

这里加上“all-databases”选项就可以备份所有数据库了。

【例 13-4】 使用 mysqldump 命令备份所有数据库。具体 SQL 语句与执行结果如下。

```
mysqldump -uroot -p -all-databases>d:\backup_database.sql
```

在 DOS 窗口中执行上面的命令后，将提示输入连接数据库的密码，输入密码后将完成数据备份，执行结果如图 13-5 所示。

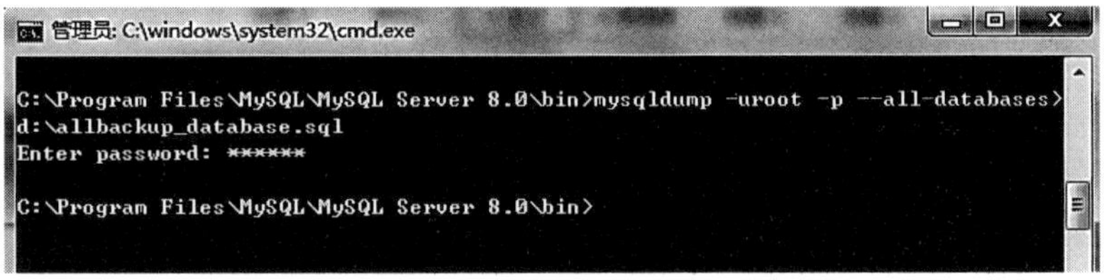

```
C:\Program Files\MySQL\MySQL Server 8.0\bin>mysqldump -uroot -p --all-databases>
d:\allbackup_database.sql
Enter password: ******

C:\Program Files\MySQL\MySQL Server 8.0\bin>
```

图 13-5　使用 mysqldump 命令备份所有数据库

命令执行完后，D 盘下的 backup_database.sql 文件创建成功。这个文件中存储了所有数据库的所有信息。

13.2.2　直接复制整个数据库目录

MySQL 有一种最简单的备份方法，就是将 MySQL 中的数据库文件直接复制出来。这种方法最简单，速度也快。使用这种方法时，最好先将服务器停止，这样可以保证在复制期间数据库中的数据不会发生变化。如果在复制数据库的过程中还有数据写入，就会造成数据不一致。

为了保证所备份数据的完整性，在停止 MySQL 数据库服务器之前，需要先执行刷新语句(flush tables)将所有数据写入数据文件的文本文件中。

这种方法虽然简单快捷，但不是最好的备份方法。因为实际情况可能不允许停止 MySQL 服务器。而且，这种方法对 InnoDB 存储引擎的表不适用。对于 MyISAM 存储引擎的表，这样备份和还原很方便，但是还原时最好是相同版本的 MySQL 数据库(注意：在 MySQL 的版本号中，第一个数字表示主版本号。主版本号相同的 MySQL 数据库的文件类型相同。例如，MySQL 8.0.19 和 MySQL 8.0.21 这两个版本的主版本号都是 8，那么这两个数据库服务器中的数据文件拥有相同的文件格式)，否则可能会出现存储文件类型不同的情况。采用直接复制整个数据库目录的方式备份数据库时，需要找到数据库文件的保存位置。

13.3 数据还原

管理员的非法操作和计算机的故障都会破坏数据库文件。数据库的恢复(也称为数据库的还原)是将数据库从某一种“错误”状态(如硬件故障、操作失误、数据丢失、数据不一致等状态)恢复到某一已知的“正确”状态。

数据库的恢复是以备份为基础的，它是与备份相对应的系统维护和管理操作。系统在进行恢复操作时，先执行一些系统安全性的检查，包括检查所要恢复的数据库是否存在、数据库是否变化及数据库文件是否兼容等，然后根据所采用的数据库备份类型采取相应的恢复措施。

13.3.1 使用MySQL命令还原数据

使用mysqldump命令将数据库的数据备份成一个文本文件，这个文件的扩展名为sql。需要还原时，可以使用MySQL命令还原备份的数据。

备份文件中通常包含create语句和insert语句。MySQL命令可以执行备份文件中的create语句和insert语句。通过create语句来创建数据库和表，通过insert语句插入备份的数据。需要注意的是，若SQL文件中不包含创建和选择数据库的语句，则在还原数据前，应先创建数据库，并在mysql命令的参数中指定数据库的名称。若SQL文件中包含创建数据库的语句，可以不用创建，且在mysql命令的参数中不指定数据库的名称。

MySQL命令的语法格式如下。

```
mysql -u username -p password [dbname]<backupdb.sql
```

上述语法中，username表示用户名，password表示密码，dbname表示数据库名，该参数是可选参数。

【例13-5】 使用mysql命令还原例13-2中备份的数据库文件backup_jsjxy.sql。具体SQL语句与执行结果如下。

因为例13-2中备份的文件中并没有创建数据库的语句，需要先创建一个数据库backup_jsjxy。

```
mysql> create database backup_jsjxy;
Query OK, 1 row affected (0.04 sec)
mysql> exit;
```

然后使用mysql命令还原数据库。

```
mysql -uroot -p backup_jsjxy<d:\backup_jsjxy.sql
```

在DOS窗口中执行上面的命令后，将提示输入连接数据库的密码，输入密码后将完成数据还原，执行结果如图13-6所示。

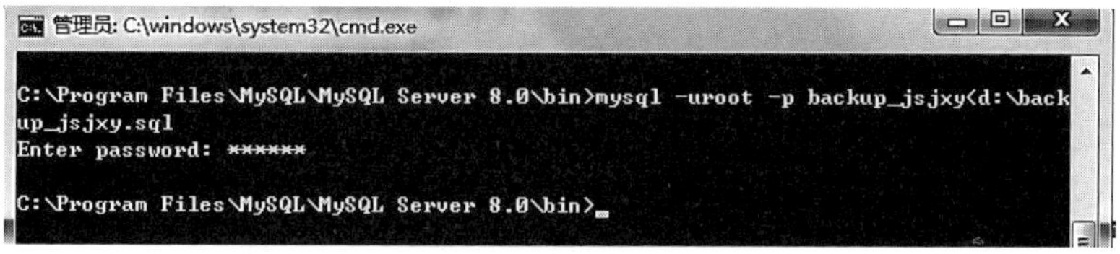

```
管理员: C:\windows\system32\cmd.exe
C:\Program Files\MySQL\MySQL Server 8.0\bin>mysql -uroot -p backup_jsjxy<d:\back
up_jsjxy.sql
Enter password: ******

C:\Program Files\MySQL\MySQL Server 8.0\bin>_
```

图 13-6　还原数据库

这时,MySQL 就已经还原了 backup_jsjxy.sql 文件中的所有数据。

如果已经登录到 MySQL 服务器,可以使用 source 语句导入 sql 文件,具体语法格式如下。

```
source backupdb.sql
```

【例 13-6】 使用 source 命令还原例 13-1 中备份的数据库 backup_tables.sql。具体 SQL 语句与执行结果如下。

```
mysql> use jsjxy
Database changed
mysql> source d:\backup_tables.sql
```

命令执行后,会列出备份文件 backup_tables.sql 中每一条语句的执行结果。source 命令执行成功,backup_tables.sql 中的语句会全部导入现有数据库中。

13.3.2　直接复制到数据库目录

如果数据库通过复制数据库文件备份,可以直接复制备份的文件到 MySQL 数据目录下实现恢复。通过这种方式恢复时,保持备份数据的数据库和待恢复的数据库服务器的主版本号必须相同。而且这种方式只对 MyISAM 引擎的表有效,对于 InnoDB 引擎的表不可用。

执行恢复以前要关闭 MySQL 服务,将备份的文件或目录覆盖 MySQL 的 data 目录,再启动 MySQL 服务。

13.4　从文本文件导入和导出表数据

MySQL 数据库中的表可以导出为文本文件、XML 文件或 HTML 文件。相应的文本文件也可以导入 MySQL 数据库中。在数据库的维护中,经常需要进行表的导出和导入操作。

在 MySQL 中,可以使用 select…into outfile 语句把表数据导出到一个文本文件中进行备份,并可以使用 load data…infile 语句来恢复先前备份的数据。

这种方法有一点不足之处,就是只能导出或导入数据的内容,但不包含表的结构,若表的结构文件损坏,则必须先恢复原来表的结构。

13.4.1 使用 select …into outfile 导出文本文件

MySQL数据库导出数据时,允许使用包含导出定义的select语句进行数据的导出操作。该文件被创建在服务器主机上,因此必须拥有文件写入权限才能使用此语法。select …into outfile filename形式的select语句可以把被选择的行写入一个文件中,并且filename不能是一个已经存在的文件。select …into outfile语句的基本格式如下。

```
select columnlist from table [where condition] into outfile 'filename' [options]
```

options为可选项,可能的取值包括:

fields terminated by 'value'

fields [optionally] enclosed by 'value'

fields escaped by 'value'

lines starting by 'value'

lines terminated by 'value'

select columnlist from table [where condition]为一个查询语句,查询结果返回满足指定条件的一条或多条记录;into outfile语句的作用就是把前面的select语句查询出来的结果导出到名称为filename的外部文件中。options部分的语法包括fields和lines子句,其可能取值的含义如下。

fields terminated by 'value': 设置字段之间的分隔字符,可以为单个或多个字符,例如,"terminated by ','"指定了逗号作为两个字段值之间的分隔符,默认情况下为制表符\t。

fields [optionally] enclosed by 'value': 设置字段的包围字符,只能为单个字符,若使用了optionally,则只有char、varchar和text被包围,默认情况下不使用任何字符。

fields escaped by 'value': 设置转义字符,只能为单个字符,默认值为"\"。

lines starting by 'value': 设置每行数据开头的字符,可以为单个或多个字符,默认情况下不使用任何字符。

lines terminated by 'value': 设置每行数据结尾的字符,可以为单个或多个字符,默认值是"\n"。

fields和lines两个子句都是自选的,但是如果两个子句都被指定了,则fields必须位于lines的前面。

【例13-7】 使用select…into outfile语句来导出jsjxy数据库中的stu表的数据。其中字段之间用","隔开,字符型数据用双引号括起来。每条记录以">"开头。SQL代码如下。

```
mysql> select * from stu into outfile 'd:/myfile.txt'
    -> fields terminated by '\,' optionally enclosed by '\"'
    -> lines starting by '>' terminated by '\r\n';
```

当多个fields子句排列在一起时,后面的fields必须省略;同样,当多个lines子句排列在一起时,后面的lines也必须省略。terminated by '\r\n'可以保证每条记录占一行。

13.4.2 使用 load data…infile 导入文本文件

load data…infile 语句用于高速地从一个文本文件中读取行，并写入一个表中。文件名必须为一个文字字符串。

load data…infile 是 select…into outfile 的相对语句。把表的数据备份到文件使用 select…into outfile，从备份文件恢复表数据，使用 load data…infile。其语法格式如下。

```
load data [low_priority|concurrent] [local] infile 'filename.txt'
[replace|ignore] into table tablename
[fields [terminated by 'string']
        [[optionally] enclosed by 'char']
        [escaped by 'char']
]
[lines
        [starting by 'string']
        [terminated by 'string']
]
[ignore number lines]
[(col_name or user_var,…)]
[set col_name=expr,…]
```

上述语法中各参数介绍如下。

low_priority|concurrent：若指定 low_priority，则延迟语句的执行。若指定 concurrent，则当 load data 正在执行时，其他线程可以同时使用该表的数据。

local：若指定了 local，则文件会被客户主机上的客户端读取，并被发送到服务器。文件会被赋予一个完整的路径名称，以指定确切的位置。如果给定的是一个相对的路径名称，则此名称会被理解为相对于启动客户端时所在的目录。若未指定 local，则文件必须位于服务器主机上，并且按服务器直接读取。与让服务器直接读取文件相比，使用 local 速度略慢，这是因为文件的内容必须通过客户端发送到服务器上。

replace|ignore：replace 和 ignore 关键字控制对现有的唯一键记录的重复处理。如果用户指定 replace，新行将代替有相同的唯一键值的现有行。如果用户指定 ignore，跳过有唯一键的现有行的重复行的输入。如果用户不指定任何一个选项，当找到重复键时，出现一个错误，且文本文件的剩余部分被忽略。

fields 子句：和 select…into outfile 语句中类似。

lines 子句：和 select…into outfile 语句中类似。

ignore number lines：这个选项可以用于忽略文件的前几行。如可以使用 ignore 2 lines 来跳过前 2 行。

col_name or user_var：如果需要载入一个表的部分列或文件中字段值顺序与表中列的顺序不同，就必须指定一个列清单。

set col_name=expr：set 子句可以在导入数据时修改表中列的值。

【例 13-8】 使用 load data…infile 语句将例 13-7 中导出的 myfile.txt 中的数据导入

jsjxy 数据库的 backup_stu 表中。SQL 代码如下。

```
mysql> load data infile 'd:/myfile.txt'
    -> into table backup_stu
    -> fields terminated by '\,'
    -> optionally enclosed by '\"'
    -> lines starting by '>' terminated by '\r\n';
```

注意：在导入数据时，必须根据文件中的数据行的格式指定判断的符号。

习　　题

选择题

1. (　　)命令可以执行备份文件中的 create 语句和 insert 语句。

A. mysql　　B. mysqlhotcopy　　C. mysqldump　　D. mysqladmin

2. 在 MySQL 中，可以在命令行窗口中使用(　　)语句将表的内容导出成一个文本文件。

A. select…into　　B. select…into outfile

C. mysqldump　　D. mysql

3. 在 MySQL 中，备份数据库的命令是(　　)。

A. mysqldump　　B. backup　　C. copy　　D. mysql

4. 在 MySQL 中，还原数据库的命令是(　　)。

A. mysqldump　　B. backup　　C. copy　　D. mysql

第14章 综合实验

CHAPTER

实验一　概念模型(E-R图)绘制

一、实验目的及要求

1. 了解E-R图构成要素及其各要素的表示方法。

2. 掌握E-R图的绘制方法。

二、实验内容

根据如下需求描述,分别画出该模型的E-R图,并在图上标注实体、属性、联系以及联系的类型。

1. 某医院病房计算机管理中心有如下信息。

科室:科名、科地址、科电话;

病房:病房号、病房名;

医生:工作证号、姓名、职称、年龄;

病人:病历号、姓名、性别。

其中,一个科室有多个病房、多个医生,一个病房只能属于一个科室,一个医生只属于一个科室,但可负责多个病人的诊治,一个病人的主管医生只有一个。

2. 某工厂有如下设备维修信息。

维修人员:工号、姓名、技术级别;

设备:设备号、设备名称、制造厂商。

维修人员修理设备要记载检修时间。

3. 某企业集团有多个工厂,每个工厂可生产多种产品,且每一种产品可在多个工厂生产,每个工厂按照固定的计划数量生产产品;每个工厂聘用多名职工,且每名职工只能在一个工厂工作,工厂聘用职工有聘期和工资。工厂、产品和职工的属性如下。

工厂:工厂编号,厂名,地址;

产品:产品编号,产品名称,产品规格;

职工:职工号,姓名。

三、实验步骤

1. 根据上述需求描述,用矩形表示实体,用椭圆形表示实体的属性,用菱形表示实体间的联系,建立 E-R 模型,如图 14-1 所示。

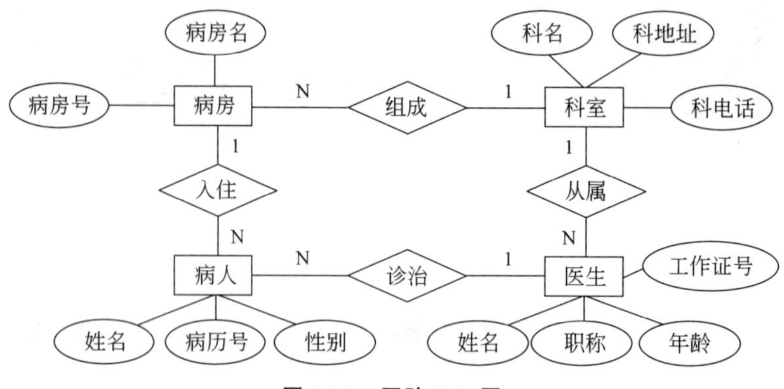

图 14-1 医院 E-R 图

2. 根据上述需求描述,用矩形表示实体,用椭圆形表示实体的属性,用菱形表示实体间的联系,建立 E-R 模型,如图 14-2 所示。

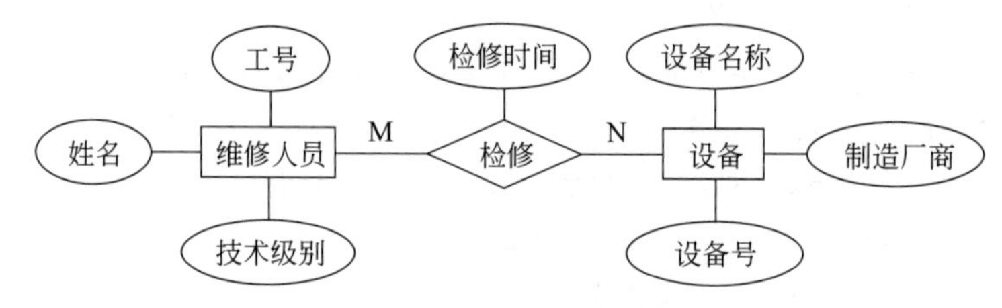

图 14-2 设备维修 E-R 图

3. 根据上述需求描述,用矩形表示实体,用椭圆形表示实体的属性,用菱形表示实体间的联系,建立 E-R 模型,如图 14-3 所示。

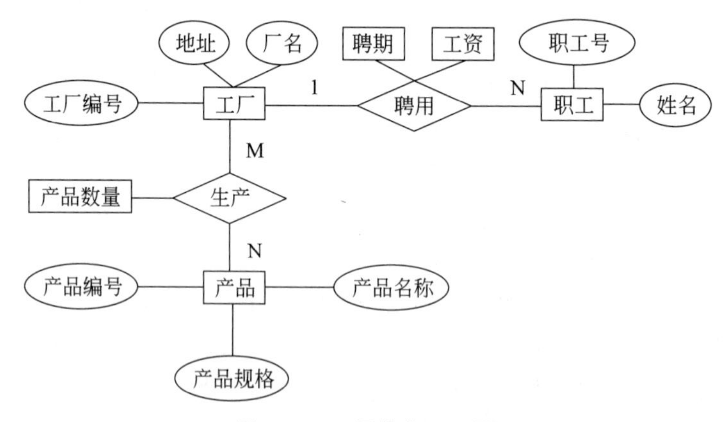

图 14-3 工厂信息 E-R 图

实验二　E-R 图转换为关系模型

一、实验目的及要求

掌握 E-R 模型转换为关系模型的方法。

二、实验内容

把实验一中建立的 E-R 模型转换为对应的关系模型，并注明每个关系的主键和外键。

三、实验步骤

1. 某医院病房计算机管理中心建立的关系模型及每个关系的主键和外键如下。

科室(科名，科地址，科电话)　主键：科名。

病房(病房号，病房名，科名)　主键：病房号；外键：科名。

医生(工作证号，姓名，职称，年龄、科名)　主键：工作证号；外键：科名。

病人(病历号，姓名，性别，医生工作证号，病房号)主键：病历号；外键：医生工作证号，病房号。

2. 某工厂设备维修信息建立的关系模型及每个关系的主键和外键如下。

设备(设备号，设备名称，制造厂商)　主键：设备号。

维修人员(工号、姓名、技术级别)　主键：工号。

维修(工号，设备号，检修时间)　主键：(工号，设备号)；外键：工号，设备号。

3. 某企业集团工厂相关信息建立的关系模型及每个关系的主键和外键如下。

工厂(工厂编号，厂名，地址)　主键：工厂编号。

职工(职工号，姓名，聘期，工资，工厂编号)　主键：职工号；外键：工厂编号。

产品(产品编号，产品名，规格)　主键：产品编号。

生产(工厂编号，产品编号，产品数量)　主键：(工厂编号，产品编号)；外键：工厂编号，产品编号。

实验三　安装 MySQL 8.0

一、实验目的及要求

1. 掌握在 Windows 平台下安装和配置 MySQL 8.0 的方法。
2. 掌握启动服务、停止服务的方法。
3. 掌握登录 MySQL 8.0 数据库的方法。

二、实验内容

1. 在 Windows 下安装 MySQL 8.0。
2. 启动与关闭 MySQL 服务。
3. 登录与退出 MySQL 数据库。

三、实验步骤

1. 登录 MySQL 的官方网站 www.mysql.com 下载最新版本的 MySQL 数据库，可选择免费的社区版进行安装。按照第 3 章的安装步骤进行即可。

2. 通过 Windows 服务管理器启动和关闭 MySQL 服务，如图 14-4 和图 14-5 所示。

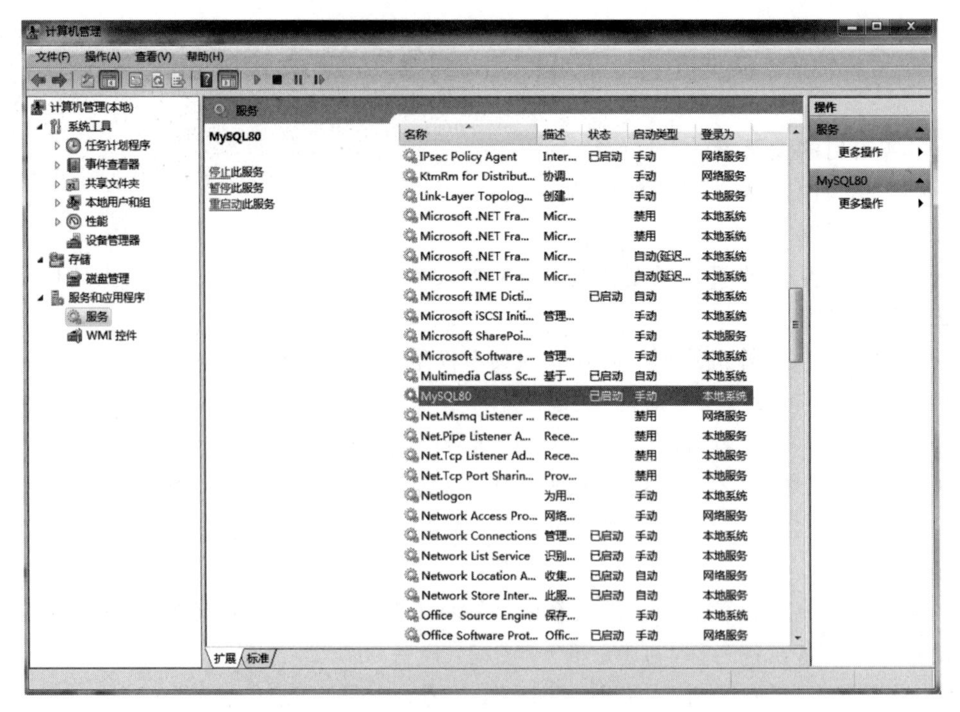

图 14-4　Windows 服务管理器

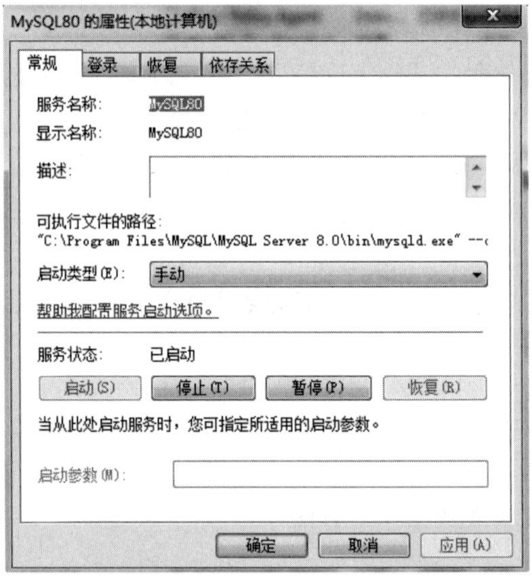

图 14-5　MySQL 属性对话框

也可以在 DOS 窗口下输入命令 net start MySQL80 启动 MySQL 服务，输入 net stop MySQL80 停止服务，如图 14-6 和图 14-7 所示。

3. 通过安装的客户端 MySQL 8.0 Command Line Client 登录和退出 MySQL 数据库，如图 14-8 所示。

图 14-6　启动 MySQL 服务

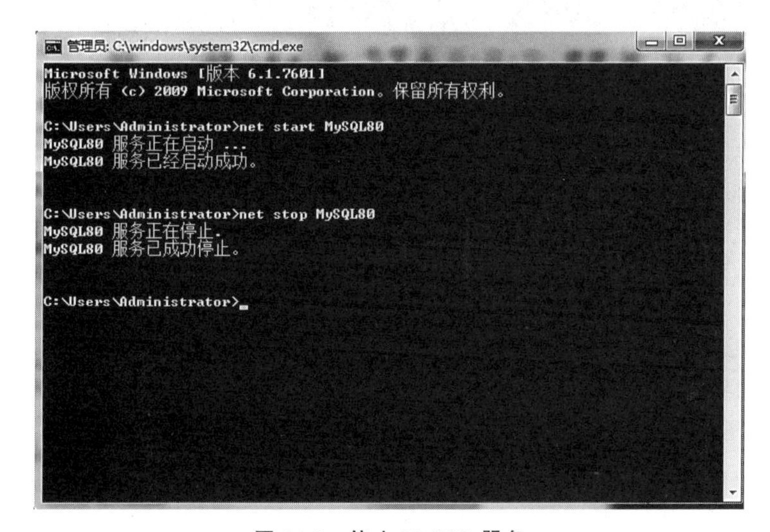

图 14-7　停止 MySQL 服务

图 14-8　MySQL 客户端窗口

也可使用DOS命令登录和退出数据库,如图14-9所示。

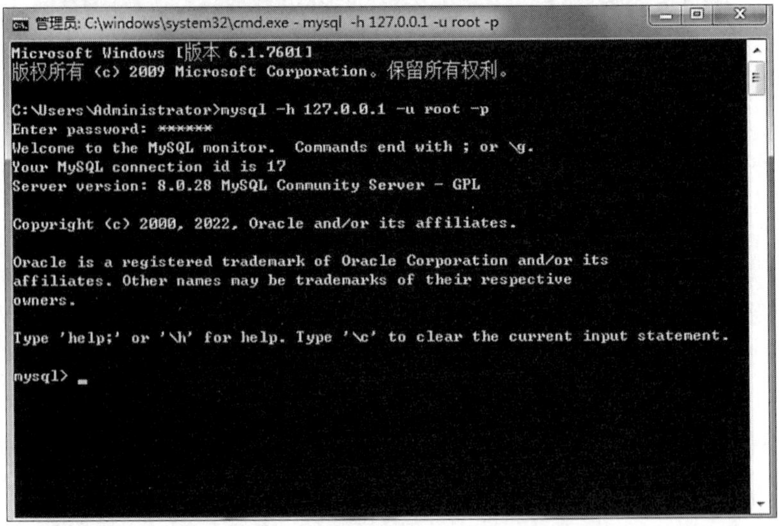

```
管理员: C:\windows\system32\cmd.exe - mysql  -h 127.0.0.1 -u root -p
Microsoft Windows [版本 6.1.7601]
版权所有 (c) 2009 Microsoft Corporation。保留所有权利。

C:\Users\Administrator>mysql -h 127.0.0.1 -u root -p
Enter password: ******
Welcome to the MySQL monitor.  Commands end with ; or \g.
Your MySQL connection id is 17
Server version: 8.0.28 MySQL Community Server - GPL

Copyright (c) 2000, 2022, Oracle and/or its affiliates.

Oracle is a registered trademark of Oracle Corporation and/or its
affiliates. Other names may be trademarks of their respective
owners.

Type 'help;' or '\h' for help. Type '\c' to clear the current input statement.

mysql> _
```

图14-9 DOS命令登录MySQL数据库

实验四 MySQL数据库的创建与管理

一、实验目的及要求

1. 掌握使用SQL语句创建数据库的方法。
2. 掌握使用SQL语句管理数据库的方法。

二、实验内容

1. 创建数据库MyDB和MyDBTest。
2. 查看MySQL服务器下所有的数据库,查看数据库MyDB的信息。
3. 删除数据库MyDBTest。

三、实验步骤

1. 创建数据库MyDB和MyDBTest。

```
mysql> create database MyDB;
mysql> create database MyDBTest;
```

2. 查看MySQL服务器下所有的数据库及MyDB的信息。

```
mysql> show databases;
mysql> show create database MyDB;
```

3. 删除数据库MyDBTest。

```
mysql> drop database MyDBTest;
```

实验五　MySQL 数据库表的创建与管理

一、实验目的及要求

1. 掌握数据表的创建、查看、修改和删除的方法。
2. 掌握 MySQL 的各种数据类型。
3. 掌握数据表中的各种约束。
4. 掌握插入数据、修改数据、删除数据的方法。

二、实验内容

1. 创建用于管理高校各学院教师信息、专业信息和教师薪水信息的数据库 school，包含教师信息表(Teachers)、专业信息表(Departments)和薪水信息表(Salary)。

各表的结构如表 14-1～表 14-3 所示。

表 14-1　教师信息表(Teachers)

字　段　名	数 据 类 型	含　　义
tid	char(7)	工号
name	varchar(20)	姓名
sex	char(1)	性别
age	tinyint	年龄
education	varchar(10)	学历
title	varchar(10)	职称
departmentid	char(5)	专业号
comment	text	个人介绍

表 14-2　专业信息表(Departments)

列　　名	数 据 类 型	含　　义
departmentid	char(5)	专业号
departmentname	varchar(20)	专业名称
note	text	备注

表 14-3　薪水信息表(Salary)

列　　名	数 据 类 型	含　　义
tid	char(7)	工号
incomedate	date	日期
income	float	收入

2. 查看数据库 school 中所有的数据表，再分别查看各数据表中所有字段信息。
3. 在教师信息表(Teachers)年龄字段(age)的后面新增一个字段：民族(nation)，删除

个人介绍字段(comment)。

4. 对 3 个表分别添加表的约束。

(1) 分别设置 3 个表的主键,教师信息表(Teachers)的主键设置为 tid,专业信息表(Departments)的主键设置为 departmentid,薪水信息表(Salary)的主键设置为(tid,incomedate)的组合。

(2) 将教师信息表(Teachers)中的性别(sex)的默认值设置为“男”。将专业信息表(Departments)中的专业名称(departmentname)设置为唯一值。将薪水信息表(Salary)中的收入(income)设置为不允许为空。

(3) 使用外键约束将教师信息表(Teachers)和薪水信息表(Salary)建立关联,将教师信息表(Teachers)和专业信息表(Departments)建立关联。

5. 在教师信息表(Teachers)中插入 5 条测试数据,在专业信息表(Departments)中插入 3 条测试数据,在薪水信息表(Salary)中插入 10 条测试数据。

三、实验步骤

1. 使用 create database 语句创建数据库 school。

```
mysql> create database school;
```

使用 create table 语句创建教师信息表(Teachers)。

```
mysql> create table Teachers(
    -> tid char(7),
    -> name varchar(20),
    -> sex char(1),
    -> age tinyint,
    -> education varchar(10),
    -> title varchar(10),
    -> departmentid char(5),
    -> comment text);
```

创建专业信息表(Departments)。

```
mysql> create table Departments(
    -> departmentid char(5),
    -> departmentname varchar(20),
    -> note text);
```

创建薪水信息表(Salary)。

```
mysql> create table Salary(
    -> tid char(7),
    -> incomedate date,
    -> income float);
```

2. 使用 show tables 语句查看所有数据表。

```
mysql> show tables;
```

使用 desc 语句查看各数据表的所有字段。

```
mysql> desc Teachers;
mysql> desc Departments;
mysql> desc Salary;
```

3. 使用 alter table 语句在教师信息表中年龄字段后面新增一个民族字段。

```
mysql> alter table Teachers add nation varchar(20) after age;
```

删除 comment 字段。

```
mysql> alter table Teachers drop comment;
```

4. 对3个表添加约束。
(1) 分别设置3个表的主键,SQL 代码如下。

```
mysql> alter table Teachers add primary key(tid);
mysql> alter table Departments add primary key(departmentid);
mysql> alter table Salary add primary key(tid,incomedate);
```

(2) 将教师信息表(Teachers)中的性别(sex)的默认值设置为“男”。

```
mysql> alter table Teachers modify sex char(1) default '男';
```

将专业信息表(Departments)中的专业名称(departmentname)设置为唯一值。

```
mysql> alter table Departments add unique(departmentname);
```

将薪水信息表(Salary)中的收入(income)设置为不允许为空。

```
mysql> alter table Salary modify income float not null;
```

(3) 将教师信息表(Teachers)和薪水信息表(Salary)建立关联。

```
mysql> alter table Salary
    -> add constraint fk_tid foreign key(tid)
    -> references Teachers(tid);
```

将教师信息表(Teachers)和专业信息表(Departments)建立关联。

```
mysql> alter table Teachers
    -> add constraint fk_did foreign key(departmentid)
    -> references Departments(departmentid);
```

5. 教师信息表(Teachers)中存在外键 departmentid，departmentid 的值可以取空值，可以取专业信息表(Departments)中的 departmentid 的值，因此需先在专业信息表(Departments)中插入数据。使用 insert 语句向表中插入数据。

在专业信息表(Departments)中插入 3 条数据，SQL 代码如下。

```
mysql> insert into Departments(departmentid,departmentname) values
    -> ('20221','计算机科学与技术'),
    -> ('20222','软件工程'),
    -> ('20223','大数据');
    -> ('20224','网络工程');
```

在教师信息表(Teachers)中插入 5 条数据，SQL 代码如下。

```
mysql> insert into Teachers values
    -> ('0311001','王飞','男',30,'汉族','博士','讲师','20221'),
    -> ('0311002','李明','男',35,'汉族','博士','副教授','20221'),
    -> ('0311003','王晓玲','女',40,'汉族','硕士','副教授','20222'),
    -> ('0311004','张玉霞','女',28,'汉族','硕士','讲师','20222'),
    -> ('0311005','刘浩','男',50,'满族','博士','教授','20223');
```

在薪水信息表(Salary)中插入 10 条数据，SQL 代码如下。

```
mysql> insert into Salary values
    -> ('0311001','2022-06-10',5800),
    -> ('0311001','2022-05-10',5800),
    -> ('0311002','2022-06-10',7100),
    -> ('0311002','2022-05-10',7100),
    -> ('0311003','2022-06-10',6500),
    -> ('0311003','2022-05-10',6500),
    -> ('0311004','2022-06-10',5600),
    -> ('0311004','2022-05-10',5600),
    -> ('0311005','2022-06-10',9600),
    -> ('0311005','2022-05-10',9600);
```

实验六　MySQL 数据表中数据的查询

一、实验目的及要求

1. 掌握 select 语句的基本语法。
2. 掌握 select 的条件查询。
3. 掌握常用聚合函数查询。
4. 掌握分组查询。
5. 掌握连接查询。

二、实验内容

在实验五创建的数据表的基础上，完成下面各查询。

1. 查询教师信息表(Teachers)中的所有记录。

2. 查询教师信息表(Teachers)中的第 2～4 条记录。

3. 查询教师信息表(Teachers)中教师的工号、姓名和职称。

4. 查询教师信息表(Teachers)中年龄大于 40 岁的教师信息。

5. 查询教师信息表(Teachers)中职称是副教授或教授的教师信息。

6. 查询教师信息表(Teachers)中的职称,去掉重复值。

7. 查询教师信息表(Teachers)中的所有记录,按照年龄的降序对数据排序。

8. 查询教师信息表(Teachers)中姓“王”且名字只有两个字的教师信息。

9. 查询教师信息表(Teachers)中年龄的最大值。

10. 查询教师信息表(Teachers)中不同职称的教师的人数。

11. 查询教师信息表(Teachers)中不同部门、不同性别的教师人数。

12. 查询教师信息表(Teachers)中超过 2 人的部门编号和教师数量。

13. 查询所有教师的姓名、职称和所在部门的名称。

14. 查询每个部门的部门号、部门名称以及这个部门的教师名称(包括没有教师的部门号和部门名称)。

15. 查询软件工程专业的教师信息。

16. 查询年龄大于软件工程专业年龄最大教师的姓名。

17. 查询哪个专业还没有教师。

三、实验步骤

1. 基础查询。

```
mysql> select * from Teachers;
```

2. 使用 limit 关键字查询。

```
mysql> select * from Teachers limit 1,3;
```

3. 查询指定字段。

```
mysql> select tid,name,title from Teachers;
```

4. 条件查询。

```
mysql> select * from Teachers where age>=40;
```

5. 使用 in 关键字查询。

```
mysql> select * from Teachers where title in('副教授','教授');
```

6. 使用 distinct 关键字查询。

```
mysql> select distinct title from Teachers;
```

7. 使用 order by 关键字查询。

```
mysql> select * from Teachers order by age desc;
```

8. 使用 like 关键字进行模糊查询。

```
mysql> select * from Teachers where name like '王_';
```

9. 使用聚合函数查询。

```
mysql> select max(age) from Teachers;
```

10. 单字段分组查询。

```
mysql> select title,count(tid) from Teachers group by title;
```

11. 根据两个字段使用分组查询。

```
mysql> select departmentid,sex,count(tid) from Teachers
-> group by departmentid, sex;
```

12. 在分组统计的基础上，使用 having 关键字进行进一步筛选。

```
mysql> select departmentid,count(*) from Teachers group by departmentid
    -> having count(*)>=2;
```

13. 多表连接查询。

```
mysql> select name,title,departmentname from Teachers,Departments
    -> where Teachers.departmentid=Departments.departmentid;
```

14. 使用右外连接进行查询。

```
mysql> select Departments.departmentid,departmentname,name
    -> from Teachers right join Departments
    -> on Teachers.departmentid=Departments.departmentid;
```

15. 子查询。

```
mysql> select * from Teachers where departmentid=(
    -> select departmentid from Departments
    -> where departmentname='软件工程');
```

16. 带有 all 关键字的子查询。

```
mysql> select name from Teachers
    -> where age>all(select age from Teachers where departmentid=(
    -> select departmentid from Departments where departmentname='软件工程'));
```

17. 带有 exists 关键字的子查询。

```
mysql> select departmentname from Departments where not exists(
    -> select * from Teachers
    -> where Teachers.departmentid=Departments.departmentid);
```

实验七 MySQL 数据库视图创建与管理

一、实验目的及要求

1. 理解视图的概念。
2. 掌握创建、修改、删除视图的方法。
3. 掌握使用视图操作数据的方法。

二、实验内容

根据实验五创建的数据表,按照下列要求进行操作。

1. 创建视图 teacher_view,显示职称为讲师和副教授的教师信息。
2. 分别查看视图 teacher_view 的字段信息和状态信息。
3. 查看视图 teacher_view 的所有记录。
4. 修改视图 teacher_view,显示职称为讲师、副教授和教授的教师信息。
5. 通过视图 teacher_view 添加一条数据('0311006','赵雷','男',27,'汉族','硕士','讲师',20223)。
6. 通过视图 teacher_view 修改工号为 0311006 的数据,将民族改为满族。
7. 通过视图 teacher_view 删除工号为 0311006 的数据。
8. 创建视图 t_d_view,显示教师的工号、姓名和部门名称。
9. 通过视图 t_d_view 添加一条数据。
10. 删除视图 t_d_view。

三、实验步骤

1. 使用 create view 语句创建视图 teacher_view。

```
mysql> create view teacher_view as
    -> select * from Teachers where title in('讲师','副教授');
```

2. 使用 desc 语句查看视图 teacher_view 的字段信息,使用 show table 语句查看视图 teacher_view 的状态信息。

```
mysql> desc teacher_view;
mysql> show table status like 'teacher_view' \G;
```

3. 通过 select 语句查看视图 teacher_view 的所有记录。

```
mysql> select * from teacher_view;
```

4. 使用 alter view 语句修改视图 teacher_view。

```
mysql> alter view teacher_view as
    -> select * from Teachers where title in('讲师','副教授','教授');
```

5. 使用 insert 语句通过视图 teacher_view 添加一条数据。

```
mysql> insert into teacher_view values
    -> ('0311006','赵雷','男',27,'汉族','硕士','讲师',20223);
```

6. 使用 update 语句通过视图 teacher_view 修改数据。

```
mysql> update teacher_view set nation='满族' where tid='0311006';
```

7. 使用 delete 语句通过视图 teacher_view 删除数据。

```
mysql> delete from teacher_view where tid='0311006';
```

8. 使用 create view 语句创建视图 t_d_view。

```
mysql> create view t_d_view as
    -> select tid,name,departmentname from Teachers,Departments
    -> where Teachers.departmentid=Departments.departmentid;
```

9. 视图 t_d_view 是根据多个表创建的,使用下列语句查看是否能插入数据。

```
mysql> insert into t_d_view(tid,name,departmentname)
    -> values('0311006','赵雷','网络工程');
```

10. 使用 drop 语句删除视图 t_d_view。

```
mysql> drop view t_d_view;
```

实验八　MySQL 数据库索引的创建与管理

一、实验目的及要求

1. 理解索引的概念和类型。

2. 掌握创建、修改、删除索引的方法。

二、实验内容

根据实验五创建的数据表,按照下列要求进行操作。

1. 在数据表 Teachers 的 name 字段创建名称为 index_name 的索引。

2. 在数据表 Departments 的(departmentid,departmentname)上创建名称为 index_d 组合索引。

3. 查看数据表 Teachers 的索引。

4. 删除名称为 index_name 的索引。

5. 在数据表 Teachers 的 name 字段创建名称为 index_unique_name 的唯一索引。

三、实验步骤

1. 创建普通索引。

```
mysql> alter table Teachers add index index_name(name);
```

2. 创建组合索引。

```
mysql> alter table Departments add index index_d(departmentid,departmentname);
```

3. 使用 show index 语句查看数据表 Teachers 的索引。

```
mysql> show index from Teachers \G;
```

4. 使用 drop index 语句删除名称为 index_name 的索引。

```
mysql> drop index index_name on Teachers;
```

5. 创建唯一索引。

```
mysql> alter table Teachers add unique index index_unique_name(name);
```

实验九　MySQL 数据库存储过程和函数的使用

一、实验目的及要求

1. 掌握创建和调用存储过程的方法。

2. 掌握创建和调用函数的方法。

二、实验内容

根据实验五创建的数据表，按照下列要求进行操作。

1. 创建名为 salary_proc 的存储过程，其中有 3 个参数：输入参数为 tid 和 incomedate，输出参数为 income。根据给定工号和时间查询某教师的工资。创建成功后，调用存储过程。

2. 创建名为 professor_count 的存储过程，使用游标统计 Teachers 数据表中给定职称（如讲师、副教授、教授）的教师人数。创建成功后，调用存储过程。

3. 创建一个函数 department_count，统计给定专业的教师的人数。创建成功后，调用存储过程。

4. 删除存储过程 salary_proc。

5. 删除函数 department_count。

三、实验步骤

1. 使用 create procedure 语句创建存储过程。创建成功后，使用 call 语句调用存储过程。

```
mysql> delimiter $$
mysql> create procedure salary_proc(in p_tid char(7),in p_incomedate date,
    -> out p_salary float)
    -> begin
    -> select income into p_salary from salary
    -> where tid=p_tid and incomedate=p_incomedate;
    -> end $$
mysql> delimiter ;
mysql> set @income=0;
mysql> call salary_proc('0311004','2022-06-10',@income);
```

2. 在创建存储过程中使用游标。

```
mysql> create procedure title_count(in ptitle char(20),out num int)
    -> begin
    -> declare id char(7);
    -> declare done int default false;
    -> declare curtid cursor for select tid from Teachers where title=ptitle;
    -> declare continue handler for not found set done=true;
    -> set num=0;
    -> open curtid;
    -> read_loop:loop
    -> fetch curtid into id;
    -> if done then
    -> leave read_loop;
    -> end if;
    -> set num=num+1;
    -> end loop;
    -> close curtid;
    -> end $$
mysql> delimiter ;
mysql> set @num=0;
mysql> call title_count('教授',@num);
mysql> call title_count('副教授',@num);
```

3. 使用 create function 语句创建函数,使用 select 语句调用函数。

```
mysql> create function department_count(did char(5))
    -> returns int
    -> begin
    -> return (select count(*) from Teachers where departmentid=did);
    -> end $$
mysql> delimiter ;
mysql> select department_count('20221') ;
```

4. 删除存储过程 salary_proc。

```
mysql> drop procedure salary_proc;
```

5. 删除函数 department_count。

```
mysql> drop function department_count;
```

实验十 MySQL 数据库触发器的使用

一、实验目的及要求

1. 理解触发器的概念和工作原理。

2. 掌握创建、修改和删除触发器的操作。

二、实验内容

根据实验五创建的数据表，按照下列要求进行操作。

1. 创建触发器，在修改 Departments 表中的字段专业号(departmentid)时，在 Teachers 数据表中对应的专业号(departmentid)的值也要做相应的修改，以保证数据完整性。创建完后修改一行数据，然后查看 Teachers 表中的变化情况。

2. 创建触发器，当删除数据表 Teachers 中的一行记录后，在薪水信息表 Salary 中对应的教师工资记录也要删除，以保证数据完整性。创建完后删除 Teachers 表中一行数据，然后查看 Salary 表中的变化情况。

3. 查看触发器后，删除触发器。

4. 创建一个事件，查看 Teachers 表的信息，每天执行一次，从明天开始到 2022 年最后一天结束。

5. 查看后删除该事件。

三、实验步骤

1. 在数据表 Departments 上对于 update 操作创建 after 触发器，以保证数据完整性。由于数据表 Teachers 和数据表 Departments 存在外键约束，需要把外键约束删除，以免影响触发器的使用。

```
mysql> alter table Teachers drop foreign key fk_did;
mysql> delimiter $$
mysql> create trigger departmentid_update after update
    -> on Departments for each row
    -> begin
    -> update Teachers set departmentid=new.departmentid
    -> where departmentid=old.departmentid;
    -> end $$
mysql> delimiter ;
mysql> update Departments set departmentid='20231' where departmentid='20221';
mysql> select * from Teachers;
```

2. 在数据表 Teachers 上对于 delete 操作创建 after 触发器，以保证数据完整性。由于数据表 Teachers 和数据表 Salary 存在外键约束，需要把外键约束删除，以免影响触发器的使用。

```
mysql> alter table Salary drop foreign key fk_tid;
mysql> delimiter $$
mysql> create trigger tid_delete after delete
    -> on Teachers for each row
    -> begin
    -> delete from Salary where tid=old.tid;
    -> end $$
mysql> delimiter ;
mysql> delete from Teachers where tid='0311005';
mysql> select * from Salary;
```

3. 使用 show triggers 语句查看触发器。

```
mysql> show triggers \G;
```

使用 drop trigger 语句删除触发器。

```
mysql> drop trigger departmentid_update;
mysql> drop trigger tid_delete;
```

4. 使用 create event 语句创建事件。

```
mysql> delimiter $$
mysql> create event every_day
    -> on schedule every 1 day
    -> starts curdate()+interval 1 day ends '2022-12-31'
    -> do
    -> begin
    -> select * from Teachers;
    -> end $$
mysql> delimiter ;
```

5. 使用 show events 语句查看该事件。

```
mysql> show events \G;
```

使用 drop event 语句删除该事件。

```
mysql> drop event every_day;
```

实验十一　MySQL 数据库的用户管理

一、实验目的及要求

1. 理解 MySQL 账户和权限的概念。
2. 掌握管理 MySQL 账户和权限的方法。

二、实验内容

1. 使用 root 用户创建名称为 tuser 的用户，设置密码为 111111。
2. 授予 tuser 用户对所有表插入数据、修改数据、删除数据的权限。
3. 查看 tuser 用户的权限。
4. 用 root 用户收回 tuser 的所有权限。
5. 删除 tuser 用户。

三、实验步骤

1. 使用 create user 语句创建用户。

```
mysql> create user 'tuser'@'localhost' identified by '111111';
```

2. 使用 grant 语句授予用户权限。

```
mysql> grant insert,update,delete on * . * to 'tuser'@'localhost' with grant
option;
```

3. 使用 show grants 语句查看用户权限。

```
mysql> show grants for 'tuser'@'localhost';
```

4. 使用 revoke 语句收回权限。

```
mysql> revoke all,grant option from 'tuser'@'localhost';
```

5. 使用 drop user 语句删除用户

```
mysql> drop user 'tuser'@'localhost';
```

图书资源支持

感谢您一直以来对清华版图书的支持和爱护。为了配合本书的使用，本书提供配套的资源，有需求的读者请扫描下方的“书圈”微信公众号二维码，在图书专区下载，也可以拨打电话或发送电子邮件咨询。

如果您在使用本书的过程中遇到了什么问题，或者有相关图书出版计划，也请您发邮件告诉我们，以便我们更好地为您服务。

我们的联系方式：

地　　址：北京市海淀区双清路学研大厦 A 座 714

邮　　编：100084

电　　话：010-83470236　010-83470237

客服邮箱：2301891038@qq.com

QQ：2301891038（请写明您的单位和姓名）

资源下载：关注公众号“书圈”下载配套资源。

资源下载、样书申请

书圈

图书案例

清华计算机学堂

观看课程直播